바쁜 부모를 위한
긍정의 훈육

바쁜 부모를 위한
긍정의 훈육

제인 넬슨, 크리스티나 빌, 조이 마르체스 지음 · 장윤영 옮김

에듀니티

머리말

누구를 위한 긍정의 훈육일까요?

함정이 있는 질문은 아닙니다. 이 질문에 대한 답은 긍정의 훈육을 이해하고 육아에 성공적으로 적용하는 데 필요합니다. 물론 정답은 '부모와 자녀 모두를 위한 것'입니다. 하지만 긍정의 훈육을 위해서는 먼저 부모가 자신을 변화시키는 일의 중요성을 인지해야 합니다.

긍정의 훈육을 체험한 많은 부모가 자신의 변화를 깨닫습니다. 이들은 종종 다음과 같이 말하곤 합니다.

"저는 긍정의 훈육이 아이를 바꾸는 데 도움이 될 거라 생각했어요. 그런데 막상 시작해보니 제가 먼저 변화해야 한다는 걸 알게 되었죠. 그래서 제 삶을 바꾸었고, 저를 먼저 바꾼 뒤 기술을 배웠더니 육아가 즐거워졌어요."

4

자신이 먼저 변화한다는 건 정확히 어떤 의미일까요? 긍정의 훈육은 다음과 같은 보편적인 삶의 원칙에서 시작합니다.

- 소속감과 자존감을 느끼게 하는 유대와 격려(모든 사람이 꿈꾸는 목표입니다.)
- 가족, 학교, 직장, 커뮤니티에 공헌하는 것과 같은 사회적 관심
- 행동 뒤에 숨은 믿음을 이해하는 공감 능력 계발
- 친절하면서 단호하게 동기부여하기
- 기술 계발(자녀뿐만 아니라 부모에게도 해당됩니다.)
- 자기 조절(자녀가 스스로 통제하기를 바라기 전에 부모가 먼저 자신을 통제하는 법을 배워야 합니다.)
- 해결책에 집중하기
- 실패를 학습의 기회로 보는 즐거움

모든 긍정의 훈육 도구는 위의 원칙을 따르며, 다양한 방식으로 사용될 수 있습니다. 각 도구에 숨은 원칙을 이해하여 마음에서 우러나오는 단어와 행동을 더하면 여러분만의 특별한 도구가 됩니다. 원칙을 제대로 이해하지 못하면 도구는 속 빈 강정이 되므로 자녀에게 감동을 주지 못합니다. 인생에서 이런 원칙 없이 어떻게 자녀를 가르칠 수 있을까요?

자녀를 먼저 변화시킨다는 것은 어떤 의미일까요? 위와 같은 긍정의 훈육 원칙을 부모는 실천하지 않고 자녀를 바꾸기 위한 도구로만 사용하는 것입니다. 어떤 부모는 스스로 모범을 보이지 않으면서 왜

자녀에게 효과가 없는지 의문을 품습니다. 이런 경우 아이의 행동을 바꾸기 전에 유대를 형성하는 것이 중요하다는 사실을 몰랐을 가능성이 높습니다. 실수를 가치 있게 여기고, 해결책을 찾고, 아이의 현재에 집중하는 대신 과거에 저지른 잘못에 '대가'를 치르길 바라면서 부모는 점점 늪에 빠져듭니다. 여러분은 '논리적인 결과'라고 둘러대면서 처벌을 숨기려 할 것입니다. 처벌 역시 긍정의 훈육 원칙에 어긋납니다. 자녀가 좋아한다는 이유로 단기적으로 효과 있는 칭찬이나 보상 전략을 지속해서 사용하기도 합니다. 특히 부모가 과로하여 피곤하고 스트레스 받을 때일수록 이러한 단기적인 전략이 더욱 유효해 보입니다. 하지만 이 책에서는 단기 전략이 아닌 최신 뇌 과학으로 검증된 장기적인 훈육법을 제시합니다. 여러분이 현명한 선택을 해서 자신과 자녀에게 동기부여하도록 긍정의 훈육 도구를 제공할 것입니다.

　시야를 넓혀 일, 육아, 개인의 조화에 영향을 미치는 주변 환경을 살펴보겠습니다.

우리가 속한 사회

　최근 몇 십 년 동안 가족의 환경, 구조, 역할 등이 크게 바뀌었습니다. 특히 많은 여성이 직장에 다니며 전문적인 일을 하고 있고, 남성도 육아에 더 많이 관여하고 있습니다. 주로 아버지가 밖에서 일을 하고 어머니는 육아와 가사를 전담하던 역사적, 전통적 가정과는 큰 차이가 있습니다. 친척이 근처에 살면서 육아에 종종 도움을 주기도 했는데, 오늘날 전 세계를 이동하며 일하는 글로벌 노마드에게는 해당하지 않습니다. 이러한 환경 변화는 효과적인 육아와 직업 선택에 큰 영향을 미칩니다. 요즘 부모들은 대부분 직업 의무와 육아, 자신의 삶 사이에서 분주하게 뛰어다닙니다. 그리고 이들 모두에 최선의 노력을 쏟아 완벽하게 해내야 한다고 생각합니다. 당연하게도 이 모두를 완벽하게 해내는 것은 불가능하므로 많은 이가 걱정에 시달리고, 지치고, 난처해하며 고통받고 우울증을 경험합니다. 부모 자신의 윤택한 삶을 위해서라도 이 모든 것을 적절히 관리하는 방법을 찾아야 합니다.

우선 우리 사회에서 날로 증가하고 있는 육아 스트레스의 세 가지 주요 요인은 다음과 같습니다.

- 시간 부족: 육아, 가족과 함께하기, 자기 자신 돌보기에 시간을 모조리 쏟아붓는 부모와 자녀에게 부가되는 외부의 의무나 요구
- 경쟁의 증가: 개인과 가정뿐 아니라 교육과 직업의 영역 모두에서 최고가 되어야(거의 완벽해야) 한다는 압박과 경쟁
- 혼란스러운 조언: 자녀가 건강하게 자라고 성공하기를 바라는 부모에게 과도할 정도로 쏟아지는 정보와 서로 충돌하는 지침

모든 부담은 어디서 오는 걸까요? 우리 자신을 포함해 가족 모두가 행복하려면 산적한 문제를 어떻게 풀어야 할까요?

일단 우리가 사는 환경을 살펴보겠습니다. 첫째로 일하는 부모, 특히 일하는 여성의 주변 환경이 크게 바뀌고 있습니다. 2011년에 미국에서는 여성 근로자의 수가 남성을 넘어섰습니다. 유럽 전역에서도

상황이 비슷합니다. 여성 인력의 증가는 서양만의 현상은 아닙니다. 예를 들어 중국도 워킹맘의 비율이 높습니다. 자녀를 둔 25~34세 여성 중 72퍼센트가 직장에 근무합니다. 중국에서는 일하는 여성의 비율이 64퍼센트를 넘습니다. 중국처럼 주로 3대가 함께 생활하는 문화권에서는 부모와 조부모의 육아관에 차이가 있을 수밖에 없습니다. 이때 남성과 여성의 역할에 따라 육아를 다르게 생각하는 가치관이 부담으로 작용합니다.

둘째, 유연한 근로 형태와 개인 사업자의 수가 증가하고 있습니다. 1970년 이후로 거의 두 배로 증가했고(영국의 경우 현재 전체 근로자의 16퍼센트에 해당할 정도로 증가), 이는 새로운 직업이 생겨나는 원인이 됩니다. 우연의 일치는 아닙니다. 여성은 자녀를 키우면서도 커리어를 발전시키고 직업적으로 인정받기를 원합니다. 그러면서도 다른 사람의 도움 없이 육아와 일을 병행할 수 있다는 착각에 빠집니다. 보육 시설에 보낼 수 없어서(혹은 보내지 않아서) 재택근무를 하는 여성은 특히 직업적으로 인정받기가 어렵습니다.

일하는 여성이 늘어나면서 육아에 적극적인 남성도 많아졌습니다. 따라서 남성 역시 직업의 유연성이 필요하게 되었습니다. 여성이든 남성이든 자신의 사업을 시작하고, 전문적인 네트워크에 가입하고, 원격으로 근무하고, 가정을 돌보면서 안식 휴가도 갖습니다. 육아와 일, 둘 중에서 하나만 선택해야 한다는 생각은 낡은 사고방식이 되었습니다. 신세대인 밀레니얼 세대 부모는 이전 세대의 가치인 '일생의 커리어'를 포기하는 대신 개인의 만족, 다양한 커리어 추구, 의미있는 취미, 전문적인 일 등에 집중합니다. 또한 기술의 발달로 새로운 직업과 직장이 생겨나기도 합니다.

여전히 어려운 점은 있습니다. 직업의 유연성이 증가하면서 안정성이 떨어지거나, 모든 영역에서 최고가 되어야 한다는 부담에 시달립니다. 이런 부모는 극심한 불안과 스트레스에 시달리며 일과 가정을 절충하는 기준이 없다 보니, 우선순위를 정하지 못하고 혼란만 겪는 경우도 생겨납니다. 또한 직업 탄력성이 증가하긴 했지만 여전히 능력 있는 직원(특히 여성의 경우)이 일과 가정의 불균형 때문에 퇴사한다는 연구 결과가 계속 나오고 있습니다. 이런 현상으로 인해 다양성이 절대적으로 필요한 조직인 회사와 사회의 비용이 증가합니다. 아직 미미하기는 하지만, 지난 5년간 많은 기업에서 일과 삶의 균형('워라밸')에 투자하는 비용이 늘어난 것을 볼 때 다양성에 관심이 증가한 것은 분명합니다.

현재 우리가 살고 일하는 환경이 이러합니다. 그렇다면 개인은 이런 요인을 어떻게 관리할 수 있을까요? 우리 자신과 가정, 직장 동료들이 '성공'과 '윤택한 삶'에서 동시에 만족하려면 어떤 도구를 적용해야 할까요? 먼저 삶의 선택에 대한 감정을 다루는 것부터 시작해야 합니다. 또한 이 모두를 관리할 현실적인 대책을 마련해야 합니다.

부모의 딜레마

많은 부모의 뇌리를 떠나지 않는 질문이 있습니다. "내 일이 아이에게 부정적인 영향을 준다면 일을 그만두어야 할까?"라는 의문입니다. 사실 이 질문에 정답은 없습니다. 자신의 선택에 죄의식을 느끼는지,

아니면 확신을 품는지가 중요합니다.

자녀에게 영향을 미치는 가장 중요한 요인 중 하나는 부모가 느끼는 감정이고, 그러한 감정에 의해 나타나는 부모의 행동입니다. 부모가 불행하면 자녀도 불행합니다. 아이는 부모의 스트레스와 불행을 흡수하여 앙탈을 부리거나 반항, 짜증, 노골적인 반발 등 다양한 문제 행동을 일으킵니다. 그런데도 많은 부모가 이런 문제 행동을 자신의 책임이라고 인정하지 않습니다. 부모와 자녀 간의 관계에서 생겨나는 역학을 대부분 이해하지 못하기 때문입니다. 만일 부모가 자신의 전문적인 목표 달성을 위해 오직 직장에만 매진하고 매번 아이와 함께하지 않는다면, 자녀는 상처받고 부모는 죄의식을 느낄 것입니다. 이러한 죄의식은 늘 함께 해주지 못하는 것에 대한 보상으로 이어집니다. 부모는 물질적으로 과도하게 보상하거나 아이를 애지중지하고 원하는 대로 해주기만 해서, 아이가 공헌하고 스스로 문제를 해결할 기회를 박탈하는 비효과적인 육아 전략으로 빠져들고 맙니다. 우리는 종종 이를 '죄의식 버튼'이라고 부릅니다. 죄의식 버튼을 가진 부모는 불행한 삶을 보낼 위험이 큽니다. 그렇습니다. 자기 충족 예언처럼, 이런 잘못된 믿음을 품으면 일 때문에 자녀에게 고통을 줍니다. 반면 어떤 부모는 일하는 것을 행복해하면서 가정을 부양하며, 자녀와 함께할 때는 죄의식 없이 사랑을 베풉니다. 이들은 건설적인 육아법을 사용하므로 행복할 가능성이 높습니다. 자녀는 부모의 만족을 느끼고, 육아의 긍정적인 혜택을 누립니다.

많은 사람이 일하는 부모, 특히 워킹맘은 육아에 최선을 다하지 못한다고 굳게 믿고 있습니다. 이런 믿음은 어디에서 오는 걸까요? 자녀

발달의 성패를 결정짓는 유일한 변수는 부모의 직업 유무라는 오해가 아직도 존재합니다. 일하지 않는 부모 중에도 우울함과 소외감 때문에 자녀에게만 신경 쓰지 못하거나, 과잉보호하고 자녀가 원하는 대로 해주는 바람에 아이가 무능력하게 성장하게 하는 이가 있습니다.

일하는 부모도 마찬가지입니다. 죄의식과 스트레스로 지친 나머지 자녀에게 신경 쓸 에너지가 남아 있지 않은 어떤 부모들은, 아이에게 소리 지르고 벌을 주거나 과도하게 애지중지하며 수동적으로 육아합니다. 그러나 일과 가정 사이에서 균형을 유지해, 오랫동안 힘들게 일하고 퇴근해서도 자녀와 보내는 시간을 즐거워하는 부모도 분명 존재합니다. 이들은 규칙적인 일상을 지키고 자녀와 함께 문제를 해결합니다. 건전한 우선순위를 정하고, 자녀에게 중요한 행사가 있을 때 매번 참여하는 방법을 함께 찾습니다. 모든 게 완벽하지는 않더라도 자녀가 실망을 감당하도록 도와줍니다. 이들은 가정과 일이 서로 충돌하는 것이 아니라 혜택을 주고받는 파트너십으로 상호작용한다고 여깁니다. 만족스럽게 일하는 부모는 가정생활이 더 행복하다고 느낍니다. 이들은 자녀와 함께 있을 때 좋은 감정을 느끼고, 불안하지 않으므로 일에서도 자기 역할을 충분히 합니다. 완벽한 육아는 일하는 부모와 일하지 않는 부모 모두에게 가능합니다. 결론적으로, 부모의 직업 유무와 육아 기술은 별개의 문제입니다.

부모가 우선순위를 잘 배분하고 효과적인 육아 기술을 지녔다면 완벽할 필요는 없습니다. 부모가 된다는 것은 자신을 용서한다는 의미이기도 합니다. 우리는 실수를 많이 하기 때문입니다. 이제 아이와 어른이 다양성이 공존하는 곳에서 행복하게 산다는 증거가 많다는 것을 기억해야 합니다. 육아에 엄마, 아빠, 형제자매, 보모, 조부모, 선생님 등 많은 사람이 관여할수록 긍정적인 결과를 낸다는 의미입니다. 이 증거는, 부모가 일하지 않는 것이 최선이고 유일한 선택이라는 구식 사고를 얼마만큼 받아들일 것인가 하는 질문을 던집니다. 기존에 품고 있던 믿음을 재평가하면 보다 확고한 믿음을 갖춘 부모가 됩니다.

리더십의 시작은 가정에서

일하는 부모들은 다양한 역할과 책임을 관리해야 합니다. 이를 잘 관리하고 배분할수록 개인의 성장과 윤택한 삶, 타인에게 봉사하고 공동체를 위해 공헌할 수 있는 에너지와 시간을 더 많이 확보할 수 있습니다. 우리가 가정 밖에서 사용하고 계발하는 리더십과 커뮤니케이션 기술이 집에서도 효과적이고 그 반대도 마찬가지라는 것을 깨달을 때 시너지가 일어납니다. 이렇게 서로 충돌하지 않고 일이 가정을 위한 자원이 되고, 가정이 일을 위한 자원이 됩니다.

아이는 어른을 관찰하고 따라 하면서 배웁니다. 일하는 부모로서 어떤 행동이 아이에게 본보기가 될까요? 부모의 행동은 아이에게 어렵기도 하지만 긍정적으로 보일 수도 있습니다. 어려운 측면으로, 여러분은 외부 행사를 가족보다 더 중요시하거나 '존재' 자체보다 '실행'을 과도하게 강조하는 스트레스 모델이 될지도 모릅니다. 의심할 여지없이 우리는 이런 부정적인 행동을 다룰 필요가 있습니다. 이 책에 실린 전략이 도움을 줄 것입니다.

긍정적 측면에서는, 여러분이 직업적인 목표를 추구하면서 자녀에게 개개인의 꿈이 소중하다는 사실을 가르쳐주는 롤모델이 된다는 점입니다. 또한 사회에 공헌하는 동시에 자기 계발을 하는 것이 중요하다는 사실을 알려줍니다. 이 과정에서 재산을 건전하게 관리하는 방법도 가르칠 수 있습니다.

아이는 일하는 부모에게 회복 탄력성, 문제 해결, 자기 동기부여를 배웁니다. 여기서 '일'은 출근하지 않고 집에서 블로그에 글을 쓰는 일일 수도 있고 매일 회사에 출근하는 일일 수도 있습니다. 회복 탄력성, 문제 해결, 자기 동기부여는 효과적인 리더십을 설명하는 연구에도 지속해서 등장하는 특성이며, 감성 지능을 드러내는 요인이기도 합니다. 사회적 감성 지능은 이제 아이큐나 학업 성취도보다 더 큰 성공 지표로 인식됩니다.[1]

경쟁이 심화되면서 부모의 관점이 바뀌고 있습니다. 더 이상 학업 성적이 미래의 성공을 보장하지 않는다는 사실을 압니다. '더욱 유연한' 기술을 연마하여 실수를 배움의 기회로 삼고, 해결책에 집중하고, 가정과 사회, 공동체에 공헌해 자신이 유능하고 중요한 사람이라는 것을 느끼도록 합니다. 부모는 이러한 기술을 가르칠 시간이 부족하다는 것을 압니다. 일하는 부모의 삶은 아이에게 훌륭한 본보기가 되고, 긍정의 기술 교육이라는 소중한 기회를 제공합니다.

중요한 것은 우리가 지금 일을 하든 하지 않든 아이가 어른이 되면 일을 할 가능성이 높다는 것입니다. 또 우리와는 매우 다른 삶을 접할 것입니다. 2013년 미국 노동부의 보고에 따르면, 지금의 학생들이 미래에 가질 직업 중 65퍼센트는 아직 생기지 않은 새로운 직업이라고 합니다.[2] 불확실하고 나날이 변하는 세계에 대비해 자녀를 어떻게 가르쳐야 할까요? 오래된 아이디어를 받아들이고 현상 유지하라고 말하면 될까요, 아니면 어떻게 질문하고 학습하는지, 어떻게 호기심을 품고 용기를 내는지를 가르쳐야 할까요?

세계로 나아가고 탐색하도록 아이에게 자신감과 관심을 주는 것이 여러분이 줄 수 있는 가장 큰 선물입니다. 행복으로 충만한 부모는 그런 행동을 보여주는 본보기가 됩니다. 이것이 바로 우리가 말하는 리더십입니다. 여러분은 자신의 삶에서 리더가 되고 자신에게 진실하여 아이에게 건전한 행동의 본보기가 되고, 진정한 개인 리더십을 갖추게 됩니다.

결코 쉬운 일은 아닙니다

이와 같은 실천이 쉬울까요? 절대 아닙니다! 이를 위해서는 수많은 중요한 일을 놓고 우선순위를 저울질할 필요가 있습니다. 자신을 위해 휴식 시간을 가지려면 의무로 하던 일 중 무언가는 멈춰야 하고, 그 반대의 경우도 마찬가지이기 때문입니다. 학교나 보육 시설도 스트레스가 됩니다. 좋은 시설을 어떻게 선택할 수 있는지, 아이가 아플 때는 어떻게 하면 좋을지 모르기 때문입니다. 부모가 사정이 있어 자녀의 특별한 이벤트에 참석하지 못하는 경우가 생긴다면 어떻게 대처해야 할까요?

육아는 부모 중 한 명이 일하든 아니든 복잡한 문제이고 당장에 쉽게 해결될 전망이 보이지도 않습니다. 일을 하는지 하지 않는지를 떠나 개인과 가정의 균형은 부모가 겪는 가장 큰 어려움 중 하나입니다.

14

그러나 여러분이 아이와 함께하는 것이 기쁠 때 비로소 행복하고, 그것이 결국 일에도 도움이 될 것입니다.

어쩌면 우리는 일과 삶의 경계가 점점 흐려지는 전환점에 서 있는지도 모릅니다. 우리는 여러분에게 '직업적 자아'와 '개인적 자아'를 구분하는 것이 과연 유익한지 질문을 던지고, 보다 건전한 사례를 만들려 합니다. 이 책은 긍정의 훈육이 얼마나 포괄적인지 보여줍니다. 긍정의 훈육이 여러분 자신, 가정, 동료, 친구를 위한 일과 삶의 통합에 실제로 어떻게 도움을 주는지 지켜보시기 바랍니다.

차례

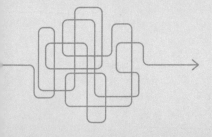

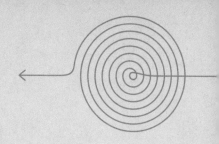

1부

긍정의
훈육이란

1장

역사와
연구

문제를 잘 이해하면 해결책을 쉽게 찾을 수 있다

앞에서 이야기했듯이, 일하는 부모는 시간 부족과 성과 압박, 주변의 지나치게 많은 조언과 전략 때문에 올바른 육아가 무엇인지 선택하기 어렵습니다. 불행히도 우리는 모두 하루에 24시간이라는 제한된 시간밖에 없으므로 여분의 시간을 내는 것도 여의치 않습니다. 그 대신 육아를 효과적으로 하기 위해, 시간을 현명하게 투자하고 할 일의 우선순위를 정하는 데 도움이 되는 도구를 알려드리겠습니다.

이 챕터에서는 우리가 사회에 존재하는 경쟁의 압박에서 벗어날 수는 없어도 개인의 윤택한 삶, 육아, 인생의 방향 설정에 대한 깨달음을 얻을 수 있는 심오한 관점을 제시합니다. 현재 나와 있는 모든 조언과 제안을 등대 삼아 여러분이 나아갈 길을 비추겠습니다. 육아에 효과적으로 영향을 주는 요인을 이해하기 위해 먼저 이와 관련된 연구와 정신과학의 역사, 두뇌 개발을 살펴봅니다.

긍정의 훈육을 뒷받침하는 근거

수십 년간 진행된 육아 연구는 대부분 효과적인 양육법이 무엇인지 정의하는 데 집중했습니다. 그 덕분에 부모의 양육 방식이 아이의 자기 조절 능력, 전반적인 삶의 만족도, 학업 성취도, 음주, 공격성, 저항 행동과 직접적으로 상관관계가 있다는 것이 수많은 연구에서 밝혀졌습니다.[3]

대표적으로 다이앤 바움린드Diane Baumrind가 버클리 대학에서 실시한, 양육 방식에 관한 종단 연구가 있습니다.[4] 바움린드는 부모의 양육 방식이 사회적·심리적 적응, 학업 성취, 유아와 청소년의 전반적인 삶의 만족도에 미치는 영향을 체계적으로 검증했습니다. 바움린드는 "권위 있는 양육 방식을 취하는 가정에서 자란 아이일수록 또래들 사이에서 인기가 높고 성숙한 행동과 긍정적인 태도를 보인다"라고 주장합니다. 권위 있는 양육 방식은 이 책에서 말하는 긍정의 훈육입니다. 긍정의 훈육은 친절하면서 단호한 것이지, 아이를 극단적으로 제한하거나 아이가 마음대로 행동하도록 방임하는 것이 아닙니다. 권위 있는 양육 환경에서 자란 아이는 말하기나 수학 영역의 능력 테스트에서도 높은 점수를 받았습니다.[5]

바움린드와 다른 학자들이 연구한 결과에 따르면 처벌과 보상은 장

기적인 효과가 없고, 오히려 자기 조절 능력의 계발이나 내재적 동기
부여, 가족 관계 유지에 부정적인 영향을 준다고 합니다.[6] 처벌을 받
으며 자란 아이는 어긋난 신념을 갖고 파괴적인 행동을 합니다. 우리
는 이를 '처벌의 다섯 가지 R'이라고 부르며, 다음과 같습니다.

처벌의 다섯 가지 R

억울함Resentment: '이건 공정하지 않아. 난 어른을 믿을 수 없어.'
반항Rebellion: '시키는 대로 하지 않겠다는 걸 보여주기 위해 반대로 할 거야.'
보복Revenge: '자기들이 이기고 있지만 내가 되갚을 거야.'
회피Retreat: '다음에는 걸리지 말아야지.'
자존감 감소Reduced self-esteem: '난 가치 없는 사람이야.'

　독재적인 부모는 곧잘 지시적이고 즉각적인 복종을 요구합니다. 이
는 장기적으로 보면 효과적이지 않습니다.

　그러나 아이가 마음대로 하도록 방임하는 허용적 양육 방식 또한
처벌만큼이나 위험하다는 것을 바움린드의 연구에서 보여줍니다. 아
이에게 요구하는 것이 거의 없고, 수행 기준이나 훈육 도구도 없이 사
랑이라는 미명하에 방치하고 맙니다. 이는 아이가 인생을 제대로 배
우지 못하는 결과를 빚기도 합니다. 허용은 아이에게 이기심('나를 사랑
한다면 내가 원하는 것은 뭐든지 할 수 있다'라고 생각하는 것), 무력감('나는 책임질
수 없으니 남이 나를 돌봐야 한다'라고 생각하는 것), 낮은 회복 탄력성('내가 원
하는 것이 모두 충족되지 않으면 우울하다'라고 생각하는 것)과 같은 어긋난 신념
과 행동을 유발합니다.

바움린드의 연구는 친절하면서 단호한 '긍정의 훈육 모델'을 지지합니다. 긍정의 훈육은 유아와 청소년 발달에 긍정적인 영향을 주는 요인을 규명하는 바움린드의 연구와 그 밖의 여러 연구를 실천하는 데 초점을 둡니다. 이 책에서 소개하는 긍정의 훈육 도구는 연구에서 정의한 방법을 실천하도록 설계되어 있으므로, 가족 관계 유지와 아이 발달에 도움을 줍니다.

알프레드 아들러

알프레드 아들러는 오스트리아 빈에서 일하는 의사였습니다. 1800년대 후반부터 그는 프로이트, 융과 더불어 정신과학 분야에 독자적인 영역을 구축했습니다. 아들러는 관찰과 실험을 통해 인간은 근본적으로 사회적인 존재이고, 목적을 알고 사회에 공헌하는 것으로 소속감과 자존감을 느끼는 것이 인생의 과제라고 결론지었습니다. 아들러에 의하면, 인간은 어딘가에 소속되지 못하거나 소속된 곳에서 자신의 중요성을 깨닫지 못하면 자신을 열등하다고 판단합니다. 이러한 열등감을 극복하려 하다 보면 의도치 않게 실수를 범하기도 합니다. 사람들은 이런 실수를 종종 문제 행동으로 취급합니다. 아들러는 "문제 행동은 관심을 많이 받아야만 한다거나 자신이 하고 싶은 대로 한다는, 혹은 자신이 상처를 받았으니 다른 사람에게 상처를 되돌려줘야 한다거나, 자신이 부족하니까 포기해야만 한다는 어긋난 신념에서 나온다"고 말했습니다. 이를 '조건부 사고'라고 부릅니다. 유아기부터 생성되기 시작하는 이러한 신념은 잠재의식으로 자라나 훗날 자기만의 논리로 발전합니다.

　아이든 어른이든 자기 자신에 대한 판단(자신이 착한지 혹은 나쁜지, 적합한지 아닌지, 유능한지 무능한지 등), 타인에 대한 판단(자신에게 격려를 해주는지 혹은 낙담시키는지), 세상에 대한 판단(안전한지 혹은 위험한지)을 끊임없이 내리고, 이를 바탕으로 자신이 나아갈 방향에 대한 결정(격려로 삶을 누릴 것인지, 아니면 낙담한 채로 단순히 문제 행동을 하며 살아남을 것인지)을 내립니다. 아들러는 사건을 통해 사고하고, 이러한 사고가 믿음으로 바뀌고, 믿음이 감정을 불러일으켜 행동을 유발한다고 주장합니다. 이를 '사고·감정·행동 고리'라고 부릅니다. 우리는 어긋난 신념을 찾아내려는 사람을 초대해 이 과정을 활용하는 워크숍에 참여시킵니다.

　사회적으로 허용되지 않는 행동을 반복하는 이유는 개인의 어긋난 신념 체계 때문입니다. 이를 교정하려면 행동을 멈추는 것만으로는 충분하지 않습니다. 행동을 영구적으로 바꾸는 유일한 방법은, 문제 행동의 원인이 되는 어긋난 신념을 변화시키는 것입니다. 아들러는 이를 위한 최선의 방법이 격려라고 믿었습니다. 그의 주장에 따르면 격려는 인간이 사회적 존재로서 소속감을 경험하도록 이끌고 사회에 공헌함으로써 자신이 유능하다는 감각을 느끼도록 도와줍니다. 이렇게 하면 잠재의식에 깔린 부정적인 믿음이 긍정적인 믿음으로 바뀌어 유익한 행동을 이끈다는 것입니다. 그의 이론은 아이를 포함한 모든 사람을 존엄과 존중으로 대하는 철학입니다. 이는 다양한 면에서 시대를 앞서간 사상이었습니다. 행동주의라고 불리는 당시 주류 심리학과 비교해봐도 그의 사고는 전혀 다른 경향을 보였습니다. 행동 심리학에서는 처벌과 보상이 인간의 행동에 영향을 미친다고 주장했습니다.

루돌프 드라이커스는 정신과 의사이자 아들러의 동료였습니다. 그는 1937년에 아들러가 사망한 후에도 그의 철학을 꾸준히 실천하며, 미국에서도 연구를 지속했습니다. 그는 정신과학의 한계에서 벗어나 부모와 선생을 상담하는 공개 포럼에서 아들러의 이론을 평등, 존엄, 존중의 철학으로 소개했습니다. 드라이커스는 그와 아들러의 철학에 대해 설명하면서 '독재'(자유가 없는 질서) 혹은 '무질서'(질서가 없는 자유)와는 상반되는 '민주적'(질서가 있는 자유)이라는 용어를 사용했습니다. 그는 부모가 자녀에게 미치는 영향을 3차원 모델로 만들어 검증했습니다. 이를 통해 드라이커스는 민주적 양육 방식이 가장 유익하다고 확신했습니다(바움린드의 연구에서도 확인했습니다). 드라이커스는 아이가 학교와 집에서 소속감을 느끼고 공헌하게 만들려면 아이의 의견을 존중하면서도 때로는 단호하게 훈육해야 한다고 말했습니다. 아들러와 드라이커스는 아이에게 문제 해결을 비롯한 여러 가지 중요한 기술을 가르치고 아이의 어긋난 믿음을 해결하려면, 존중의 훈육이 필요하다는 점을 인식했습니다. 드라이커스는 이 모델에 대해 『우리 아이 바르게 키우는 법Children: The Challenge』(민지사, 2002)라는 책에서 자세히 소개했습니다.

'긍정의 훈육'의 발전 과정

1981년 아들러 심리학을 공부하던 제인 넬슨 박사는 초등학교에서 상담가로 일했습니다. 그녀는 선생님과 학부모에게 아들러와 드라이커스의 철학을 가르친 경험을 살려 『긍정의 훈육』을 썼습니다. 처음에 사람들은 대부분 긍정의 훈육이란 긍정적으로 처벌하는 것이라고 생각했습니다. 이런 이들에게 소속감과 자존감이라는 아이의 기본 욕구를 충족하기 위해서는 처벌이나 보상 전략이 아니라 공헌을 통해 격려하고 문제를 함께 해결해나가야 한다는 사고방식을 심어주는 데에는 제법 시간이 걸렸습니다. 그녀는 아들러와 드라이커스의 원칙을 양육에 적용하는 모델을 책에서 소개했습니다. 이 책은 처벌과 보상이 단기적으로는 복종과 순종이라는 결과로 나타나겠지만 장기적으로는 상처가 될 수 있다는 것을 알려줍니다.

아이의 행동은 빙산의 일각에 지나지 않습니다. 바닷속에 숨겨진 빙산의 나머지 부분은, 아이의 행동 뒤에 감춰진 신념과 소속감이나 자존감을 느끼고 싶어 하는 내면의 욕구를 상징합니다. 긍정의 훈육에서는 아이의 행동뿐만 아니라 그 뒤에 숨어 있는 원인 모두를 다룹니다. 부모 또는 교육자로서 우리의 임무는 아이가 소속감을 발견하고 자신이 사회에서 중요한 사람임을 자각하도록 도와주는 것입니다. 이 책에서 여러분은 우선 소속감과 자존감을 얻기 위해 어긋난 신념을 가진 아이를 이해하고, 이를 해결하여 사회와 조화를 이루며 욕구를 충족하게 만드는 기술을 학습할 것입니다.

아들러와 드라이커스는 "문제 행동을 하는 아이는 낙담한 아이"라고 말했습니다. 아이는 소속감을 얻기 위한 수단을 찾아 어긋난 신념을 가질 때 문제 행동을 합니다. 이때 대부분의 부모는 처벌(비난하거나 창피, 고통을 주는 것)로 대응합니다. 그러나 이런 방법은 아이가 가족의 틀에서 소외되었다는 불안감만 줄 뿐이고, 낙담의 악순환만 되풀이하게 합니다. 자녀가 부모에게서 안정감을 느끼지 못한다는 것은 부모에게 큰 충격입니다. 부모는 "어떻게 내 아이가 가족에 소속되지 않는다고 생각하지? 내가 자기를 얼마나 사랑하는지 어떻게 모를 수 있지? 말도 안 돼"라며 의문을 품습니다.

아이는 왜 이런 말도 안 되는 신념에 빠지는 걸까요? 아들러 심리학에서는 인간에게 소속감과 자존감을 추구하는 근본적인 욕구가 있어서 이것이 충족되지 않는다고 느끼면(실제로 그렇든 아니든) 문제 행동을 일으킨다고 봅니다. 이러한 욕구가 충족되지 않는 가장 큰 이유는 사건의 원인과 그로부터 비롯된 타인의 행동을 다르게 해석하는 어긋난 신념 체계 때문입니다. 신념 체계가 형성되는 시기의 양육이 중요한 이유가 바로 이것입니다. 잘못된 해석을 하게 되는 자세한 이유에 대해서는 인간 두뇌 발달 과정에서 실마리를 얻을 수 있습니다.

두뇌 발달 단계

두뇌는 단계적으로 발달합니다. 생명 유지에 필요한 편도체와 감성을 담당하는 대뇌 변연계가 먼저 발달하고, 사고와 논리를 담당하는 신피질이 나중에 발달합니다. 따라서 아이는 감각을 통해 세상을 경험하고 인식하지만, 사고나 논리력은 완전히 발달하지 않은 상태입니다. 일반적으로 두뇌가 완성되는 시기는 사춘기나 성인이 될 즈음이며, 따라서 아이는 세상을 인식할 수는 있어도 해석 능력은 떨어질 수밖에 없습니다.

두뇌에 관한 연구를 좀더 살펴보면, 아이의 뇌는 어른의 뇌와 다른 파장으로 작동합니다. 2세까지는 델타파가, 2세에서 6세까지는 세타파가 높게 나타납니다.[7] 아이는 치열한 환경에서 생존하는 법을 배워야 하므로 자신에게 필수적인 방대한 데이터를 재빠르게 흡수합니다. 더욱이 변화하는 환경에 적응하여 재빨리 행동을 바꾸고 인지능력을 키웁니다. 그러나 입력되는 데이터를 비판적으로 평가하는 능력은 발달 단계상 나중에 생겨나고, 이때는 이전과 다른 뇌파 패턴을 보입니다. 다시 말해 아이는 아직 나무가 아닌 숲을 보는 눈을 갖지 못했고, 복잡한 인과관계를 이해할 정도로 높은 수준의 사고를 할 수는 없습니다. 그러나 유아의 두뇌 발달 단계를 모르는 부모는 아이를 마치 작은 어른처럼 생각합니다. 때로는 나이에 맞지 않는 행동을 강요하기까지 합니다. 요구한 대로 하지 않으면 문제 행동으로 규정합니다. 아이의 '자기만의 논리'를 이해하려면 아이의 세상으로 들어가는 것이 중요한 이유입니다.

많은 부모가 무엇을 해야 하는지는 알면서도 구체적인 도구와 통찰력은 부족합니다. 양육과 유아 발달 단계의 역사와 이론을 이해하면, 긍정의 훈육에 깔린 원칙의 중요성을 알 수 있습니다. 이 책은 여러분으로 하여금 자녀가 세상과 교류하며 갖는 신념을 이해하게 해줄 것입니다. 또한 긍정의 훈육 도구 사용법을 제시하여 자녀가 격려받는다는 믿음을 가질 수 있도록 도울 것입니다.

2장
격려
모델

어린 소년이 정원에서 귀여운 고치를 발견했습니다. 그 안에 나비가 있는 것을 알고 소년은 매일 지켜봤습니다. 어느 날 소년은 고치 표면에 살짝 금이 간 것을 봤습니다. 나비가 나오려는 모양이었습니다. 소년은 너무 신이 나서 도움을 주고 싶은 나머지 나비가 나올 수 있도록 고치의 막을 조심조심 벗겼습니다. 나비는 그만 근육을 쌓을 기회를 잃어버리고 말았습니다. 나비는 날개를 펼치고 싶었지만 그럴 힘을 잃었습니다. 결국 나비는 소년의 손안에서 죽었습니다.

긍정의 훈육이 주는 해결책

부모의 왜곡된 사랑은 아이를 향한 과잉보호로 이어집니다. 아이 스스로 회복 탄력성과 내재적 동기를 계발해야 하는데, 과잉보호로 인해 공동체에서 행복을 누리고 공헌할 기회를 빼앗기는 것입니다. 이렇게 말하면 부모는 "그래서요? 아이가 힘들어할 때 제가 도와줄 수 있는데 그대로 고통받게 두라는 말인가요?"라고 되물을 것입니다. 그러나 진정한 고통은 아이가 유능감, 자신감, 공헌의 기쁨을 알지 못한 채 자랄 때 생깁니다.

알프레드 아들러는 이렇게 말했습니다.

"사람은 누구나 자존감을 얻기 위해 애쓰지만, 정작 자존감은 다른 사람에게 공헌할 때 얻을 수 있다는 사실을 몰라 실수를 저지르곤 한다."

이 책은 여러분의 역량을 키워줄 도구를 제공합니다. 잔소리하고, 벌주고, 변덕스런 애정을 쏟지 않는 것이 얼마나 중요한지 거듭 강조합니다. 부모로서 해야 할 일은 아이가 인생의 기복을 경험하도록 조심스럽게 도와주는 것입니다. 사랑과 지지로 아이가 세상을 알게 합니다. 당연히 부모가 항상 같은 자리에서 아이를 보호하고, 아이가 할 일을 대신 해줄 수는 없습니다. 우리가 할 수 있는 것은, 아이 스스로 인생의 기쁨을 경험하고 슬픔을 극복하도록 삶의 기술을 제공하는 것입니다. 아이가 난관을 헤쳐나가고 행복한 인생을 살도록 배려합니다. 아이에게 고통을 주라는 뜻이 아니라 아이 스스로 회복할 수 있도록 마음의 근육을 만드는 기술을 알려주고, 부모의 지지 속에서 고통을 경험할 수 있도록 허용합니다.

긍정의 훈육은 일종의 격려 모델입니다. 문제 행동을 일으키는 아이는 낙담한 아이이기에, 드라이커스는 다음과 같이 말합니다.

"식물이 자라는 데 물이 필요하듯 아이에게는 격려가 필요하다."

지금부터 여러분에게 알려드릴 모든 도구는 아이(그리고 부모)를 격려합니다. 소속감을 높이고 자존감을 기를 수 있도록 설계되었으며, 아이의 행동 뒤에 감춰진 믿음을 다룹니다. 좀더 구체적으로 말하자면, 이 도구는 수십 년간의 경험이 누적된 긍정의 훈육 다섯 가지 기준과 일맥상통합니다. 모든 긍정의 훈육 도구가 이러한 기준과 일치하도록 설계되긴 했지만, 그중에서도 아들러 심리학에 기초했다는 점을 이해하는 것이 중요합니다. 짜인 대본처럼 하나의 '기법'으로 사용하면 효과적이지 않습니다. 각 도구에 숨은 원칙을 이해하고 이를 바탕으로 마음에서 우러나오는 단어와 행동을 더한다면, 여러분만의 특별한 도구가 될 것입니다.

긍정의 훈육 다섯 가지 기준

이러한 기준은 긍정의 훈육을 효과적으로 활용하기 위한 핵심 기술, 또는 마음가짐이라고 볼 수 있습니다. 양육 과정에서 선택을 내릴 때에는 가능한 한 공정해야 하고, 다음의 다섯 가지를 충족하는 것이 좋습니다. 때로는 정말로 그렇게 하고 있는지 확인할 필요도 있습니다. 이 챕터에서는 각 도구에 숨은 원칙을 보여주기 위해 다양한 긍정의 훈육 도구를 간략하게 소개하고자 합니다. 나중에 각각의 도구를 좀더 상세하게 다룰 것입니다.

- 아이를 존중하는가(친절하면서 단호한가)?
- 아이가 소속감(유대감)과 자존감(공헌)을 느끼는 데 도움을 주는가?
- 장기적으로 효과가 있는가?
- 인격 형성에 필요한 주요 사회적 기술이나 삶의 기술을 알려주는가?
- 자신에게 어떤 능력이 있는지, 자신의 힘을 건설적으로 사용하는지를 아이가 자각하도록 도와주는가?

1. 아이를 존중하는가(친절하면서 단호한가)?

많은 이가 '벌주지 않는 것'이 '관대한 것'이라고 믿습니다. 하지만 그렇지 않습니다. 제한이나 가이드 자체는 단호해야 하지만, 제한하는 방식은 어디까지나 친절해야 합니다. 우리가 즐겨 쓰는 예시 중 하나는 다음과 같습니다.

"너를 사랑해, 하지만 그건 안 돼."

친절이란 아이의 행동을 교정하기 전에 유대를 맺는 것을 의미합니다. 위 예시에서 "너를 사랑해"가 친절에 해당합니다. 단호함은 아이와 아이 주변을 존중하는 것이고, "그건 안 돼"는 단호한 교정입니다.

단호하게 말하기 전에 아이의 감정을 확인할 수도 있습니다. "네가 최신 스마트폰을 갖지 못해서 화가 난 거 알아. 곧 돈을 모아서 살 수 있을 거야"라는 식으로 먼저 이해한다고 친절하게 말하는 것도 좋습니다. "이 숙제가 의미 없다고 생각하는 거 알아. 그래도 일단 할 거지? 네가 숙제 안 하는 무책임한 사람이 되고 싶지는 않다는 걸 알아"
와 같이 말하는 것입니다. 먼저 여러분이 무엇을 하지 않을 것인지 친
절하게 말하고, 그다음에 무엇을 할 것인지 말하거나("너와 지금 당장 시
간을 보낼 수는 없어. 하지만 한 시간 후에 우리 둘이 함께하는 시간을 가졌으면 좋겠
는데."), 선택을 유도("너희 둘이 다투는 문제를 원반 돌리기로 추첨해서 해결해볼
까? 아니면 가족회의를 열어 온 가족이 도와주면 좋겠니?")하는 것으로 친절하면
서 단호한 태도를 보여줄 수도 있습니다.

　부모가 일관성 있게 결정하고 대화하는 것, 부모가 약속을 지키는 것
이야말로 친절하면서 단호한 방식입니다. 아이에게 이래라저래라 시
키는 대신 부모 자신이 할 행동을 정하면, 부모와 자녀 사이 갈등을 피
할 수 있습니다. 부모와 자녀 간의 갈등은 아이에게 일방적으로 존중
을 요구하는 실속 없는 행동에서 비롯합니다. 여러분은 다른 사람을
통제할 수 없습니다. 한 사람이 통제할 수 있는 건 자기 자신뿐입니다.
먼저 여러분이 자녀를 존중하고, 여러분 자신을 존중할 것이라는 사실
을 아이가 깨닫게 합니다. 아이에게 여러분을 존중하라고 강요할 수는
없으니 여러분은 스스로 자신을 돌봐야 합니다. 예를 들어 아이가 무
례하게 행동하면 잠시 방을 나가는 식으로 대응합니다. 하지만 많은
부모가 그러는 대신 "엄마(아빠)한테 그런 식으로 말하지 마"와 같이 아
이에게 무례한 말로 응합니다. 다시 말해 자녀가 멈추길 원하는 행동
을 그대로 보여주는 식입니다. 하지만 이런 상황에서는 여러분이 존
중받지 못해서 불편하다고 표현하는 것이 더 효과적입니다. '여러분이
결정할 행동'을 적용하는 말의 예시는 다음과 같습니다.

"식탁이 정리되면 저녁을 차릴게."

"휴대폰이 눈에 안 보일 때 이야기하고 싶어."

"잠들기 전에 책 두 권을 읽어줄게."

"네가 미리 이야기한 경우에만 숙제를 도와줄게."

"네가 거실을 정리하는 대로 게임 장소로 데려다줄게."

말한 것을 그대로 지키는 것이 중요합니다.

친절하면서 단호한 태도를 연습하는 데 가장 어려우면서도 중요한 상황 중 하나는 소비에 관련된 문제입니다. 많은 부모가 자신의 능력이 모자라 아이가 원하는 것을 사주지 못하거나 사줄 수 있는데도 안 된다고 말할 때 죄의식을 느낍니다. 어떤 경우에도 응석을 지나치게 받아주는 실수를 범합니다. 아이가 꼭 사고 싶은 장난감이 아닌데 사달라고 하는 것을 거절할 때는 위엄 있고 존중하는 태도를 보이되 죄의식은 갖지 말아야 합니다. 여러분이 거절하는 이유를 친절하게, 하지만 미안함은 드러내지 않으면서 설명하는 것도 도움이 됩니다. "이 장난감 엄청 갖고 싶은 거 잘 알아. 그런데 사주지는 않을 거야. 네가 갖고 싶은 걸 사기 위해 돈을 모으도록 도와줄게. 아니면 다른 장난감을 볼까?"

여러분은 분명 이렇게 생각할 것입니다. '그냥 사주는 게 낫지 않나?' 네, 단기적으로는 그렇습니다. 하지만 한 번 받아주면 계속 아이가 해달라는 대로 해줘야 합니다. 반면에 한 번 슬기롭게 넘기면 이후에도 문제를 극복하기가 수월해집니다. 아이에게 여러분이 뭐든지 받아줄 거라는 기대 심리를 심어줄수록 아이는 '안 되는 것은 안 된다'라는 의미를 이해하는 데 오랜 시간이 걸립니다. 지나친 관용의 부정적인 결과를 보면, 친절하면서 단호한 태도가 얼마나 효과적인지 알 수 있습니다.

2. 아이가 소속감(유대감)과 자존감(공헌)을 느끼는 데 도움을 주는가?

효과적인 양육을 위해서는, 아이가 여러 기능을 배우고 실수도 하면서 어려움을 견뎌낼 기회가 있어야 할 뿐 아니라 어딘가에 소속될 필요도 있다는 것을 인식해야 합니다. 아이는 새로운 능력을 습득하고 위험을 감수하는 법을 배우기 위해 도전하고 성장해야 합니다. 아이는 문제를 접하고, 해결책을 찾고, 결과를 통해 배우면서 제대로 판단하는 법을 학습합니다. 아이가 어렵고 힘든 세상에서 성공할 수 있도록 준비시켜주는 것이 효과적인 양육법입니다. 아이에게 감성적인 지지를 보내는 것과 해결책을 위해 아이가 브레인스토밍하도록 도와주는 것은 과잉보호나 단순히 위기에서 구제하는 행위와는 매우 다릅니다.

많은 부모가 효과적인 양육이란 자녀가 언제 어디서 누구와 무엇을 하고 있는지 전부 파악하는 것이라고 생각합니다. 그러나 사실 가장 중요한 것은 자녀가 누구인가를 아는 것입니다. 자녀가 어떤 사람인지 알면 부모는 믿음을 갖고 안심하면서, 아이가 배우고 지지하는 환경에서 새로운 것을 시도하게 하고(때로는 실수도 하면서) 자기답게 자라게 합니다. 결국 부모의 궁극적인 역할은, 사랑을 담은 적절한 방식으로 아이를 가르치고 안내하고 격려해서 자녀가 자신의 길을 선택하도록 하는 것입니다. 자녀가 제 갈 길을 가도록 두면 걱정도 되겠지만, 자녀가 어떤 사람이고 무엇을 할 수 있는지 안다면 두렵지 않을 것입니다. 시간을 갖고 자녀의 세계로 들어가 잠시 머물러보세요. 자녀가 관심을 가지는 것, 되고 싶어 하는 모습을 진심으로 이해하면 자녀를 더 많이 알 수 있습니다. 아이와 함께 양질의 시간을 충분히 보낼수록 아이가 낙담하여 저지르는 문제 행동을 다루는 데 드는 시간이 줄어듭니다. 자녀의 세계에 초대받는 것은 매력적이고 배울 것이 많은 경험입니다. 부모의 방식을 강요할 수는 없습니다. 싫든 좋든 누구를 믿고 언제 누구와 말할지는 자녀가 결정합니다. 현명한 부모는 이해와 용기를 주기 위해 여지를 제공하고 자녀의 의견을 경청합니다.

3. 장기적으로 효과가 있는가?

"이것이 장기적으로 아이에게 최선인가?"라는 질문에 "그렇다"고 대답할 수 있다면, 여러분은 옳은 일을 하고 있는 것입니다. 많은 부모가 저지르는 큰 실수 중 하나가 장기적으로 고려하지 않는 것입니다. 그렇다면 장기적으로 효과가 있는지 없는지는 어떻게 알 수 있을까요?

우리는 이미 아이의 행동 뒤에 숨은 믿음(빙산의 일각에 대한 이야기를 떠올려보세요)을 설명했습니다. 처벌로 당장 행동을 멈추게 할 수는 있습니다. 하지만 그때 아이가 무슨 생각을 하고, 어떤 감정을 느끼고, 자기 자신과 부모, 나아가 앞으로 어떻게 행동할지에 대해 어떤 결정을 내릴까요? 이 책에 담긴 가장 중요한 메시지 중 하나는, 장기적으로 유효한 양육의 중요성입니다. 이 중요성을 이해하면 자녀가 성장함에 따라 느끼는 스트레스와 부담을 줄이는 데 도움이 될 것입니다.

자녀가 어른이 되었을 때 지녔으면 하는 특성이 있나요? 이제부터 그것을 작성하는 연습을 할 것입니다. 양육의 목적이자 가장 어려운 부분은, 매일매일의 문제와 위기를 다룰 때 이러한 특성을 촉진하는 방향으로 이끌어가는 일입니다. 스스로 이런 질문을 해보세요. '내가 이렇게 하면 우리 아이는 어떤 결정을 할까?' '아이 자신과 나에 대해, 앞으로 어떻게 될지에 관해 아이는 무엇을 배울까?' '내가 직장에 다녀서, 워라밸을 유지할 줄 몰라서, 너무 힘들어한다는 이유로 응석을 그냥 받아주거나 지나치게 통제하면 장기적으로 아이에게 어떤 영향을 미칠까?'

가정과 회사가 공존하도록 목표를 설정하고 싶어도, 시간과 에너지가 거의 없는 부모는 장기적인 관점에서 생각하기가 어렵습니다. 그렇지만 반드시 장기적으로 생각해야 합니다. 너무 관대하고 응석을 다 받아주는 부모는 아이에게 무엇을 가르치게 될까요? '원하면 지금 당장 안 해도 돼.' '물질적인 게 세상에서 제일 중요해.' '인생에서 어려운 일을 넌 할 수 없으니 네가 하지 않아도 될 걸 알려줄게.' 이런 생각을 전해줄 가능성이 큽니다. 부모가 모든 걸 다 받아준다면, 단기적으로 봤을 때 아이는 장난감도 갖게 되고 행복할 것입니다. 하지만 인생의 교훈을 얻을 소중한 기회를 잃게 됩니다. 때로는 단호하게 거절해야 아이가 자신을 '구원'해줄 사람이 없더라도 실망하지 않고 스스로 문제를 해결하는 능력을 키우게 됩니다.

4. 인격 형성에 필요한 주요 사회적 기술이나 삶의 기술을 알려주는가?

처벌이나 무조건적인 허용이 일관되고 지속적으로 긍정적인 결과를 내는 데 효과적이지 않다는 점에는 이제 여러분도 동의할 것입니다. 하지만 낡은 습관을 걷어내고 새로운 습관을 만드는 것은 불가능에 가깝습니다. 부모와 아이 모두에게 연습이 필요한 이유입니다. 아이가 성공적인 삶을 사는 데 필요한 기술을 배울 기회를 주고 가르치는 것이 부모가 해야 할 일입니다. 그러려면 많은 시간과 인내가 필요하기 때문에 많은 부모가 실수를 저지르곤 합니다. '지금 당장' 아이가 원하는 것을 들어주거나 아이가 실수했을 때 벌주는 쉬운 방법을 선택하는 것입니다. 부모를 귀찮게 하거나 징징대면 부모가 받아준다는 사실, 혹은 벌 받음으로써 잘못을 용서받는다는 사실을 깨달으면 아이는 책임을 회피합니다. 따라서 아이에게 스스로 문제를 해결하는 방법을 가르치고, 사회적 기술이나 삶의 기술을 스스로 학습하도록 도와주어야 합니다. 문제를 해결하려면 당연히 결과부터 탐색하고 해결책에 집중하는 법을 배워야 합니다.

효과적으로 살아가는 법을 가르치는 데 가장 중요한 부분은, 결과를 탐색하는 방법입니다. 이것과 결과를 강요하는 것을 혼동하지 않도록 주의해야 합니다. 결과를 강요하는 것은 처벌의 일종이고, 아이가 실수의 대가를 치렀다고 생각하게 만듭니다. 좋든 나쁘든 모든 결과는 행동의 논리적이고 자연스러운 결과로 나타납니다. 그런 결과를 일방적으로 결정해준다는 건 이런 것입니다. "숙제하기 전까지는 휴대폰을 사용할 수 없어." 아이가 스스로 생각하도록 질문해주고 다정하게 기다려줄 때 아이는 스스로 결과를 탐색합니다. "낮은 점수를 받게 된 원인이 뭘까? 어떤 마음이 들어? 네 목표는 뭐야? 목표를 달성하기 위해 뭘 할 거니?"라고 말해줍니다. 다정한 목소리 톤이 중요합니다. 협박 투의 목소리에는 "몰라"(혹시 익숙한 대답인가요?) 같은 반응

밖에 돌아오지 않습니다. 부모가 아이의 생각에 진심으로 관심을 갖는지, 아니면 부모가 원하는 대로 아이를 움직이게 하려 드는지를 아이는 항상 구분합니다. 부모가 아이에게 해결책을 생각하게 하면, 대부분의 경우 아이는 자신의 실수를 사과하거나 행동을 올바르게 수정하려 합니다. 반면 아이에게 해야 할 일을 일방적으로 지시하면, 어른인 여러분이 그러는 것과 마찬가지로 아이 역시 억울해하거나 마지못해 따르게 됩니다.

문제 해결 능력은 다양한 삶의 기술을 가르치고 인격을 형성시켜줍니다. 이는 부모가 아이에게 궁극적으로 가르치려 하고, 양육할 때 가장 우선시해야 할 부분입니다. 부모들은 대부분 이런 생각을 합니다. '문제가 뭐지? 무슨 벌을 줄까?' 반면 해결책을 우선시하는 부모는 이렇게 질문합니다. '문제가 뭐지? 해결책이 뭘까?' 이런 부모는 해결책에 집중하는 것이 아이에게나 부모에게나 효과적이라는 것을 강조합니다. 또한 많은 부모가 결과를 강요하지 않고 해결책에 집중하기 시작하자 자식과의 힘겨루기가 멎었다고 말합니다. 문제가 생겼을 때 비난하고 처벌하는 대신 해결책을 생각하는 법을 알려줍니다. 공감하는 방법으로 아이 스스로 결과를 탐색하게 유도하면 더욱 효과적입니다. "왜 그렇게 되었다고 생각하니? 문제를 해결하려면 어떻게 하는 게 좋을까?" 이런 질문은 문제 해결, 존중하는 대화법, 의사결정, 갈등 관리, 협상과 같은 다양한 삶의 기술을 알려줍니다. 아이의 자존감에 상처 입히지 않으면서 감정과 욕구를 표현하는 법을 가르쳐줍니다.

물론 해결책에 항상 아이를 끌어들일 필요는 없습니다. 앞서 말했듯이, 아이를 가장 존중하는 행동은 아이에게 이래라저래라 시키는 것을 멈추고 여러분 자신이 해야 할 일만을 결정하는 것입니다. 예를 들면, 아이의 안전벨트를 매어주는 대신 아이가 스스로 맬 때까지 조용히 앉아 "엄마는 책 읽으면서 기다리고 있을게"라고 말하는 식입니다. 여러분이 한 말을 아이가 믿고 따르기까지는 시간이 걸릴 수 있습니다. 그러므로 여러분이 한 말을 끝까지 지키는 것이 중요합니다. 익숙해질 때까지 시간을 미리 확보하고, 읽고 싶은 책을 준비합니다.

해결책을 찾을 때에는 가능한 한 항상 아이를 참여시키는 것이 좋습니다. 문제 해결을 위해 브레인스토밍과 같이 아이디어 내는 기술을 아이에게 가르쳐줍니다. 아이가 그 과정에 적극적으로 참여하고 자신에게 적합한 제안을 선택하게 할 때 브레인스토밍이 효과가 있습니다. 그럴 기회를 주기만 하면 아이는 늘 놀라운 해결책을 냅니다.

곧 출시될 게임을 사달라고 한 어린 소년과 아들의 요구를 거절한 아빠의 이야기를 들어볼까요? 아빠는 게임이 너무 비싸기도 하고, 직장에서 일해야 하는 시간에 줄을 서서 기다릴 수 없기 때문에 게임을 사줄 수 없다고 생각했습니다. 아이는 이렇게 결론 내렸습니다. "아빠가 게임을 사주지 않겠지만 나는 여전히 사고 싶어." 그래서 아빠는 아이가 게임을 사기 위해 필요한 것이 무엇인지 찾을 수 있도록 브레인스토밍에 아이를 참여시켰습니다. 몇 가지 가능성을 두고 브레인스토밍을 한 후 게임을 살 수 있도록 아빠가 돈을 빌려주기로 합의했습니다. 돈을 갚기 위해 아이가 집안일을 더 많이 하는 것을 조건으로 정했습니다. 그리고 낮에 시간이 있는 숙모에게 함께 줄을 서달라고 부탁했습니다. 결과적으로 이 아이는 독립심과 창의성이라는 삶의 교훈을 얻은 게 아닐까요?

5. 자신에게 어떤 능력이 있는지, 자신의 힘을 건설적으로 사용하는지 를 아이가 자각하도록 도와주는가?

이 기준의 중요성을 설명하기 위해, 아이가 타고나는 공헌 욕구를 보여주는 두 가지 예를 들겠습니다. 여러분 중 대부분은 아마 아이가 두 살 즈음에 "내가 할래!"라고 요구하는 걸 들어본 경험이 있을 것입 니다. 그러나 아동 발달 분야의 연구자는 아이에게 두 살 이전부터 공 헌 욕구가 있다는 것을 파악했습니다. 이를 '이타주의'라고 부르는데, 다음 실험에서 설명하듯이 '공헌'이라고 부르기도 합니다.

토마셀로와 바르네켄은, 보는 것만으로도 사랑스러운 18개월 걸음 마 아이를 대상으로 실험했습니다.[8] 아이를 일부러 수동적으로 행동 하는 엄마와 함께 방에 있게 하고 아이가 보는 앞에서 연구자가 문이 닫힌 책장에 책을 넣으려 했습니다. 연구자는 문이 닫힌 책장에 계속 책을 넣으려 했으나 부딪히기만 합니다. 잠시 지켜보던 아이는 책장 으로 다가가 문을 열어주었고, 이제 책을 제대로 꽂기를 기대하는 얼 굴로 연구자를 바라봅니다. 다른 실험에서는 아이 앞에서 집게로 수 건을 빨랫줄에 고정하려 합니다. 연구자가 빨래집게를 떨어뜨리고는 잘 줍지 못하자 아이는 빨래집게 쪽으로 기어가 주워주려고 애씁니 다. 연구자에게 빨래집게를 주워주면서 아이는 만족감을 보였습니다.

타고난 언어 능력 또한 계발할 필요가 있듯이 공헌 역시 계발이 필 요합니다. 아이를 애지중지하며 키우면 아이가 공헌 능력을 발달시킬 욕구를 빼앗게 됩니다. 이 점을 이해하면, 아이가 공헌 능력을 계발하 고 확대하도록 도움을 주는 일이 얼마나 중요한지 알 수 있습니다.

그렇다면 어떻게 해야 할까요? 긍정의 훈육 도구는 아이를 도와 능력을 계발하고 아이가 유능감을 느끼도록 설계되었습니다. 먼저 아이가 '나는 할 수 있다'는 확신을 갖게 하는 도구부터 시작하겠습니다.

제인의 딸인 메리 넬슨 탐보르스키의 예시를 살펴봅시다. 어느 날 메리는 두 살 아들 파커가 형의 티셔츠를 입느라 고전하는 모습을 봤습니다. 메리는 파커가 머리와 팔을 구멍으로 빼내도록 도와주고 싶었습니다. 하지만 그녀는 아이가 스스로 시도하는 것이 중요하다는 사실을 기억하고 카메라를 가져왔습니다. 워크숍에서 다른 이들과 이 사진을 공유하면 재미있을 것 같았기 때문입니다.

워크숍에서 티셔츠를 입으면서 얼굴과 팔을 빼낼 구멍을 못 찾는 파커의 사진을 보여주며 질문을 던집니다. "여러분 중 이 아이에게 도움을 주고 싶은 마음이 생긴 분이 있나요?" 참석자 대부분이 손을 듭니다. 메리는 이어서 다음 사진을 보여줍니다. 머리가 나올 곳에서 팔이 나오고 다른 쪽 팔과 얼굴은 여전히 티셔츠 속에서 나오지 못하고 있습니다. 다시 질문을 던집니다. "여러분 중 이 상황을 보는 게 불편하신 분이 있나요?" 여전히 참석자 대부분이 손을 듭니다. 세 번째 사진은 팔이 나올 좁은 구멍으로 얼굴을 내밀고, 한쪽 팔은 머리가 나와야 할 구멍으로 내민 사진입니다. 그리고 네 번째는 파커가 머리를 제대로 빼내고서 함박웃음을 짓는 사진입니다. 얼굴과 팔이 제대로 나오도록 형의 티셔츠를 입는 방법을 스스로 터득함으로써 성취감을 가득 느끼며 보여준 미소는 말로 표현하기가 어려울 정도입니다. 부모는 힘들 거라고 판단하지만 사실은 이런 과정이 능력과 공헌을 계발하는 데 필수적입니다. 달려가 도움을 주면 아이가 자부심 느낄 기회를 오히려 빼앗게 된다는 것을 분명히 알려주는 예입니다.

스스로 하게 둔다

아이가 이 세상에서 성공적으로 살기 위해서는 뿌리와 날개 둘 다 필요하다고 말합니다. 긍정의 훈육 도구는 안정에 필요한 뿌리를 키울 능력과 날아오르는 데 필요한 날개를 아이에게 제공합니다. 이를 위해 여러분의 꿈과 희망이 무엇인지, 아이가 길렀으면 하는 특성은 무엇인지, 아이가 어떤 사람이 되기를 원하는지 잠시 생각해봅니다.

여러분이 아이를 지나치게 사랑하다 보면 아이는 부담을 안게 되기도 합니다. 아이가 여러분의 시선을 끄는 예상치 못한 순간이나 여러분을 껴안을 때, 혹은 베개를 베고 자는 모습을 보는 것만으로도 사랑스러울 수 있습니다. 하지만 아이를 사랑한다면 회복 탄력성, 창의성, 능력을 아이 스스로 키우도록 도와야 합니다. 힘든 결단을 내릴 수 있을 만큼 충분한 사랑을 아이에게 줘야 합니다. 가르치고, 안내하고, 세상과 맞서 씨름하게 해야 합니다. 그렇게 함으로써 아이가 세상에서 살아가는 법을 배울 수 있습니다.

2부

긍정의 훈육
Q&A

1장
죄의식
다루기

캐런은 또 집에 늦게 왔습니다. 은행에서 임원으로 일한다는 것은 직업적으로는 완벽하지만 야근이 잦고 다섯 살 로런스가 돌보미와 오랜 시간을 보내야 한다는 뜻입니다. 로런스는 엄마가 오는 소리를 듣고 현관으로 달려갑니다. "엄마, 엄마, 빨리 와. 오늘 내가 수와 공원에서 한 걸 보여줄게." 돌보미 수는 이미 신발을 신고 문 앞에 서 있습니다. 수가 저녁 약속이 있다고 해서 캐런이 다른 날보다 일찍 왔기 때문입니다. 로런스가 캐런의 코트를 계속 잡아당기는 동안 캐런과 수는 로런스의 식사와 숙제에 관해 이야기합니다. 캐런은 로런스에게 톡 쏘며 말합니다. "로런스, 엄마가 수와 이야기하는 거 안 보이니? 네 방에 가서 기다려!" 로런스는 입술을 씰룩거리며 자기 방으로 갑니다. 캐런은 마음이 아프고, 아이에게 짜증 낸 자신에게 화가 납니다.

죄의식의 근원

우리 모두에게 일은 선택이 아니라 필수입니다. 하지만 여러분에게
도 선택의 여지는 있습니다. 이 책의 목적은 여러분이 어떤 상황에 있
든 만족스러운 부모, 배우자, 동료가 되도록 안내하는 것입니다. 머리
말에서 우리는 어떤 선택 뒤에 숨은 믿음이 행동에 미치는 영향을 살
펴보았습니다. 일하거나 직업적인 꿈을 좇거나 자신이 일하지 않는
부모라는 것에 죄의식을 느끼면 행동에 영향을 미칩니다. 죄의식 때
문에 아이에게 과잉 보상을 하고, 때로는 스트레스도 받습니다. 아이
는 부모의 행동을 따라 하므로, 부모가 스트레스 받으면 아이도 덩달
아 스트레스 받습니다. 그렇다면 죄의식은 어디에서 오는 걸까요?

일과 가정 사이에서 일어나는 갈등

우리는 매년 급변하는 세상에 살고 있습니다. 40년 전까지만 해도
일하는 엄마는 거의 없었습니다. 그런데 지금은 많은 엄마가 직업을
가지고, 아빠도 육아에 적극적으로 참여합니다. 동시에 새로운 기회
와 함께 문제점도 수면 위로 떠올랐습니다. 사람들은 직장에서나 가
정에서나 다양한, 때로는 갈등을 유발하는 책임을 져야 하는 상황에
처합니다. 이러한 상황은 대부분의 일하는 부모가 쏟을 수 있는 것보
다 더 많은 시간과 에너지를 필요로 합니다. 게다가 이들 중 시간 관
리, 가정 관리, 효과적인 양육에 대해 교육받은 사람은 일부에 불과합
니다. 어떤 것도 제대로 해내지 못한다는 생각에 죄의식이 생기고, 결

국 부모와 아이는 값비싼 대가를 치릅니다.

직무태만의 가장 큰 원인이 가족과 관련된 문제라는 것은 누구나 압니다. 일과 가정의 갈등은 스트레스를 유발하고, 이는 부모와 아이에게 신체적, 정신적 어려움을 일으키며, 이러한 어려움은 다시 부모의 직무태만으로 이어집니다. 여성이 일을 함으로써 동일 임금이나 육아 수당과 같은 쟁점이 생기고, 남성은 일과 가정 사이에서 죄의식을 느끼는 등 새로운 문제에 봉착합니다. 가정과 직장에서 끊임없이 발생하는 여러 가지 요구를 충족해야 한다는 과도한 부담 때문에 초고속 승진에서 탈락하기도 합니다. 미국의 이혼율은 50퍼센트를 꾸준히 유지하고 있는데, 편부모와 의붓 부모는 다양한 가정 문제로 힘들어합니다. 이렇게 싱글맘과 싱글대디가 점점 늘어나고, 그들은 아이를 키우면서 일을 해야 합니다. 어떤 가정 상황에서든 모든 것을 완벽하게 성취하기에는 시간과 에너지가 부족합니다.

다른 사람의 기대

일하는 부모, 특히 여성은 직장에 무게중심을 두기 때문에 죄의식을 느낍니다. 가족을 갖기로 결심하면 육아 휴직, 유연 근로, 간병 휴가 등으로 일을 조정해야 합니다. 여성은 동료의 기대를 저버린 것에 미안함을 느끼고, 가정을 책임질 필요가 없는 사람만 승진하고 자신은 누락될까 걱정합니다. 미혼인 동료에게는 협의하에 시간제 근무를 하게 된 직원이 마치 휴가를 받는 것처럼 보입니다. 육아를 하는 부모의 입장에서 보면 절대 휴가가 아닌데도 말입니다. 그렇다고 아이를 돌볼 시간을 따로 내지 않으면 으레 '나쁜 엄마' 취급을 받습니다.

만약 개인 사업을 한다면 배우자나 친구, 가족에게 자신이 집에 있다는 것으로 정당화하면서 계속 일할 것입니다. 아이가 없는 주변 사람들은, 막 걸음마를 뗀 아이를 돌봐야 하는 여러분이 제안서를 제때 끝내지 못하는 상황을 잘 이해하지 못합니다. 육아를 위해 여러분에게 무엇이 필요할까요? 분명 '여러분이 무엇을 하든' 아이 돌보는 일이 더 중요합니다.

육아 휴직을 하고 적극적으로 아이를 돌보는 남성도 많습니다. 이들은 남자가 가족을 부양해야 한다는 세간의 시선, 직장에서 '팀 망신을 시킨다'는 낡은 편견 때문에 압박을 받습니다. 이로 인해 느끼는 죄의식은 일 때문에 아이에게 소홀하다는 생각이 들 때 느끼는 죄의식만큼이나 해로운 영향을 미칩니다.

잘못된 양육 선택

많은 부모가 집에서 기계적으로 일합니다. 아이가 제대로 자라지 못하는 걸 보면서도 말입니다. 과중한 압박을 느끼다 보니 처벌이나 보상 같은 단기적인 전략을 아이에게 지속해서 사용합니다. 때로는 '죄의식·분노·자책'이라는 악순환에 갇혀 비효과적인 선택을 계속하기도 합니다. 이런 때에는 부모와 아이 모두 건강한 상태라고 할 수 없습니다.

여러분이 실제로 느끼는 것이 무엇인지 명확하게 진단해볼까요? 아이에게 있어 삶의 일부가 되고자 하는 건전한 바람과 우선순위를 잘못 정하는 바람에 아이를 제대로 돌보지 못해 느끼는 걱정이나 죄의식은 다릅니다. 직업이 있든 없든 아이가 성장하고 경험하는 것을 함께 나누기 위해 항상 기다리거나 어떤 것을 놓치는 바람에 안타까워할 가능성은 언제나 있습니다. 그것은 죄가 아닙니다. 때로는 삶의 다른 목표와 충돌이 일어나기도 하지만, 그것은 아이를 사랑한다는 증거이고 건전한 감정입니다. 현명한 육아 전략을 사용하고 아이를 전문적으로 돌본다면, 그런 부족함 때문에 죄의식을 느낄 필요는 없습니다. 피곤하고 스트레스 받거나 수동적인 행동에 갇힌다면 이 두 가지가 헷갈릴 수 있습니다. 지금부터 '죄의식·분노·자책'의 악순환 고리를 끊고 부모와 자녀 모두를 위해 건강한 전략을 제시하고자 합니다. 먼저 죄의식을 없애는 전략을 살펴보겠습니다.

부모의 죄의식을 줄이고
아이들이 행복하게 자라게 하는 요인

여러분의 감정 외에도 아이의 행복에 영향을 주는 다른 요인이 몇 가지 있습니다. 그러한 요인을 이해하면 죄의식에서 벗어날 수 있습니다. 먼저 아이가 일하는 부모를 실제로 어떻게 느끼는지 살펴보는 것으로 시작하겠습니다.

아이는 일하는 부모를 어떻게 생각할까

『아이에게 질문하기Ask the Children』에서 엘런 갈린스키Ellen Galinsky는 일하는 엄마를 어떻게 생각하는지 아이에게 질문했는데, 대부분의 아이들이 "자랑스럽다"고 대답했습니다.[9] (아빠에 대해서는 묻지 않았지만, 아이가 일하는 아빠도 자랑스럽게 여겼을 것이라고 짐작할 수 있습니다.) 2015년 계간 《여성 심리학 저널 Psychology of Women Quarterly》에서는, 일하는 엄마를 대하는 아이의 태도가 세대를 거치며 향상되고 있다는 연구 결과를 발표하기도 했습니다.

또한 2015년 하버드 경영 대학원에서 연구한 결과에 따르면, 일반적으로 일하는 엄마의 딸은 어른이 되었을 때 대체로 성공하고 수입도 높으며, 그 자녀도 가정과 아이를 잘 돌보는 경향이 높다고 합니다. 수많은 사람을 대상으로 한 설문을 통해서도 '워킹맘 효과'가 추진력, 자신감, 공감 능력 등에 긍정적인 영향을 준다는 것이 입증되었습니다. 아이를 방치하거나 아이 때문에 스트레스 받지 않는 한, 일하는 것이 아이에게 문제가 되지는 않습니다.

사람들은 일하는 것이 곧 아이와 시간을 적게 보낸다는 의미로 받아들입니다. 하지만 2012년에 발표된 한 연구에 의하면, 요즘 일하는 엄마는 1970년대 전업주부보다 아이와 더 많은 시간을 보낸다고 합니다.[10] 양이 부족한 게 아니라면 질이 부족한 것일까요? 사실 대부분의 경우 질의 문제가 맞습니다. 클릭 하나로 일을 처리해버리는 요즘 세상에 아이와 제대로 교감하기 위해서는 보다 아이에게 집중하고 의도적으로 다가갈 필요가 있습니다.

따라서 대다수의 부모가 느끼는 죄의식은 번지수가 틀렸다고 할 수 있습니다. 질 높은 시간을 지속해서 함께할 수만 있다면 굳이 많은 시간을 함께하지 않아도 아이는 괜찮다고 느낍니다.

외부 보육 시설

탁월한 보육 시설에 아이를 맡기는 것은 부모의 죄의식을 무엇보다 크게 덜어줍니다. 매우 중요한 주제이므로 뒤에서 한 챕터를 할애하여 자세히 설명하고자 합니다. 먼저 죄의식을 줄이는 일을 도와줄 자료를 살펴보겠습니다.

2005년, 미국 국립아동보건인간발달연구소NICHD, National Institute of Child Health and Human Developmen에서는 역사상 가장 방대한 연구를 마쳤습니다. 15년 동안 1,364명의 아이를 추적 조사했는데, 엄마가 100퍼센트 돌본 아이와 외부 보육 시설에서 시간을 보낸 아이 사이에 성장의 차이가 없다는 결론이 나왔습니다. 오히려 외부 보육 시설에서 시간을 보낸 아이가 집에만 있었던 아이보다 수학과 문장 이해에서 다소높은 점수를 받았다고 밝혔습니다. 또한 외부 보육 시설이 엄마와 아이 사이의 유대 관계에 어떤 부정적인 영향도 주지 않는다는 결과도발표했습니다. 이는 보육 시설 이용을 걱정하는 일부 엄마에게는 안심이 되는 결과입니다.

보육 시설은 아이에게 많은 도움을 줍니다. 아이가 부모 이외의 다른 어른이나 권위자를 받아들이고 상호작용하는 법을 배우고 또래와 시간을 보내는 것은 팀워크나 나눔, 의사소통과 같은, 대인 관계에 필요한 기술을 발달시키는 데 도움이 됩니다. 인간관계의 다양성을 접하고, 집에서와는 다른 아동 교육과 체계적인 학습을 경험합니다. 이 모든 것이 어른이 되기 위한 삶의 기초를 다지는 일입니다.

또한 같은 연구에서는, 아이가 보육 시설에서 겪는 경험보다 육아의 영향이 적어도 두 배 이상 중요하다는 결과를 보여줍니다. 따라서 아이를 보육 시설에 맡기는 '위험'을 걱정하지 않아도 될 것입니다. 물론 충분히 조사해서 좋은 보육 시설을 찾았다는 가정 아래 말입니다. 이런 사실이 여러분의 믿음을 바꾸고, 나아가 행동을 바꾸는 데 도움이 되기를 바랍니다. 여러분이 선택에 확신을 품으면, 아이가 죄의식 버튼을 누를 때 아이의 요구를 적절히 거절할 수 있습니다.

맞벌이 가정이 더 안정감을 준다

일하는 부모로서 여러분은 독립성, 회복 탄력성, 타인 배려, 공동체 등을 가르쳐주는 롤모델이 됩니다. 맞벌이를 하면 경제적으로 안정이 되고, 이는 가정에 긍정적인 기여를 합니다. 연구에 따르면, 부부가 맞벌이를 하며 집안일을 나눠 하는 가정의 경우 가족과 관련된 일을 평등하게 나눌수록 관계가 더 건강해진다고 주장합니다. 이러한 건강한 관계는 이혼이 발생할 위험도를 낮추는 것으로도 알려져 있습니다. 왜 일이 가족 관계와 연관이 있을까요? 부부가 집 안팎의 경험을 공유하면 서로 유사한 경험을 나누게 됩니다. 여러분은 더 큰 틀을 통해 경험을 나누고, 충돌하는 우선순위에서 오는 스트레스를 함께 나눌 수 있습니다. 누가 무엇을 할지 민주적으로 합의하고 상호 이해를 끌어내면 좋습니다. 이는 집안일과 육아를 부부가 평등하게 나눠야 한다는 생각에 도움을 줍니다. 또한 부부가 집안일과 육아를 위해 시간과 노력을 투자하는 데 긍정적인 영향을 줍니다.

물론 이 모든 게 쉬운 일은 아닙니다. 부부 중 한 명은 회사에서 요구 사항이 많은 일을 하고 있거나 연봉이 높은 일을 할 수도 있습니다. 그런 경우 욕구도 다르고 접근 방법도 달라집니다. 그렇지만 맞벌이 부모는 적어도 외벌이 부모보다 아이에게 더 많은 것을 줄 수 있습니다.

적극적인 아빠

적극적인 아빠는 가정에 평등을 불러옵니다. 아빠가 아이를 돌보고 엄마는 필요한 것을 제공하는 가족 모델은 아이에게 평등, 개방성, 선택을 제공하고, 아이들이 성장하여 맞이하게 될 세상을 준비하게 합니다. 2000년 아동 심리학자 카일 프루에트Kyle D. Pruett는 자신의 책에서, 아빠로부터 적극적인 육아를 경험한 아이는 거짓말, 슬픔, 행동화(acting out, 자신의 기억이나 태도 또는 갈등을 말보다는 행동으로 표현하는 것—옮긴이)와 같은 낮은 수준의 문제 행동이 적다는 결과를 소개합니다.[11] 적극적인 아빠의 손에서 육아를 경험한 아이는 성인 수준의 공감 능력, 높은 학업 성적, 높은 행복감, 낮은 청소년 비행 발생률 등의 결과를 보여줍니다.

2015년 4월 《결혼과 가족 저널 Journal of Marriage and Family》에서 발표한 연구에 따르면, 1985년 이후부터 매주 아빠와 아이가 함께 보내는 평균 시간이 지속적으로 늘어났다고 합니다. 하지만 양보다 질이 높다는 점이 핵심입니다. 많은 엄마가 '슈퍼우먼'이 되어야 한다는 부담 때문에 아빠보다 많은 시간을 아이와 보낼 수도 있습니다. 하지만 엄마들은 아이를 지켜보는 데 대부분의 시간을 보냅니다. 일정을 관리하고, 아이가 할 일을 챙겨주고, 아이를 데려다주는 일 등입니다. 따라서 독서, 대화, 게임, 숙제 등 질 높은 활동으로 아이와 시간을 보내는 사람은 오히려 아빠일 가능성이 높습니다. 부모 모두가 아이의 활동에 참여하면 아이는 긍정적인 행동, 감성, 학업 결과를 보여줄 수 있습니다.

2005년 '부성 연구소Fatherhood Institute'에서 발표한 연구에서는 아빠가 아이 주변을 맴도는 것만으로도 아이와 아빠 모두에게 긍정적인 효과를 준다고 밝혔습니다. 아빠와 시간을 많이 보내는 아이는 신뢰를 품게 되고, 아빠에게 의지할 수 있다는 느낌을 받습니다. 연구에서는 육아하는 시간이 길수록 아빠는 육아 전문가가 되어 더 세심하고 직관적으로 양육한다고 결론 내립니다. 또한 아이가 어릴 때 아빠의 참여도가 높을수록 부모와 자녀 모두에게 좋다고도 밝힙니다. 예를 들어, 출산 교육을 받거나 아이가 태어날 때 함께 있는 것과 같이 출생 전과 출생 시에 아빠가 참여함으로써 아빠 역할을 강화합니다. 아이가 태어나면 많은 아빠들이 부모의 입장에서 이인자가 될까 봐 걱정합니다. 그러나 처음부터 지속적인 대화로 동등하게 책임지는 육아 방식을 정하면 이런 문제 역시 해결할 수 있습니다.

여성은 집에서 아이를 돌보고 남성은 바깥에서 돈을 벌어온다는 성역할에 따른 오래된 편견은 어떨까요? 아직 큰 변화는 없습니다. 사회 전반에서 성 역할에 대한 시선이 바뀌려면 시간이 필요합니다. 다소 느리더라도 젊은 세대는 언젠가 낡은 관념을 깰 것입니다. 스웨덴이나 노르웨이 같은 경우는 부모의 출산 및 육아휴직을 법으로 정했고, 90퍼센트 이상의 남성이 출산휴가를 갑니다. 다른 나라도 그렇게 될 때까지는 압박과 죄의식의 근원을 파악하여 스스로 극복하는 수밖에 없습니다. 4부 4장에서도 다루겠지만, 회사와 이해 당사자에게 여러분의 의도를 명확하게 말하는 것도 도움이 됩니다.

몇몇 선구적인 남성은 이미 앞서가고 있습니다. 글로벌 전문 서비스 기업에서 근무하는 수석 채용 담당자는 다음과 같은 이야기를 합니다.

"몇 년 전에 저는 새로운 채용 기회를 소개하려고 후보자에게 전화를 걸었습니다. 그에게는 당시 업무보다 한 걸음 나아갈 기회였을 것입니다. 그는 적합한 기술과 자격을 모두 갖추고 있었어요. 그런데도 그는 '죄송합니다만, 저는 관심이 없어요'라고 정중하게 거절했습니다. 이해할 수 없어 이유라도 들으려고 했어요. 그랬더니 그는 '저는 이미 성공했어요'라고 말했습니다. 저는 그가 다니던 회사를 잘 알고 있으니 이력서를 다시 살펴보았어요. 아직 매니저도 아니었죠. 그는 자신이 왜 성공했다고 생각하는지 설명했어요. 매일 하는 일을 사랑하고, 다니는 회사를 좋아하고, 존중받고 있으며, 공정하게 대우받고, 편안하게 살 만큼 충분한 돈을 벌고 있고, 복리후생도 좋고, 조직은 유연성을 갖췄다고 말했죠. 그리고 가장 중요한 것은 어린이 야구 리그, 춤 발표회, 학부모와 선생님 회의, 기념일, 생일 등 그 어떤 가족 이벤트도 놓쳐본 적이 없다고 했어요. 그는 다음 단계의 커리어가 무엇을 의미하는지 알고 있었죠. 더 많은 시간 투자, 출장, 희생이라는 것을요. 그는 '그런 것은 저에게 아무런 의미가 없어요'라고 말했어요."

아이 스스로 특별하다고 느끼도록 돕기

아이가 자신을 특별하다고 느끼도록 유도하고, 바쁜 부모의 죄의식을 누그러뜨리는 간단한 방법은 많습니다. 어떤 방법은 그것을 위해 따로 시간을 내야 하지만, 약간의 생각과 계획만으로도 가능한 방법이 있습니다. 말이 아닌 간단한 신호로 사랑을 전하는 방법은 단순하지만 효과적입니다. 예를 들면, 거실을 지나며 엄지를 척 올려주거나 방에 들어갈 때 가슴을 톡톡 치는 것으로 사랑의 메시지를 전하는 식입니다.

아이와 유대감을 형성하는 방법 중 가장 강력한 것은 특별한 시간을 함께 보내는 것입니다. 이미 아이와 많은 시간을 보내고 있겠지만, 의무적으로 보내는 일상의 시간과 특별히 계획한 시간에는 차이가 있습니다. 특별한 시간이란 다른 사람에게 방해받지 않고 아이와 둘이서 계획하여 보내는, 즐겁고 질 높은 시간입니다.

특별한 시간을 권하는 이유는 몇 가지가 있습니다. 첫째, 부모와 특별한 시간을 보낼 때 아이는 유대감을 느낍니다. 자신이 부모에게 특별한 존재라고 생각하게 되고, 잘못된 방법으로 소속감과 자존감을 추구하며 문제 행동을 일으킬 위험이 줄어듭니다. 둘째, 계획된 특별한 시간은 부모가 처음에 아이를 가지려고 했던 이유를 되새기게 하여 부모를 즐겁게 합니다. 여러분이 바쁠 때 아이가 관심 받기를 원한다면 이렇게 말해줄 수 있습니다. "지금 당장은 어려운데, 네 시 삼십분에는 우리만의 특별한 시간을 보낼 수 있어." 도입부에서 한 이야기에서 캐런이 로런스와의 상황을 처리할 때 특별한 시간을 계획했다면 어땠을까요?

특별한 시간에 대해 알아야 할 몇 가지 중요한 사항이 있습니다. 먼저 특별한 시간에는 전자 기기 화면을 보지 마세요. 특별한 시간은 사람과 사람이 무언가를 서로 주고받는 시간입니다. 특별한 시간은 함께 무언가를 하는 시간이지 함께 다른 곳을 보는 시간이 아닙니다. 절대로 화면을 같이 봐서는 안 된다는 의미가 아닙니다. 다만 함께 본다면 본 것에 대해 토론하는 시간을 가져야 합니다. 아이가 본 것을 어떻게 생각하는지 알려고 노력해야 합니다. 도덕적인 주제가 있다면 아이를 참여시켜 이야기를 나눠보거나, 그렇지 않으면 아이와 특별한 시간을 즐기는 동안 휴대폰 전원을 끄거나 완전히 먼 곳에 두세요. 그 시간 동안은 부모에게 자신이 최우선 순위라는 것을 반드시 아이가 알게 해주어야 합니다.

또한 특별한 시간은 아이의 행동이나 문제를 끄집어내 말하는 시간이 아닙니다. 그 대신 아이가 마음 가는 대로 대화를 이끌게 하는 것이 좋습니다. 성찰하면서 듣는 시간입니다. 특별한 시간의 개념을 잠들기 전에 함께 보내는 규칙적인 일상으로 적용할 수 있습니다(단, 잠들기 전에 함께 보내는 규칙적인 시간을 낮의 특별한 시간으로 대신하면 안 됩니다).

아이가 특별하다고 느끼게 하는 또 다른 방법은, 일상 속에서 행복하고 슬픈 순간을 함께 나누는 것입니다. 밤에 아이가 잠자리에 들 때 이불을 덮어주며 아이에게 그날 가장 슬펐던 이야기를 말해달라고 합니다. 문제를 해결하려 애쓰지 말고 그냥 들어주고, 여러분도 그날 가장 슬펐던 이야기를 들려준 뒤 각자 그날 있었던 행복한 일을 이야기합니다. 아이가 자신의 하루를 평가하고 여러분의 이야기를 듣는 동안 여러분에게 얼마나 집중하는지 보면 깜짝 놀랄 것입니다.

어느 일하는 아빠는 밤에 아이가 잠자리에 들 때 이불을 덮어주며 그날의 슬펐던 일, 행복했던 일을 나누려 했습니다. 먼저 네 살 제시가 슬펐던 일에 푹 빠져 이야기를 이어갔습니다. 곧 제시는 감정이입이 되어 울었고, 아빠는 이게 좋은 방법인지 의문이 들었습니다. 하지만 그는 문제를 해결하려 하지 않고 참을성 있게 들어주었습니다(제시에게 그 문제를 가족회의 주제로 삼아도 되는지 묻기는 했습니다). 마침내 제시는 울음을 멈추었습니다. 아빠가 행복했던 이야기를 하라고 했더니 제시는 입을 삐죽거리며 "오늘은 행복한 시간이 없었어"라고 대답했습니다. 아빠는 그렇지 않다는 걸 알고 있었습니다. 아까 딸이 웃는 모습을 보았기 때문입니다. 현명하게도 그는 이렇게 말했습니다. "좋아. 그럼 내가 이야기할게. 사실 내 행복한 시간은 이제 곧 일어날 거야. 버터플라이 키스(윙크를 보내고 눈썹을 깜빡여 상대의 얼굴을 간질이는 것—옮긴이)를 빨리 하고 싶네." 제시는 웃으며 버터플라이 키스를 했습니다.

아빠는 슬펐던 일, 행복했던 일을 다른 두 아이와는 성공적으로 나누었지만, 제시와는 나누지 않는 게 좋을지 궁금했습니다. 아빠는 한 번 더 시도해보기로 했습니다. 다음 날 밤 제시는 슬펐던 이야기를 하며 감정이입을 하려 했습니다. 전날보다 진전이 없자 제시는 스스로 행복했던 이야기를 했습니다. 이제 슬펐던 이야기는 건너뛰고 행복했던 이야기를 두 개씩 하기도 합니다.

"또 읽어줘." 네 살 앤절라가 칭얼거립니다. 앤절라가 졸라서 이미 세 권을 읽어주었는데도 졸라대자 엄마는 화가 났습니다. 엄마는 일하는 동안 온종일 앤절라를 보육 시설에 맡겨둔 것에 죄의식을 느꼈습니다. 그녀도 자기만의 시간이 필요했지만, 앤절라에게 보상을 해줘야 한다고 생각했습니다. 그래서 어쩔 수 없이 받아들이고 앤절라에게 네 번째 책을 읽어주었습니다.

앤절라가 책을 더 읽어달라고 조르자 엄마는 피할 길이 없었습니다. 엄마는 화가 나서 꾸짖었습니다.

"앤절라, 넌 만족할 줄을 몰라. 계속 한 권 더, 한 권 더, 하니까 이제 엄마는 더 이상 책을 읽어주지 않을 거야. 가진 걸 감사하는 마음을 알기 전까지는 아무것도 안 해줄 거야."

앤절라는 흐느끼기 시작했습니다. 엄마도 화장실로 달려가 문을 잠그고 울음을 와락 터뜨렸습니다. 그리고 후회하며 자책했습니다.

'아이는 나와 시간을 더 보내고 싶을 뿐인데. 종일 내가 밖에 있으니 최소한 책이라도 원하는 만큼 읽어줘야 하는 것 아닐까?'

죄의식이 다시 생겨났습니다.

'내가 피곤한 건 앤절라 잘못이 아닌데. 워킹맘이라는 이유로 내 불쌍한 딸이 괴로워하는 건 원치 않아. 어떻게 해야 할까?'

이 상황에서 무엇이 진실이고 무엇이 허구일까요? 앤절라가 엄마와 시간을 보내길 원하는 건 진실입니다. 네 번째 책을 읽어주길 바라는 건 허구입니다. 앤절라가 죄의식 버튼을 누르게 두는 것은 부모를 조종하는 법을 배우게 하는 것입니다.

엄마가 시간을 정해두는 방법을 배우면 화내는 단계를 피할 수 있습니다. 한 권이나 두 권 읽어주고 나서(아이를 기쁘게 해줄 수 있는 양에 따라 다를 것입니다), 친절하면서 단호하게 말해줍니다.

"책 읽어주는 시간은 끝났어. 이제 엄마랑 꼭 끌어안고 뽀뽀해야지."

엄마의 죄의식 버튼을 누르면 어떻게 되는지 알듯 앤절라는 엄마가 무슨 말을 하려는지 압니다. 그러나 엄마가 죄의식을 버리는 법을 배우면, 앤절라는 하던 걸 계속하고 싶다고 요구하는 것에 불과합니다. 그냥 소리칠 것입니다. "또 읽어줘."

엄마는 다시 친절하면서 단호하게 말합니다. "엄마랑 뽀뽀도 안 하고 잘래, 아니면 안아주고 뽀뽀할까?" 앤절라가 휘두르려는 힘을 선택으로 바꾸도록 기회를 주어서 힘겨루기 요구를 분산시킵니다. 그런데도 앤절라가 계속 징징거리거나 소리를 지른다면 이렇게 말할 수도 있습니다. "뽀뽀할 준비를 하는 데 5분이 걸린다면 그동안 엄마는 여기 앉아 있을게."(결국 엄마는 앤절라가 조종법을 제대로 배우도록 도왔습니다. 상호 존중을 배우려면 인내심이 필요합니다.) 앤절라가 조종 패턴을 계속 보이면 엄마는 이렇게 말합니다. "오늘은 뽀뽀할 준비가 안 되었구나. 내일 저녁에 다시 해보자." 그러고는 아이 방을 나갑니다.

긍정의 훈육 도구

특별한 시간과 더불어 '죄의식 · 절망 · 애지중지'나 '죄의식 · 분노 · 자책'과 같은 악순환을 예방 또는 제거하기 위한 육아 기술을 몇 가지 소개합니다. 강한 유대 관계를 형성하는 데 도움을 주는 기술을 차례대로 살펴볼까요?

죄의식 버튼 해결하기

아이는 자신이 누를 수 있는 죄의식 버튼이 부모에게 언제 생기고 생기지 않는지 압니다. 죄의식에는 에너지가 있어서 말보다 더 크게 전해집니다. 서문에서 언급했듯이, 죄의식을 버리는 첫 단계는 여러분의 선택에 대한 믿음 체계를 다루는 것입니다. 인지하는 것이 먼저이고 행동은 그다음에 따라옵니다. 죄의식이 사라지는 데에는 시간이 걸릴 것이고, 어쩌면 영원히 사라지지 않을 수도 있습니다. 하지만 죄의식의 원인을 인지하고 자기 성찰을 하면 행동을 고칠 수 있고, 아이에게 건강한 선택을 제공하는 본보기가 될 수 있다고 확신하게 됩니다.

할 것을 정하고 지키기

다시 말하지만, 확신을 갖고 친절하면서 단호하게 말하는 것이 핵심입니다. "책 두 권을 읽어줄게"라는 식으로 여러분이 할 일을 확실히 정함으로써 존중의 태도를 보여줍니다. 아이와 적절한 시간을 보내고 적절한 과업을 실행하려는 의지는 아이를 존중하는 태도입니다. 하지만 존중하는 방식이 아니라 협박조로 부모의 의도를 말하면 효과가 사라집니다. 말보다 행동이 효과적입니다. 아이는 행동에 반응하지만, 너무 많은 말을 들으면 '듣기 장애'를 겪게 됩니다. 친절하면서 단호하게 행동하여 크고 분명하게 들리도록 하세요. 책 두 권을 읽어준다고 했으면 그 결정에 따라야 합니다. 책 읽기가 끝나면 안아주고 뽀뽀해준 다음 확신을 품고 방에서 나와야 합니다.

제한된 선택지 주기

아이에게 제한된 선택지를 주면 아이가 권리를 갖고 참여한다고 느끼게 합니다. 부모가 단 두 가지 선택지만 제공해도 상황을 통제할 수 있습니다(예를 들어 "뽀뽀 안 하고 자러 갈래, 아니면 엄마랑 안고 뽀뽀할까?" 같은 식입니다).

미리 계획하기

"책 더 읽어줘" 같은 상황을 피하기 위한 또 다른 방법은 미리 이야기하는 것입니다. 아이가 미리 계획할 수 있게 하고, 만약 계획을 바꾸고 싶으면 아이도 알게 하여 함께 고민하는 것이 아이를 존중하는 방식입니다(예를 들어, "두 권을 읽고 나면 뭘 해야 할까?" 하고 물어보는 식입니다).

아이와 특별한 활동 계획하기

특별한 시간에 아이와 무엇을 하고 싶은지 브레인스토밍하세요. 처음 브레인스토밍을 할 때에는 아이가 낸 의견을 평가하거나 지우지 말고 나중에 목록을 함께 보면서 분류합니다. 비용이 많이 드는 활동은 저장 목록에 두고, 하루에 함께 보낼 수 있는 특별한 시간보다 더 긴 시간이 필요한 활동은 더 많은 시간을 투자하는 가족 여가 목록에 넣어둡니다. 이번 주 특별한 시간에 하기로 한 것을 부모와 아이가 각자 작성합니다. 정확한 날짜와 시간을 정하고 실행합니다.

특별한 활동   날짜   시간

_____   _____   _____

2장

일과 삶의 통합

앤은 아침에 한 통화를 떠올렸습니다. "앤, 잠시 제 방에 와줄래요?" 그렇게 말하는 수석 파트너의 어조가 별로 마음에 들지 않았습니다. 조금 전에 남편 리처드와 통화를 마쳤는데 또 잔소리를 듣기는 싫었습니다. 남편은 이번 주부터 매주 목요일과 금요일에는 앤이 여섯 살 된 딸 신디를 학교에서 데리고 와야 한다고 분명히 말했습니다. 리처드의 상사는 그를 점점 지치게 하고 있었고, 리처드는 더 이상 자신의 경력을 두고 뒷짐만 지고 있을 수는 없었습니다. 앤은 변호사 사무실에서 주 80시간을 일하고 있으며, 바로 얼마 전에 또 한 건을 성공적으로 처리했습니다. 앤은 생각했습니다. '그래. 리처드는 기분이 좋지 않았지만 수석 파트너는 분명 좋은 일로 부르는 걸 거야.'

페넬로페가 말을 꺼냈습니다.

"앤, 당신이 우리 회사의 성공을 위해 일을 잘 해내고 있다는 걸 알아요. 그런데 앤이 신입 직원을 대하는 태도 때문에 불만이 많이 들어와요. 결국 두 명이 퇴사했죠. 신입 직원을 채용하고 교육하는 데 비용이 많이 들기도 하고, 또 이것 때문에 우리 회사가 시장에서 평판을 잃게 놔둘 수는 없어요. 우리가 가장 우선시하는 건 모든 직급에서 핵심 인재를 유지하는 것인데, 앤 당신이 그걸 아주 힘들게 하고 있어요. 이런 식이라면 어떤 대가를 치르더라도 성공할 수 없어요."

앤은 머리가 멍해졌습니다. 열심히 일한 것에 대해 감사받기는커녕 혼이 났습니다. 문득 자신이 남편에게도 너무 많은 것을 요구한다는 생각이 들었습니다. 이렇게 열심히 일하는 앤은 아이에게 어떤 영향을 미칠까요? 직장에서 성공하기 위해 가정을 희생하려 했던 걸까요?

성공을 재정의하기

개인적 목표와 직업적 목표가 반드시 대립할 필요는 없습니다. 오히려 서로 좋은 영향을 주고, 삶에 긍정적인 영향을 미칠 수 있습니다. 우리는 이를 '일과 삶의 통합'이라고 부릅니다. 오늘날의 직업은 단순히 회사에 출퇴근하는 것을 넘어, 개인적 충족감과 자아실현의 일부가 됩니다. 사람들은 직장에서 그런 경험을 할까요? 항상 그렇지는 않습니다. 때로는 일이 뒷전으로 밀리기도 합니다. 자녀가 아이인 시절은 짧고, 미룰 수 없는 일도 있습니다. 확고한 우선순위를 둔다는 것은 시간제 근무를 하거나 최소한 정시 퇴근이 가능하도록 근무 유연성이 높은, 덜 까다로운 직업을 유지한다는 의미입니다. 사람들은 대부분 어쩔 수 없이 일합니다. 성숙한 태도를 계발해야 합니다. 일이 항상 신나고 영감을 주는 것은 아니라는 사실을 받아들이는 것이 현명합니다.

한편 성장과 계발을 경험할 기회가 오더라도 우선순위를 척척 정할 수 있기를 바라는 순간도 올 것입니다. 가정에 스트레스가 있으면 직장에서의 성과를 포함하여 인생의 모든 측면에 영향을 받습니다. 우선순위가 분명하지 않으면 직업적 목표와 타협하다 아이와 배우자에게 후회스러운 결과를 안겨줄 수도 있습니다. 균형을 추구하는 한, 한쪽의 문제를 해소하려면 다른 한쪽에서 양보해야 한다는 점을 알아야 합니다. 항상 쉽지는 않지만, 숨겨진 감정과 갈등의 원인을 파악하면 도움이 됩니다. 여러분은 실패가 아니라 성공할 준비만 하면 됩니다.

삶의 분명한 비전 갖기

플라톤과 소크라테스는 이런 명언을 남겼습니다. "반성하지 않는 삶은 누릴 가치가 없다." 진정한 성공이란 무엇인지, 여러분에게 어떤 의미인지 생각해볼까요? 일반적으로 자신이 누구인지, 무엇을 하는지는 알지만 부모라는 직업이 자신과 어울리는지는 모릅니다. 부모로서의 새로운 역할과 기존에 갖고 있던 자신의 인식 사이에 갈등이 생길 수도 있습니다. 아이와 자신의 직업, 양쪽에 적절한 시간을 투자하고 주의를 기울일 수 있을까요? 한쪽이 뒤처지면 마치 성공하지 못한 것처럼 느끼기 쉽습니다.

우리는 '남의 떡이 더 커 보이는' 현상 때문에 고통받습니다. '내가 일을 계속했더라면 그 자리에 올랐을 것이고, 돈도 많이 벌었을 텐데.' '내가 그 사람과 결혼해서 그 도시로 갔더라면 행복했을 텐데.' 만약에, 만약에, 만약에……. 실제로는 우리가 통제할 수 없는 외적 변수가 너무 많기 때문에 어떻게 되었을지는 아무도 모릅니다. 진정으로 반성하는 삶을 누리는 사람은 성공을 외적 성취가 아니라 내적으로 윤택한 삶이라 재정의합니다. 성공을 다음과 같이 정의하는 사람도 있습니다. "저에게 성공이란 스스로가 최상의 상태를 유지하며 다른 사람에게 미치는 부정적인 영향을 최소화하는 것입니다." 스스로 최상의 상태를 유지하다 보면 단기적으로는 충돌하겠지만 장기적으로는 완전한 인간이 되기 위한 욕구에 충실해집니다. 자기 자신, 가족, 동료에게 진심으로 대하면 부정적이고 해로운 영향이 줄고 더 친밀해집니다.

삶의 비전을 세우면 이러한 내재적 동기를 만드는 데 도움이 됩니다. 진지한 질문을 해볼까요? 여러분의 삶의 목적은 무엇입니까? 삶의 비전을 분명하게 품고 그 비전에 진실하면, 평화와 만족을 얻을 수 있습니다. 반면 이를 어기며 자신을 배신하면 스트레스와 걱정이 생기고 불행해집니다. 비전이 무엇인지조차 모른다면 후회와 놓쳐버린 기회라는 위험을 안고 삶을 목적 없이 배회하게 될 것입니다. 여러분이 보통 사람이라면 아이나 배우자와 의미 있고 친밀한 관계를 유지하고 싶을 것입니다. 그리고 생이 끝날 때 아이가 여러분에게 유대감을 느끼고 사랑받았다고 말해주길 원할 것입니다. 직업에서 행복과 충족감을 느끼고 가족의 꿈을 이루기 위해서는, 비전을 위한 자기 성찰과 의도적인 결정이 필요합니다. 직업적, 금전적 성공도 좋습니다. 하지만 성공의 정의를 자녀뿐만 아니라 다른 사람과 친밀한 관계를 맺고 신체적, 감정적인 건강을 유지하는 것으로 확대한다면, 균형 잡히고 충만한 삶을 누리게 됩니다.

의도적으로 육아 선택하기

분명한 비전이 있으면 살짝 물러서서 개인적인 부분과 직업적인 부분이 충돌할 만한 삶의 다양한 면을 돌아볼 수 있습니다. 여러분이 육아에서 기대하는 것이 무엇인지부터 시작해보겠습니다. 과거에는 좋은 부모란 하루 24시간, 주 7일 내내 집에 있는 사람이었고, 직업적으로 성공한 사람이란 필요할 때마다 불려 나와 오랜 시간 동안 일하는 사람이었습니다. 오늘날의 부모는 두 영역 모두에서 성공하길 원하고, 때로는 그럴 필요가 있기도 합니다. 그러나 성공의 기준이 하루 24시간, 주 7일이라면 실패할 수밖에 없습니다. 육아에 대한 기대는 일과 삶의 균형을 관리하는 방식을 결정하는 데 중요한 요소가 됩니다. 여러분이 지금까지 성장하면서 봐온 육아 방식이 해롭거나 오늘날의 삶에 맞지 않는다면 부모로부터 배운 육아법을 버려야 합니다. 그다음에 어떻게 해야 하는지는 이 책에서 알려줄 것입니다.

자녀와 긴밀한 유대 관계를 형성하고, 자녀가 책임감 있는 성인으로 완전히 성장하는 데 필요한 삶의 기술을 가르치려면 시간이 걸립니다. 가정이 성공적이기를 바란다면 가족과 시간을 보내기 위해 헌신이 필요합니다. 헌신하지 않으면 회사에 급한 일이 생기거나 집안일이 끊임없이 이어져 소중한 관계를 형성할 시간을 빼앗깁니다. 마찬가지로 직업적으로 성공하고 만족하려면 그에 상응하는 시간을 내야 하고, 아이에게 죄의식을 느끼지 말아야 합니다. 이를 위해서는 대화가 핵심입니다. 그래야 가족이 우선순위에서 밀려났다는 생각이 들지 않습니다. 필요한 것은 사고방식의 변화와 약간의 계획이 전부입니다. 특별한 시간이나 가족회의와 같이 정해둔 시간을 지키는 것도 큰 도움이 됩니다(가족회의에 대해서는 뒤에서 더 자세히 다룰 것입니다). 시간 계획을 잘 세워 자잘하거나 개인적인 일은 점심시간이나 아이가 주말에 약속이 있을 때 처리해야 합니다. 가족과 함께 보내는 시간에 여러 가지 일을 끼워 넣어 한꺼번에 하지 말고 마음이 어디에 있는지 집중해서 느끼세요. 아이와 함께 있어도 마음이 딴 데 가 있다면, 아이는 이를 눈치채고 부모를 형식적으로 대할지도 모릅니다.

　일에 집중하려면 부모가 곁에 있어주지 않아도 아이가 잘 있는지 확인해야 할 것입니다. 아이와 함께 있고 싶은 것은 정상적이고 자연스러운 바람이고, 잘못된 육아 선택을 한 경우에만 죄의식을 갖게 된다고 앞에서도 말했습니다. 아이는 우리가 생각하는 만큼 물질에 연연하지 않습니다. 양질의 시간과 진정성 있는 사랑의 신호는, 죄의식으로 인한 양심의 가책이나 부모의 부재로 인한 악영향을 뛰어넘습니다. 여러분은 바쁘게 일하는 부모이므로, 일하는 동안 언제 어떻게 아이와 연락을 유지할지 현명하게 전략을 세우세요. 아이는 이런 말을 듣기 원합니다. "넌 소중하니까 네가 원하는 것도 중요해." 아이에게 이런 메시지를 전하기만 한다면, 아이의 소속감과 자존감을 위해 항상 곁에 있어줄 필요는 없습니다. 디지털 기술을 활용해보세요. 출장

중에는 영상 통화를 활용하고, 아이가 휴대폰을 사용한다면 사랑이 담긴 문자나 이모티콘을 보내세요. 여러분과 연락이 되지 않는 시간 (예를 들어 비행기에 타고 있을 때)을 미리 알려주면 아이도 여러분과 연락이 안 되어서 걱정하지 않을 것입니다.

부모만 바쁜 게 아닙니다. 아이도 바쁩니다! 계획과 일정에 관해 아이와 대화를 나누면 마음이 편해집니다. 아이의 일정을 미리 알아두면 일정 변경이나 돌발 상황에 대비해 계획을 세울 수 있습니다. 일정을 급히 변경해야 하는 경우에도 사전에 합의하는 것이 중요합니다.

의도적으로 선택하는 육아란, 여러분이 개인적인 면과 직업적인 면에서 육아에 기대하는 바와 직업적 목표가 무엇인지 배우자와 의논하는 것입니다. 정반대되는 사람일수록 서로에게 끌린다는 말을 들어 봤을 것입니다. 아이가 태어날 때까지 눈에 띄지 않는 한 가지 차이점이, 부모 중 한쪽은 아이에게 너무 관대하고 다른 한쪽은 너무 엄격하다는 점입니다. 약간의 차이는 지극히 정상적이며 불가피합니다. 문제는 부모가 시시비비를 가리며 다투는 경우에 생기는데, 이는 비효과적입니다. 합의점을 찾기 위해 노력하세요. 1부 2장에서 다룬 긍정의 훈육 다섯 가지 기준 중 첫 번째 '친절하면서 단호하라'라는 내용과 같이, 친절하면서 단호하기 위해 새로운 기술을 연습하세요.

의도적으로 직업 선택하기

일과 삶을 성공적으로 통합시키기 위해서는, 여러분이 직업적으로 성취하고 싶은 것이 무엇인지 알아야 합니다. 그리고 자신의 목적에 맞는 직업을 선택했는지 조사해볼 필요가 있습니다. 스스로 질문해보세요. "직장이 내게 필요한 것을 제공해주는가? 배우자나 가족의 우선순위를 위해 여유를 가지면 직장에서 정체된다고 느끼는가?" 전업으로 일한다면 깨어 있는 시간 중 반을 직장에서 보내므로 일에서 충족감을 느끼는 것이 중요합니다. 금전적으로 만족스럽기만 하다면 하기 싫은 일을 매일 해도 괜찮을까요?《포브스》지에서는 매월 250만 명의 미국인(연간 3,000만 명)이 직장을 그만두고 싶어 한다고 보고했습니다.[12] 이들은 자신에게 의미 있는 직업을 갖지 못했거나 직업으로 자아실현을 하지 못하고 있다고 볼 수 있습니다.

발을 잘못 담갔다고 직감적으로 느끼거나 두려워도 새로운 사업에 도전해보겠다고 생각한다면 자신을 위해, 그리고 가족을 위해 위험을 감수하고 여러분에게 맞는 일에 도전해보기를 추천합니다. 뭘 해야 할지 잘 모르겠다면 조사를 해보거나 커리어 코치와 만나보는 것도 좋습니다. 하고 싶은 것과 잘하는 것에 대해 생각해보고, 그게 무엇일지 충분히 고민해보세요. 무급으로라도 하고 싶은 일이 무엇인지 스스로 질문해보는 것도 도움이 됩니다.

여기 작은 도시에 멋진 꽃 장식을 하는 여성이 있습니다. 이 여성은 정원 가꾸기라는 취미를 직업으로 전환했습니다. 반면 어떤 요리사는 파티나 결혼식에서 연회 요리를 제공하는 일에 싫증을 느껴 직장을 그만두었습니다. 어떤 직업이 여러분에게 재미있고 의미 있을지 찾아보는 노력은 충분히 가치가 있습니다. 여러분의 삶에 열정을 불어넣고 삶을 행복하게 만들어주기 때문입니다. 내 직업이 가족과 함께 질 높은 시간을 보내게 해줄 뿐 아니라 개인적으로 좋아하는 것을 할 수 있을 정도로 유연성이 있는지 고려하는 것이 중요합니다.

과로 다루기

'어떤 일이든 시간이 소진될 때까지 늘어난다'라는 '파킨슨Pakinson의 법칙'이 있습니다. 무슨 뜻일까요? 어떤 일을 하더라도 항상 할 일은 남아 있다는 의미입니다. 일에는 끝이 없습니다. 우리는 대부분 선택한 직업에서 승진하고 성공하려면 오랜 시간 일해야 한다는 부담을 갖고 있습니다. 과로의 후유증으로 인해 지나치게 스트레스를 받고, 아이와 친밀감을 상실하고, 부부 사이에서 문제가 발생하거나 신체적 질병, 불면, 걱정, 우울증 등을 앓습니다. 직장에서 늦게까지 일해서 생기는 부작용에도 불구하고, 근무 시간을 줄이는 것에는 많은 직장인이 반대합니다. 근무 시간을 줄이고 가족과 함께하는 시간을 가져야 한다는 건 알지만 변화에는 소극적입니다. 이런 반대를 낳는 원인 중 일부가 직장 문화의 현주소입니다. 아무리 가정을 배려하는 기업이라도 때로는 개인의 삶을 고려하지 않고 성과를 요구합니다. 집에서 많은 시간을 보내고 회사에서 일하는 시간을 줄이고 싶다고 솔직하게 말하면 회사로부터 인정받지 못할 것이라는 두려움에 휩싸입니다. 그렇다고 일을 최우선에 놓고 행동하는 것도 위험합니다. 그런 '욕구' 때문에 늦게까지 일하다 보면 과소비나 물질주의 같은 문제가 발생할 수 있습니다.

균형 있는 삶을 산다는 것은 여러분 자신이 한 인간으로서 어떤 평가를 받는지에 대한 믿음을 다루는 것입니다. 여러분이 직업적으로 인정받거나 금전적으로 최고에 오르는 것이 가치 있다고 느낀다면, 여러분은 인간으로서 개인적인 시간 혹은 가족과 보내는 시간과의 경계를 설정하는 일에 어려움을 겪을 것입니다. 흔히 말하는 '일 중독자'가 됩니다. 스스로가 직업적 성취를 제외하고도 가치 있다는 것을 깨닫기 전까지는 요구받는 작업량이나 부담(자기 자신 혹은 다른 사람으로부터 받는)을 줄이기가 어려워 죄의식이나 불안감을 느끼게 됩니다.

도입부에서 이야기한 앤의 경우를 다시 한번 살펴볼까요? 수석 파트너와 배우자의 압박 속에서 그녀는 자신에게 있어 성공이 무엇을 의미하는지 재평가해야 했습니다. 신입 직원에 대한 공감과 존중이 부족하다는 이유로 실직할 위험에 처했을 때 그녀는 어린 시절 금전적인 성공과 명예로운 일이 가치 있다는 부모님의 가르침을 떠올렸습니다. 그래서 일 중독자가 되었던 것입니다. 개인의 성공이 돈이나 명예보다 훨씬 더 중요하다는 사실을 이제야 알았습니다. 그녀는 다른 사람을 대하는 태도, 남편이나 딸과의 관계, 삶의 질, 우정을 포함하도록 가치의 정의를 확대했습니다. 돈과 직업보다 이런 가치에 중심을 두어, 이제는 건전한 방식으로 일에서 자신을 분리할 수 있습니다. 과도한 노동만이 자신을 가치 있는 사람으로 만들지는 않는다는 것을 깨닫게 되었습니다.

다른 중독과 달리 일 중독은 사회적, 문화적으로 용인됩니다. 늦게까지 일하면 칭찬받고 금전적 보상도 얻습니다. 이는 일에 계속 중독되게 만듭니다. 일 중독자는 건전한 직업윤리를 가진 사람과는 다릅니다. 직업윤리를 가진 사람은 자신의 일정을 관리하고 삶의 균형을 유지하지만, 일 중독자는 일 자체에서 기쁨을 느낍니다. 일이 내재적 욕구를 강력하게 충족시켜, 개인이 통제할 수 있는 범위를 벗어나게 합니다. 따라서 균형을 유지하는 것이 불가능합니다. 개인 사업을 하는 경우라면 일과 그 외의 삶을 분리하기가 더욱더 어렵습니다.

'일만 하고 놀지 않기'라는 사고방식에서 벗어나기는 어렵지만, 변할 수 있다는 것을 기억하면 인생의 전환기를 맞을 수 있습니다. 여러분은 직장과 가정에서 자신의 인생을 선택해왔고, 앞으로 변화를 선택할 수도 있습니다. 항상 마지막을 염두에 두고 시작해야 합니다. 훗날 아이에게 어떻게 기억되고 싶은지, 평생 동안 일에 얼마나 많은 시간을 할애할 것인지 계산해보고, 개인 시간과 가족 시간의 경계를 설정하세요. 삶의 모든 면에서 목표를 설정하고 배우자, 자녀와 데이트를 시작하세요. 새로운 취미를 찾고 친구도 사귀세요(더 자세한 내용은 4부 3장에서 다룰 것입니다).

일을 중시하는 문화가 팽배한 직장에 다닌다면 여러분 자신의 우선순위를 회사에 당당하게 말하세요. 회사가 직장을 벗어난 개인의 삶을 허용하지 않는다면 그만두기 위해 계획을 세우세요. 여러분과 여러분의 가족이 더 소중합니다. 승진이 여러분의 가족에게 미칠 영향을 장기적으로 고민하세요. 가족과 누려야 할 행복한 삶을 희생해야 하는, 출장이 잦은 직업은 신중하게 고려하세요. 일할 때는 집중하세요. 여러분이 집중하는 시간에는 연락이 어렵다는 걸 상사와 동료에게 알려주세요. 출퇴근 시간을 줄이기 위해 유연 근로를 하거나 집에서 프리랜서로 일하는 것도 검토하세요.

개인 사업을 한다면 근무 시간과 습관을 더 많이 통제해야 합니다. 근무 일정을 정하고 지키려고 하세요. 일을 꼭 더 해야 한다면, 아이와 함께 저녁이 있는 삶을 즐긴 후에 하세요. 물론 어떤 사람은 일이 생길 때마다 즉각적으로 대응해야 하기 때문에 근무 시간을 제한하기 어려울 수도 있습니다. 이와 동시에 어린아이를 돌보면서 불확실한 상황을 보내는 경우에는 더 어렵습니다. 가족을 위해 업무를 조정하는 것이 어렵다면, 당분간 시간제로 근무하는 것을 고려해보세요. 나중에 여력이 생기면 그때 전업으로 일하면 됩니다.

금전적 압박 다루기

수입에 대해 현실적인 기대를 품는 건 일과 삶의 통합에 이르기 위한 중요한 단계입니다. 많은 사람이 야근을 하는 건 단순히 과소비 때문입니다. 다른 미국인과 마찬가지로 여러분은 수입의 110퍼센트 이상을 소비하고 있을 것입니다. 스트레스를 덜 받는 직업으로 바꾸거나 근무 시간을 줄이는 것이 가족의 최대 관심사라 할지라도 선택의 여지는 적습니다. 개인의 부채는 자유에 족쇄가 되며, 근무 시간을 줄이기 어렵게 하는 요인이 됩니다. 여러분은 대부분 일을 줄이고 가족과 더 많은 시간을 보내고 싶어 하지만 대출이 발목을 잡습니다. 이자를 내려면 더 열심히 일해야 합니다.

주택담보대출을 갚을 전략은 많습니다. 그중 하나는 체크카드로 가진 돈만큼만 소비하는 방법입니다. 신용 거래에 얽매이면 끝장입니다. 부채가 여러 곳에 나뉘어 있다면 은행이나 기관에서 조언을 받아 하나로 통합하세요. 통합하여 상환 횟수를 줄이면 개인 파산을 면할 수 있습니다. 통제가 어려우면 익명의 채무자 모임에 참여하는 것도 좋습니다. 값비싼 물건을 살 때는 배우자와 상의하고 숙고해야 합니다. 가족과 함께 목표와 예산을 세우는 것도 유익합니다. 자녀는 절약하라는 말이 아니라 실제로 부모가 돈을 관리하는 모습을 보고 배웁니다. 돈을 대하는 태도에 여러분의 가치관과 우선순위가 정확하게 반영되었는지 고려해야 합니다.

어른이 되면 우리는 '모든 것을 가질 수는 없다'는 것을 깨우칩니다. 인생은 선택과 타협의 연속입니다. 무엇을 선택하고 어디서 타협할지를 정하세요. 분명하고 일관된 선택을 함으로써 여러분은 자녀와 동료 모두에게 성숙함과 진정성의 본보기가 될 수 있습니다. 각 영역에서 무엇을 원하는지 분명하게 알고, 그 목적에 미치지 못하는 낡은 아이디어는 버리는 용기를 가져야 일과 삶의 통합이 가능합니다. 이 책 후반부에서는 개인의 목표와 직업적 목표를 설정하는 도구와 전략을 배울 것입니다. 여기서는 일과 삶의 문제를 해결하기 위해 가정과 직장에서 적용할 만한 태도와 전략을 살펴보겠습니다.

균형에 도움을 주는 현명한 가정 관리

앞서 성공을 외적인 성취가 아닌, 개인의 내적인 윤택함과 진정성이라는 맥락으로 재정의했습니다. 이런 사고를 여러분의 가정과 생활방식 전체에 적용하면 한쪽으로 치우지지 않고 균형을 유지하는 데 도움이 됩니다.

외부 자원 활용하기

금전적으로 여유가 있다면 청소 도우미를 활용해도 좋습니다. 한 달에 한 번만 청소에 도움을 받아도 가족과 소중한 시간을 보낼 수 있습니다. 1년에 한두 번 정원 가꾸기 등에 외부 도움을 받으면, 꼭 해야하지만 시간이 걸리는 사소한 집안일로 인한 스트레스를 적은 비용으로 줄일 수 있습니다.

아이와 쇼핑하는 것은 즐겁지만 시간이 오래 걸리기도 합니다. 늦게까지 일하느라 가족과 보낼 시간이 거의 없다면, 쇼핑보다는 차라리 도서관이나 공원에서 아이와 함께 시간을 보내는 편이 나을 것입니다. 장보기를 할 때 배달 서비스를 이용하는 것도 큰 도움이 됩니다. 유기농이나 건강식을 중요시한다면 그런 음식을 제공하는 서비스도 있고, 대부분 정기 배송이 가능합니다. 요즘에는 건강한 간편식도 많으므로 냉장고에 보관했다가 데우기만 하면 되는 음식을 이용하면 저녁을 준비하는 시간이 줄어듭니다.

자녀의 도움을 받는 것도 좋습니다. 어릴 때부터 독립심을 키우고 삶의 기술을 알려주면 부모가 모든 것을 해줘야 한다는 부담이 줄어듭니다. 또한 부모가 자녀에게 도움을 구하면 아이는 스스로를 가치 있고 특별하다고 느낍니다. 이 챕터 끝부분에서는 자녀와 재미있는 활동을 함께하며 집안일을 나누고 차트를 만들어 가정에 공헌하고 협력을 끌어내는 팁을 알려드릴 것입니다. 단기적으로는 시간이 오래 걸리겠지만 장기적으로 보면 이득이 됩니다.

카풀, 반려견 산책, 아이 돌보기 등 도움받을 수 있는 부분이 있다면 받으세요. 부모 커뮤니티 같은 모임이 있을 것입니다. 영국에서는 출산을 준비하는 임산부에게 '국립 아동복지National Child Trust' 강좌를 제공합니다. 여기에 참여한 사람들은 꾸준히 연락을 주고받으며 커뮤니티를 만듭니다. 여러분 주변에도 비슷한 처지에 놓인 부모를 위한 육아 교실이 있을 것입니다. 그런 부모들과 일을 분담할 수도 있습니다. 온라인도 잊지 마세요. 소셜미디어에는 기발한 해결책으로 부모에게 도움을 주는, 지역 부모 커뮤니티가 있습니다.

가족에게 맞는 공간 만들기

자녀가 편하게 지낼 수 있도록 집을 꾸몄나요? 정원이 있는데 시간을 내서 관리할 사람이 없다면 인조잔디를 고려해보세요! 실제 잔디처럼 보이지는 않아도 어린아이가 놀기에는 더할 나위 없습니다. 아이가 성인이 되면 그때 진짜 잔디로 바꾸면 됩니다. 실내도 마찬가지입니다. 거실에 놀이터로 변신시킬 만한 공간이 없는지 살펴보세요. 홈데코 잡지에 실릴 일이 없을 듯한, 수수하고 실용적인 조립용 가구나 선반은 아이가 낙서를 해도 문제가 없다는 장점이 있습니다. 집에 유아가 있다면 비싼 가구는 창고에 보관하고 담요, 빈백(Beanbag, 커다란 부대 같은 천 안에 작은 플라스틱 조각을 채워 의자처럼 쓰는 것—옮긴이), 카펫을 사용해 아이가 좋아하는 아늑한 분위기를 만드세요. 부서지거나 엉망이 되어도 마음이 편하고 걱정하지 않아도 되는 가구를 장만하세요. 그러면 활발하고 창의적인 분위기가 조성됩니다. 물건이 너무 많아 집이 좁다면, 꼭 필요한 것만 남기고 나머지는 기부하거나 버리세요.

퇴근하고 돌아와 집이 깔끔하면 기분도 좋을 것입니다.

가족 휴식 시간 지키기

아이에게나 어른에게나 휴식 시간은 소중합니다. 많은 부모와 교육 전문가는 아이가 정해진 활동, 스포츠 활동, 놀이 약속, 수업 등으로 너무 바쁘다며 걱정을 토로합니다. 자녀 교육을 위해 시간과 돈을 투자해서 자기만의 재능을 찾게 하는 것도 물론 중요합니다. 그러나 삶의 기술을 계발하기 위해서는 침묵의 시간, 고요, 성찰이 균형을 이루어야 합니다. 가족이 얻을 게 별로 없는 활동은 없애버리세요. 일주일 중 한두 번은 별도의 외부 활동을 위해 모임이나 카풀을 하지 않는 빈 저녁 시간을 만들어보세요. 그 시간에 가족끼리 보드게임을 하거나 영화를 보거나 대화를 나누는 등 예정은 있지만 서두르지 않아도 되는 시간을 보낼 수 있습니다.

매주 한 번씩 전자 기기 화면을 보지 않는 저녁 시간을 보내는 것도 좋습니다. 식사하는 동안 텔레비전, 휴대폰, 태블릿 피시, 노트북, 비디오 게임기를 사용하지 않는 겁니다. 여기서 핵심은 아이가 그 혜택을 이해할 수 있게 대화를 나누고 상호작용하면서 즐거움을 누리는 다른 방법을 발견하도록 도와주는 것입니다. 그러지 않으면 아이는 벌받는 것처럼 느낄 수 있습니다. 아직 자녀가 없다면 배우자와 함께 전자 기기 화면을 보지 않는 저녁 시간을 연습해보세요. 그러면 자녀가 태어나도 처음부터 자연스럽게 한 주에 한 번씩 화면을 보지 않는 저녁 시간을 가질 수 있습니다. 이는 여러분과 배우자가 스크린 중독에 빠지는 걸 예방해주기도 합니다.

가족과 함께 식사하는 시간을 가능한 한 자주 가지세요. 급변하는 세상에서 가족이 함께하는 저녁 식사 시간이 점점 사라지고 있습니다. 어떤 가족은 텔레비전 앞에서 식사하면서 대화를 나누지 않습니다. 또 어떤 가족은 다들 바쁘고 일정이 맞지 않는다는 이유로, 일하면서 식사를 하거나 제각각 다른 시간에 식사합니다. 식사는 지난 수 세기 동안 가족을 연결해온 중요한 전통입니다. 미국의 몇몇 연구에서는 정기적으로 가족 식사를 하는 가정의 경우 자녀의 학업 성적이 높고, 청소년 비행, 약물 및 알코올 남용, 너무 이른 성 경험과 같은 부정적인 행동이 낮게 나타난다고 보고합니다.

조정이 불가능한 가족 약속을 잡으세요. 가족회의, 저녁 가족 시간, 자녀와 특별한 일대일 데이트, 부부 시간 등을 위해 일정을 남겨두세요(3부 5장). 여러분의 상사나 동료가 야근이나 업무 외의 일을 요구할 때 거절하기를 두려워하지 말고 이렇게 말해보세요. "미안하지만 저는 이미 중요한 회의가 잡혀 있어요." 그것이 가족회의든 아홉 살 자녀와 미니 골프를 치러 가는 것이든 상대에게 알릴 필요는 없습니다.

다름을 찬양하기

완벽주의, 지나치게 강한 성취욕, 헛된 시도 등의 문제를 없애는 방법은 다름을 인정하는 것입니다. 가족은 (거의 대부분) 성별이 다르고 나이가 다르다는 자연적인 다양성을 지니므로, 가정은 다름을 인정하기에 이상적인 장소입니다. 긍정의 훈육에서는 자녀가 가족 활동, 좌우명, 가치관 등을 바탕으로 가족의 일원이라고 느껴 소속감과 자존감을 얻는다고 말했습니다. 다름을 인정하면 자율성을 추구하고 개인의 목소리를 내는 데에도 도움이 됩니다. 또한 성인에게 중요한 삶의 기술인 다양성을 가치 있게 여기는 능력을 익히게 됩니다. 이것이 어린아이(네 살 이상)도 가족회의에서 의장이 될 수 있는 이유입니다. 나이와 상관없이 모두가 의견을 내야 합니다. 다른 사람을 이해하려는 노력과 관심을 보이는 게 얼마나 중요한지 아이에게 행동으로 보여주세요.

지금까지 살펴본, 효과적인 가정 관리에 요구되는 특성은 유연성, 원칙, 수용입니다. 여러분의 자녀에게 보여줄 모범적인 삶의 기술입니다. 이는 직장에서 성공하는 데에도 필요합니다.

육아 기술과 직업적 성공

오늘날 우리의 직장은 끊임없이 변하고, 늘 시간이 부족하며, 예측이 불가능한 곳입니다. 직업, 역할, 회사, 기능은 계속 바뀝니다. 다른 분야에서도 사용 가능한 기술과 강한 자아 계발은 직업적 안정과 성공을 유지하는 데 점점 더 중요해집니다. 부모가 일과 삶의 균형을 얻는 데 도움이 되는 기술은 효율적인 부모가 되는 데에도 사용할 수 있습니다.

부모로서 여러분이 먼저 계발해야 할 기술과 능력을 생각나는 대로 적어보세요. 몇 가지를 생각할 수 있을 것입니다. 인내(그렇습니다!), 조직화 기술, 꼼꼼함, 의사소통 기술, 감성 조절, 이타심, 유머 감각, 회복 탄력성, 명랑함, 모험심, 창의성, 밝음, 용기, 리더십, 자기 이해력. 육아만큼 신경 써야 할 기술과 능력이 많은 분야가 없습니다.

이번에는 다양한 직장이 공통으로 요구하는 사항을 살펴볼까요? 동료, 매니저, 고객, 협력자, 직원에게 권한을 위임하고 관리하는 능력은 대부분 통용됩니다. 리더십 교육에서 매번 가르치는 코칭과 위임은 직장에서 일상적인 업무입니다. 탁월한 코치이자 위임자가 되는 데 필요한 기술은 무엇일까요? 인내, 의사소통 기술, 이타심, 리더십입니다. 아이가 박물관에서 약속이 있다면 사전에 코칭해주는 것, 혹은 숙제를 하면서 학습의 즐거움을 느끼게 전해주는 것은, 팀의 신입 사원에게 열정과 패기로 임하도록 프로젝트 일부를 위임하는 것과 다를 바가 없습니다.

또 다른 예로 혁신적 사고, 위험 감수 능력, 유연성 부족은 많은 조직에서 문제가 됩니다. 여러분의 직장이 창의적인 문화로 변신하는 데 필요한 핵심 기술은 무엇인가요? 아마도 모험심, 명랑함, 회복 탄력성, 창의성일 것입니다. 아직 공통점을 찾지 못했나요? 역할은 다양하지만 기술은 여기저기서 활용할 수 있습니다. 여러분의 자녀가 장난기가 있다고 판단된다면, 여러분이 몸담은 분야에서 창의적인 브레인스토밍을 할 때 도움을 받을 수 있습니다. 여러분이 은행가이든 간호사이든 사업가이든 상관없습니다. 약간의 장난스러운 기질은 엔도르핀을 분비하여 틀에서 벗어난 사고를 하도록 도움을 줍니다. 긍정의 훈육에서 가장 기본적인 원칙은, 실수를 학습의 기회로 보는 것입니다. 이 원칙을 일상에 적용하면 스스로 부과한 엄격한 기준을 풀어주고,

가정과 직장에서 보다 유연하고 관대해지는 데 도움이 됩니다.

공통점을 발견하는 데에는 시간이 걸릴 수 있습니다. 이 책을 읽고 일을 하면 육아에서도 자신감을 느끼게 될 것입니다. 그러고 나서 '육아의 삶'과 '직업의 삶'에서 찾은 공통점을 공유해보세요. 서로 교환하여 사용할 수 있는 기술을 찾아보고 성과 평가, 인터뷰, 결과물 협의를 할 때 적용 가능성을 이야기해보세요. 실험해보세요. 새로운 행동을 할 때에는 항상 그렇듯이 작은 것부터 시작해보세요. 가정에서 성과를 거둔 사례를 팀에서 새롭게 시도해보세요. 직장에서 부모라는 존재를 긍정적인 요인으로 본다면 얼마나 근사할지 상상해보세요.

현대식 근무 방법 수용하기

기술 분야에서는 직원이 언제 어디서 일할지 정할 수 있는 자율성과 유연성을 두는 것이 중요하고, 그렇게 함으로써 생산성을 높일 수 있다는 것은 상식입니다. 여러분 직장에 아직 이런 정책이 없다면, 그런 영향을 미치도록 직접 관여할 수 있을까요? 작은 회사에서는 비교적 간단할 것이고, 회사가 크더라도 최소한 팀에는 영향을 미칠 수 있습니다. 작은 일부터 시작하는 것은 언제나 중요합니다. 여러분이 다른 책임도 있지만 일을 제대로 할 것이라는 신뢰를 회사에 주는 것도 필요합니다. 유연성이 주어질 때 제대로 일하는 모습을 보여주면 회사는 여러분을 신뢰하고 유사한 상황에 처한 다른 동료에게도 도움을 주게 됩니다. 모든 업종에서 동일한 유연성을 제공할 수는 없습니다.

예를 들어 여러분이 물리치료사라면 현장에서 환자를 만나야만 하기 때문입니다. 그렇다고 해도 혁신적인 사고를 도입하면 대부분의 업종에서 현재보다 더욱더 유연성을 확보할 수 있습니다.

직업의 유연성은 원칙과 자유에서 출발합니다. 가족과 보내는 시간과 일하는 시간 사이에 명확한 경계 설정이 필요하고, 몸이 회사에 있지 않더라도 창의적으로 일하는 방법을 찾아야 합니다. 직장에 의견을 내고 요구를 해야 할 수도 있습니다. 유연 근무로 수입, 개인적 만족, 직업적 안정과 같은 혜택이 모두 충족된다면, 여러분은 보다 마음이 편해질 것입니다. 항상 실행 가능하지는 않을 수도 있습니다. 때로는 자중하면서 천천히 처리해나가야 할 필요도 있습니다.

지금까지 직업이 육아에 가져다주는 전반적인 이점을 언급했습니다. 그렇다면 이러한 점이 직장 생활에는 어떤 이득을 줄까요? 위계와 서열이 점점 사라지고 개인의 자율성과 주도성이 요구됩니다. 프리랜서 계약, 단기 계약, 개인 사업자가 점점 흔해질 것입니다. 여러분은 온전하고 전적인 삶을 누리며 해당 업종을 주도해나갈 위치에 있습니다. 결국 여러분이 삶의 주인입니다.

★긍정의 훈육 실천하기

모니카는 소프트웨어 회사에서 성공한 영업 매니저로 10년 동안 일해왔습니다. 급여가 높고, 두둑한 수수료와 보너스도 챙겼으며, 회사에서 자동차를 받는 등 복리후생도 남달랐습니다. 남편과 함께 값비싼 연간 휴가를 보내는 보너스를 받기도 했습니다. 유연 근로를 할 수 있어 네 시면 집에 돌아와 집안일을 하고 두 아이를 돌봤습니다. 하지만 근본적인 문제가 한 가지 있었습니다. 모니카는 자신의 일이 싫었습니다. 잠재 고객에게 계속 전화하고, 영업 직원과 엮이고, 제안서를 자세히 써야 하고, 끊임없이 밀려드는 숫자에 시달렸습니다. 그녀는 원래 심리학자가 되고 싶었습니다. 하지만 성장하면서 그 꿈을 지원해줄 사람이 없었고, 돈이 삶의 진정한 척도라고 믿었습니다. 영업으로 얻는 금전적 보상 때문에 그녀는 꿈을 따르지 못했습니다. 그녀는 매일 하는 일이 끔찍했지만, 남편 던은 직업이 안정적이지 않은 사업가여서 그녀가 벌어들이는 높은 연봉에 의지할 수밖에 없었습니다. 그녀는 궁지에 몰린 것 같고, 후회스럽고 불만족스러웠습니다.

모니카는 일과 삶 양쪽에서 불만이 점점 커졌습니다. 불평을 늘어놓으며 퇴근했고, 일요일 저녁이 되면 끔찍한 월요일이 돌아와 다시 일하러 갈 생각에 우울했습니다. 모니카 부부는 절실한 마음으로, 심리학자가 되고 싶다는 그녀의 꿈을 실현할 방법을 생각했습니다. 석사 학위 프로그램을 찾아보다 2년 동안 일주일에 한 번씩 평일 저녁에, 한 달에 한 번씩 토요일 저녁에 나가는 과정을 찾았습니다. 부부는 그녀가 학위를 취득할 때까지 현재 직장을 다니는 것에 합의했습니다. 던은 자기 사업을 계속하면서 병행할 수 있는 파트타임 컨설팅을 맡았습니다. 모니카가 직장을 그만두고 지금보다 급여가 적은 곳에서 일하더라도 생활할 수 있도록 생활비 예산을 줄였습니다.

처음에는 수입이 줄어들자 가족에게 부담이 되었습니다. 실망스럽게도, 매년 아이와 함께 떠나던 스키 휴가도 갈 수 없었습니다. 일과 공부를 동시에 해야 하기에 가정을 돌볼 시간이 더 줄었습니다. 가족회의도 자주 하고 시행착오도 겪었지만 결국 모니카와 던은 육아와 일에서 행복과 충만감을 느끼는 것이 얼마나 중요한지 대화로 깨달을 수 있었습니다. 아이들이 이해하자 집에서 더 협조적으로 도움을 주려 했고, 모두가 지킬 규칙적인 일상과 집안일 차트를 만들었습니다. 아이들은 매일 일에 지쳐 기분이 좋지 않은 엄마를 보지 않아도 되는 새로운 현실에 신이 났습니다. 엄청난 변화였습니다. 모니카가 선호하는 직업으로 바꿀 계획을 세우자 현재 직장을 다니며 후회하던 것을 멈추게 되었고, 그 대신 지금 하는 일을 더 원하는 결과를 얻기 위한 수단으로 보게 되었습니다.

긍정의 훈육 도구

자녀는 가정생활에서 많은 부분을 차지합니다. 아이와 보내는 시간이 스트레스가 아니라 즐거운 시간이 되도록 안내하는 도구를 알려드립니다.

협력 끌어내기

루돌프 드라이커스는 아이를 '이기는' 것보다는 '설득하는' 것이 중요하다고 강조합니다. 아이를 이기려 들면 아이는 반항하거나 포기합니다. 반면 아이를 설득하면 아이의 협력을 끌어낼 수 있습니다. 아이를 설득한다는 것은 아이가 원하는 것을 주어 부모를 좋아하게 만든다는 뜻이 아닙니다. 아이가 여러분이 원하는 대로 하게 만드는 것입니다. 아이를 설득한다는 것은 서로 존중하면서 바람직한 협력을 끌어내는 것입니다. 이를 위한 좋은 방법 중 하나는 아이를 위해 무언가를 하는 것이 아니라 아이와 함께 무언가를 하는 것입니다. 모두에게 적합한 해결책을 찾기 위해 아이를 존중하면서 참여시키는 것입니다. 그 과정에서 아이는 사고력, 문제 해결 능력, 자신과 다른 사람을 존중하는 법, 자기 규율, 책임감, 경청하는 능력을 배우는 동시에 스스로 생각해낸 해결책을 끝까지 지키려는 동기를 얻습니다. 아이에게 약간의 통제와 권한 부여를 함으로써 가정과 직장의 삶 양쪽에서 성공하는 모습을 상상해보세요.

집안일

집안일을 협의하고 공유할 때 조화와 존중이 생깁니다. 엄마는 요리하고, 아빠는 가구를 조립하고, 막내는 아무 일도 하지 않는 등 틀에 박힌 역할에 대한 기대는 버리세요. 가족회의에서 집안일 목록을 만들고, 가족 구성원이 번갈아가며 일을 분담할 방법을 창의적으로 찾아보세요. 예를 들면, 집안일 차트를 기입한 원반을 만들거나, 언제 무슨 일을 해야 하는지 보여주는 다른 창의적인 방법을 떠올립니다. 이 시스템은 누가, 언제, 무엇을 해야 하는지에 관한 메모를 포함해야 한다는 점을 기억하세요. 가정 관리와 팀워크를 위한 삶의 기술을 배울 좋은 기회입니다.

규칙적인 일상

　사람들은 대부분 분명히 기대하는 사항과 규칙적인 일상에 반응합니다. 어린 자녀에게도 그런 것이 필요합니다. 가족회의에서 아침, 저녁, 식사 때 필요한 규칙적인 일상을 협의합니다. 고정된 일상에 가족이 참여할 필요가 있다면 가족회의에서 결정하세요. 아이에게 잠자리에 드는 일상적인 시간을 사진으로 찍게 하세요. 큰 시계에 사진을 붙여 각 과정에 시간이 얼마나 소요되는지 볼 수 있도록 표를 만드세요. 아이가 어찌할 바 모르고 징징거리면 표를 보여주며 합의를 끌어냅니다. "표에 다음 할 일은 뭐라고 되어 있니?" 아이가 만든 표를 손에 쥐고 있으면 규칙대로 따릅니다. 가족회의에서 진전된 사항을 정기적으로 확인하세요.

일정 짜기

　이는 집안일, 규칙적인 일상과 매우 유사합니다. 핵심은 '재미'입니다. 가족 모두의 일정을 분명하게 볼 수 있도록 표를 그립니다. 가족이 함께 보면서 각자의 우선순위를 이야기하고, 어떻게 균형 있게 일할지 협의합니다. 각자 어떤 기여를 할지도 기록합니다. 운전, 부모 동반 행사 참여 여부, 비용 등 자세한 사항을 적어야 합니다. 아이가 여럿이라면 각각 균등한 시간, 노력, 비용이 들도록 신경 쓰세요. 모두가 참고할 수 있게 재미있는 일정을 만드세요.

이제 여러분은 건전한 경계를 설정하여 회사와 가정의 삶을 어떻게 통합하는지 살펴봤고, 성공의 정의를 다시 세웠습니다. 균형은 하루아침에 이루어지지 않고 항상 유지되지도 않습니다. 인생에는 기복이 있다는 것을 받아들여야 합니다. 어떤 것은 시기가 정해져 있습니다. 자녀는 어린아이인 시간은 짧습니다. 직업적인 기회는 왔다가 가고 또 다가오지만, 인생에 단 한 번뿐인 기회를 위해서는 배우자와 건강한 파트너십을 맺고, 가정에서 문제 해결 전략이 작동하게 하고, 아이와 대화함으로써 그 기회를 반드시 지켜야 합니다. 일하는 부모라는 이유로 그 기회를 놓치지 마세요. 둘 다 할 수 있어요!

개인의 비전 선언문은 성공을 재정의하는 데 도움이 된다

간단하지만 아주 강력한 실천법을 소개합니다. 시작하기 전에 주변이 조용한지 확인해보세요. 성공을 재정의하려 한다면 결과를 염두에 두고 시작하는 것이 도움이 됩니다.

1. 여러분의 인생 비전은 무엇입니까? 몇 가지 비전을 작성해보고 가장 진실하다고 판단되는 하나를 고르세요. 자아가 선택하도록 두지 말고 내면의 깊은 목소리에 귀 기울이세요.
2. 여러분은 누구에게 어떻게 기억되고 싶은가요? 이 질문에 답한 후 다시 1번 문항으로 돌아가 1번의 답을 고치고 싶은지 확인하

세요.

3. 이 비전을 달성하려면 어떤 구체적인 행동, 활동, 관계가 도움이 될까요? 종이를 반으로 접어 왼쪽 면에 적어보세요.

4. 어떤 구체적인 행동, 활동, 관계가 이 비전을 달성하는 데 방해가 되나요? 종이의 오른쪽 면에 적어보세요.

5. 왼쪽 면에 적은 것은 늘리고 오른쪽 면에 적은 것은 줄이겠다고 다짐합니다. 이를 위해 구체적이고 측정 가능한 목표와 어떻게 목표를 달성할 것인지 적습니다.

6. 스스로를 쓰다듬어줍니다. 여러분은 지금 자신과 가족을 위해 큰 일을 했습니다.

그다음 규칙적인 일상의 하나로, 진척 상황을 확인하고 매주 스스로에게 질문하세요.

- 나 자신을 얼마나 잘 돌봤는가?
- 배우자와 유대를 강화하기 위해 무엇을 했나?
- 자녀와 유대를 강화하기 위해 무엇을 했나?
- 직장에서는 어떻게 했나?

질문에 대한 답이 여러분을 안내하게 하세요. 그렇게 함으로써 장기적으로 내면의 균형을 잃지 않도록 하세요.

3장

육아의
고통과 기쁨

커밀라가 처음으로 보육 시설에 딸을 두고 오던 날의 이야기를 들려줍니다.

"'잘 가, 엄마!'라는 말을 듣고 입술이 떨렸죠. 그날은 소피아가 처음으로 보육 시설에 가던 날이었어요. 소피아가 새로운 환경에 적응할 수 있도록 일주일간 휴가를 얻어서 다행이라고 생각했죠. 이제 세 살이 된 귀염둥이 딸은 새 친구를 사귄다는 기쁨에 환한 미소가 넘쳤어요. 그런데 하루를 딸과 보내면서 보육 시설이라는 새로운 환경을 받아들이기에는 저에게 뭔가 문제가 있다는 걸 알았어요."

양질의 보육 시설 찾기

바쁜 부모가 죄의식을 없애려면 양질의 보육 시설을 찾아야 합니다. 어느 나라, 어느 공동체에 속해 있느냐에 따라 이용 가능한 보육 시설이나 그에 필요한 비용은 달라질 것입니다. 하지만 어느 곳에서든 공통으로 조사해야 할 점이 있습니다. 질문을 효과적으로 던지면 제대로 된 보육 시설을 선택할 수 있습니다.

보육 시설은 여러분의 집에서 운영하는 것과 집 밖에서 운영하는 것, 크게 두 가지로 나눌 수 있습니다. 외부 보육 시설을 선택하고자 한다면, 아이 중심으로 이루어진 보육 시설 혹은 집과 유사한, 가정적인 분위기의 보육 시설을 선호할 것입니다. 어느 쪽이든 양질의 보육 시설과 부실한 보육 시설의 차이는 큽니다. 상자 밖 사고를 하세요. 어떤 가족은 전문 보육 시설을 이용하면서 가족의 보살핌도 병행합니다. 전문 보육 시설에서 며칠을 보내고, 다른 날은 할아버지 집이나 친척 집에서 보내는 방법입니다. 직장에 육아 지원 시스템이 있는지 문의해보는 것도 좋습니다. 어떤 결정을 내리든 빨리 시작하는 것이 중요합니다. 미리 시작하면 조사할 시간이 충분하고, 선택을 할 때도 마음이 편합니다.

후보 시설 조사하기

앞에서 다룬 대로, 양질의 보육 시설에서 시간을 보낸 아이와 부모가 직접 양육한 아이가 동일한 성장을 보여준다는 증거는 이미 충분합니다. 바쁜 부모에게 반가운 소식입니다. 더욱이 여러분의 보육 시설 조사에 도움을 주기 위해 미국 국립아동보건인간발달연구소 NICHD에서는 우수한 보육 시설의 기준을 제시합니다.

연구에 따르면, 보육 시설의 질은 아이의 행동과 윤택한 삶에 영향을 미친다고 밝힙니다. 이러한 목적에 따라 보육 시설의 질은 '규제 가능한 특징'과 '과정 특징', 두 가지 변수로 나누어볼 수 있습니다. 이 소중한 정보는 보육 시설을 보다 쉽고 빠르게, 불안하지 않게 선택하도록 도울 것입니다.

규제 가능한 특징

제목이 조금 어색하게 들리겠지만, 실제로는 매우 단도직입적인 표현입니다. 이 특징은 선생님과 아이의 비율을 측정하고, 선생님의 교육 수준을 평가합니다.

선생님 한 명이 아이를 몇 명이나 돌보는지는 중요합니다. 일반적으로 선생님 한 명이 적은 수의 아이를 돌볼수록 보육의 질이 높아지고 아이의 발달 결과도 높게 나타납니다. 집단 전체를 구성하는 아이의 수도 고려해야 합니다. 한 반 혹은 한 모둠이 몇 명으로 구성되나요? 집단이 작을수록 양질의 보육을 제공할 수 있습니다.

다음으로는 선생님의 교육 수준을 평가합니다. 선생님이 고등학교를 졸업했나요? 대학이나 대학원 졸업자인가요? 선생님의 교육 수준이 높을수록 보육의 질이 높고 아이의 발달 결과가 높아집니다. 물론 교육 수준이 전부는 아닙니다. 어떤 사람은 천성적으로 아이와 잘 지냅니다. 그래도 우리는 아동 발달, 두뇌 발달, 나이에 적합한 행동의 기초를 포함한 최소 2년 이상의 영유아 교육 프로그램을 이수한 사람을 권합니다. 그런데 이런 프로그램조차 문제 행동에 대응하기 위한 도구를 충분히 제공하지 못합니다. 다른 모든 분야에서 적합하다고 판단되는 보육 시설을 발견한다면, 보육 선생님에게『긍정의 훈육』을 읽을 의향이 있는지 물어보세요. 자기 규율, 책임감, 문제 해결을 통해 아이가 능력을 계발하고 공헌하는 기술을 배우도록 돕는 도구를 제공하는 책입니다.

NICHD의 연구는 이러한 변수에 관해 다음과 같은 가이드라인을 제공합니다.

나이	어른과 아이의 비율	모둠의 크기	직원의 교육 훈련
6개월~1.5세	1:3	최대 6명	직원은 고등학교 졸업 후 공식 교육을 받아야 한다. 이 교육은 아동 발달이나 영유아 교육 혹은 관련 전공 분야의 자격이나 학사 학위를 포함한다.
1.5세~2세	1:4	최대 8명	
2~3세	1:7	최대 14명	

또한 미국의 각 주와 연방 정부는 규제 가능한 특징을 위해 최소 표준을 제시합니다. 보육 시설 관리자는 허가를 받기 위해 위와 같

은 조건을 충족해야 합니다. 영국에서는 교육기준청OFSTED, Office For Standards In Education이 같은 권한을 가지며 규제하는 역할을 합니다. 미국가정육아협회National Association of Family Child Care나 영국의 영유아전문협회Professional Association for Childcare and Early Years와 같은 기준을 제시하는 다른 기관도 있습니다. 그러므로 여러분이 가장 먼저 할 일은 지역의 관련 기관을 찾아 인증된 보육 시설 목록을 얻는 것입니다. 다른 공식 기관이나 기구가 유사한 기준과 인증된 시설을 제공하는지도 조사해 보세요.

인증된 보육 시설 목록을 확보하면 해당 시설에 따로 연락해 위에서 정한 기준을 따르는지 확인할 수 있습니다. 다른 보육 시설과 비교하면서 답변을 들어보면 대략적인 느낌을 알 수 있습니다. 그러면 무엇을 더 알아봐야 할지 정할 수 있습니다. 질문을 위해 보육 시설에 방문해도 되는지, 직원이 규정을 따르는지를 몇 시간 동안 지켜봐도 되는지 물어보세요.

과정 특징

과정 특징은 보육을 할 때 아이가 실제로 경험하는 일상에 더 집중합니다. 장난감 가지고 놀기, 게임뿐 아니라 다른 아이나 어른과의 상호작용과 같은 행동의 결과를 관찰합니다. NICHD의 연구에 따르면, 아이 발달에 가장 강력하고 일관적인 영향을 발휘하는 예측 변인은 긍정적인 보육입니다. 다음 표는 연구에 의한 과정 특징과 그에 해당하는 긍정의 훈육 도구를 연결한 것입니다. 이 모든 것을 제공하는 보육 시설을 찾아낸다면 운이 상당히 좋은 경우에 해당합니다.

완벽한 부모는 없듯이 완벽한 보육 시설은 없습니다. 다만 체크리스트를 조사 과정에 포함한다면 긍정적인 접근법을 따르는 보육 시설을 찾을 확률이 높아질 것입니다. 이런 시설은 대부분 가정에서도 긍정의 훈육을 연습하라고 조언합니다. 일관되게 접근하면 만족스럽고 안전한 방향으로 아이를 이끌 수 있고, 결과적으로 부모는 바쁘더라도 죄의식에서 벗어날 수 있습니다.

과정 특징	긍정의 훈육 철학/도구
긍정적인 태도 보여주기: 보육 시설 담당자가 선한 마음을 갖고 아이와 상호작용하고 격려하나요? 아이를 보며 자주 웃어주나요?	친절하면서 단호한 태도: 루돌프 드라이커스는 "친절함은 아이를 존중하는 것이다"라고 말했습니다. 단호함은 우리 자신과 주변 상황을 존중하는 것입니다. 권위 있는 양육 방식은 친절하면서 단호합니다. 그 결과 이 방식을 취하는 가정에서 자란 아이일수록 자존감이 높고, 또래들 사이에서 인기가 높고, 전반적으로 삶의 만족도가 높습니다.
긍정적으로 신체 접촉하기: 보육 시설 담당자가 아이를 안아주나요? 아이 등을 쓰다듬어주나요? 혹은 아이 손을 잡아주나요? 아이를 위로해주나요?	교정하기 전에 유대감 맺기: 아이와 유대감을 맺기 전까지는 긍정적인 영향을 줄 수 없습니다. 거리감이나 적대감 대신 사랑의 메시지로 친밀감과 신뢰를 쌓으세요. 어깨에 손을 올리거나 아이와 눈높이를 맞추고, 감정을 확인하거나 포옹하는 것으로 가능합니다.
아이 말에 반응하기: 보육 시설 담당자가 아이가 사용한 단어를 반복하나요? 아이 말에 의견을 주거나 대답하나요? 아이 질문에 답하나요?	감정 확인하기: 자신이 이해받는다고 느끼면 유대감을 맺을 수 있지 않을까요? "어떤 느낌이니?" 혹은 "네가 많이 화가 났을 것 같은데"와 같이 질문이나 말로 아이의 감정을 확인합니다.

질문하기: 보육 시설 담당자가 "네" 또는 "아니오"로 답하는 질문이나 가족 혹은 장난감에 대한 질문과 같이 아이가 쉽게 대답할 수 있는 질문을 던져서 아이가 말하고 대화하도록 격려하나요?	호기심을 유발하는 질문: 일어난 일, 일어난 일의 원인, 느낀 점, 다른 사람이 느낀 점, 배운 점, 문제 해결을 위한 아이디어 등을 아이가 어떻게 인식하는지 공유하게 합니다. 라틴어 'educare'가 어원인 '교육'의 진정한 의미는 '끌어내다'입니다. 어른들은 종종 끌어내기보다 집어넣으려 합니다.
다른 방식으로 말하기: 칭찬하거나 격려합니다(긍정의 훈육에서는 격려를 선호합니다. 자세한 내용은 3부 3장을 참고하세요). 보육 시설 담당자가 아이의 긍정적인 행동에 "해냈구나" 혹은 "잘했어"와 같은 긍정적인 단어로 답하나요? 담당자가 아이의 학습을 격려하거나 배운 것을 반복하게 하나요? 예를 들어 알파벳을 큰 소리로 외우게 하거나 10까지 세게 하고, 모양이나 물건이 무엇인지 말하게 유도하나요? 이야기를 들려주나요? 물건이나 상황을 설명해 주나요? 노래를 불러주나요?	격려하기: 모든 긍정의 훈육 도구는 아이가 격려받는다고 느끼고, 사회에서 요긴하게 사용할 수 있는 삶의 기술을 계발하도록 설계하여 아이 스스로 유능감을 느끼는 데 도움을 줍니다. 타인의 평가에 신경 쓰기보다는 자신을 칭찬하게 하세요(3부 3장에서 더 자세히 다룹니다).
발달 돕기: 보육 시설 담당자가 아이가 서서 걷도록 도와주나요? 어린아이의 경우 보육 시설 담당자가 '엎어놓기 시간'을 가지나요? 아이가 깨어 있는 동안 엎어 두면 목과 어깨가 강해지고 기어갈 수 있게 합니다(우리는 어린아이가 유아 의자에 앉아 시간을 보내고, 걸음마하는 아이도 만화를 보며 텔레비전 앞에서 보내는 시간이 많다는 것을 압니다). 좀더 큰 아이의 경우 스스로 퍼즐을 완성하게 하거나, 블록을 쌓게 하거나, 지퍼를 올리게 하나요?	훈련 시간 갖기: 아이 발달에 따른 삶의 기술을 가르치는 데 훈련이 중요한 역할을 합니다. 차근차근 훈련시키지 않고서 아이가 무엇을 해야 할지 알기를 기대하지 마세요. 부모는 종종 너무 정신이 없어서 혹은 아이가 공헌하는 데 훈련이 얼마나 소중한지 제대로 이해하지 못해서 훈련 시간을 빼먹곤 합니다.

행동 격려하기: 보육 시설 담당자가 아이가 미소 짓고, 웃고, 다른 아이와 놀게 격려하나요? 담당자가 아이가 서로 나눌 수 있게 지원하나요? 담당자가 모범적인 행동을 보여주나요? 발달적으로 적합하기 전에 아이가 나누는 활동을 하기를 기대하는 것이 일반적입니다. 아이가 더 성장해서 나누는 기술이 익숙해지기 전까지는 나누기를 기대하지 말고 기술을 먼저 가르치는 것이 중요합니다.	롤모델 되기: 여러분이 원하는 모습의 본보기가 되세요. 여러분의 아이가 장래에 희망하는 사람이 되어보세요. 아이가 자신을 통제하기를 기대하기보다 여러분 자신의 행동에 책임감을 갖고 통제하세요. 아이가 늘 나눌 거라 기대하지 말고, 나누도록 격려하세요. 여러분은 종종 실수할 것이고, 실수를 통해 배운다는 사실을 알게 됩니다. 여러분 자신과 자녀가 완벽하기를 기대하지 마세요. 과정을 즐기세요.
독서: 보육 시설 담당자가 아이에게 책이나 이야기를 읽어주나요? 아이가 책을 만지고 책장을 넘기게 하나요? 큰 아이에게는 책 속에 있는 그림과 글을 짚어주나요?	글과 삶의 기술: 아이가 말을 어떻게 배우는지 생각해보세요. 아이는 1년 동안 여러분이 말하는 것을 듣습니다. 그리고 나서 한 단어를 말하지, 문장을 말하지 않습니다. 여러분도 문장을 말하기를 기대하지 않습니다. 아이가 짧은 문장을 배울 때 여러분은 대학 수준의 어휘를 기대하지 않습니다. 아이가 책임을 배울 때도 마찬가지입니다. 한 번에 하나씩 차근차근 배우게 됩니다.
부정적인 상호작용 제거하기: 보육 시설 담당자가 아이와 긍정적으로 상호작용하나요? 담당자가 문제 상황에서 아이와 긍정적으로 상호작용하나요? 아이를 무시하지 않고 반드시 상호작용하려고 노력하나요? 이런 질문만큼 중요한 것은, 담당자가 아이의 문제 행동을 어떻게 다루는가입니다. 대부분의 담당자는 문제 행동에 긍정적으로 반응하기 위한 충분한 교육(특정 도구)을 받지 못해서 처벌만이 아이의 문제 행동을 고칠 수 있다는 낡은 생각을 고수하기도 합니다.	어긋난 목표: 긍정의 훈육에서는 '문제 행동을 일으키는 아이는 낙담한 아이'이고 처벌은 낙담만 낳을 뿐이라고 말합니다. 긍정의 훈육은 처벌이 아니라 격려의 도구를 사용하여 아이가 행동을 개선하도록 도와줍니다. 여러분이 『긍정의 훈육』 책이나 도구 카드를 공유하면 대부분의 보육 시설 담당자는 긍정의 훈육을 배우고 싶어 할 것입니다(자세한 내용은 3부 3장에서 다룹니다).

집 안과 집 밖의 보육 시설

집 안의 보육 시설

여러분은 입주 돌보미 혹은 출퇴근하는 아이 돌보미를 선택하기도 할 것입니다. 많은 사람이 가족처럼 양질의 육아를 제공하는 아이 돌보미를 찾습니다. 회사에서 직원을 채용하는 것과 마찬가지로, 자녀 육아를 위해 돌보미를 고용하거나 자격 있는 사람을 찾는 일은 힘듭니다. 어쩌면 자녀를 위해 좋은 돌보미를 고용하는 일이 더 어려울 수 있습니다. 범죄 경력 조회와 확인은 당연히 필요합니다. (기타 집안일과 같은) 여러분의 기대 사항과 육아 철학을 분명히 (서면으로) 밝혀야 합니다. 돌보미와 계약서에 서명하고, 노동법상의 요구 사항(세금, 휴가, 병가 등)을 준수하는지 분명히 확인할 것을 권합니다. 영유아 응급처치와 CPR 교육(부모도 받아야 합니다)을 받았는지 확인해보세요.

마음에 드는 사람을 찾았다면 방학 기간이나 주말에 일을 시작하게 해서, 돌보미와 아이만 집에 두지 말고 가급적 여러분이 함께 집에 있도록 하세요. 돌보미의 태도, 기술, 아이와의 관계에 대해 짧은 기간 동안 많은 것을 알 수 있습니다.

제인은 11년 동안 입주 돌보미 조앤을 고용했습니다. 조앤은『긍정의 훈육』책을 읽고 훈육 이론을 실천했습니다. 아이의 노예가 되는 것이 아니라 아이가 집안일을 하고 규칙적인 일상을 따르도록 돌보는 것이 중요하다는 사실을 알았습니다. 매주 있었던 어려움에 대한 해결책을 찾는 가족회의에 조앤도 참여했습니다.

집 밖의 보육 시설

집 밖의 보육 시설은 지정된 보육 시설이나 다른 가정집을 말합니다. 가족의 요구에 맞는 집 밖의 보육 시설을 선택할 때에는 추가적인 요소를 고려해야 합니다.

보육 시설

가정에서 아이 돌보미를 고용하는 것과는 대조적으로, 보육 시설은 육아를 위해 지정된 장소입니다. 모든 직원이 직업으로 육아를 담당하고, 나이에 적합한 시설과 장난감으로 가득하다는 장점이 있습니다. 그러나 모든 곳이 양질의 시설이라고 말할 수는 없습니다. NICHD 연구에서 제시한 기준과 함께 다음 사항을 확인해보세요.

• 직원의 교육 수준 외에 직원들이 어떤 교육을 얼마나 자주 수강하게 하나요? 학습 장애 혹은 신체적, 인지적 문제를 파악하는 교육을 받나요?
• 직원 채용 시 범죄 경력 조회를 하나요? (인가를 받기 위해서는 반드시 해야 하지만, 그래도 확인해봅니다.) 범죄 경력 조회는 어떻게 하나요? 어떤 형태의 보육 시설을 고르든 시간을 내어 범죄 경력 조회를 하세요. 개인 추천도 좋지만, 개인 혹은 시설의 범죄 경력 조회는 적합한 시설 선택에 필요한 정보를 제공하기도 합니다.
• 직원의 퇴사율은 어떤가요? 어린아이에게는 일정한 커리큘럼과 매일 반복하는 프로그램뿐 아니라 똑같은 담당자가 계속 돌보는 것도

중요합니다. 여러분의 자녀가 같은 담당자와 계속 상호작용할 수 있나요?

• 훈육 정책이 있나요? 문제를 어떻게 다루나요? 3부 2장에서는 처벌과 허용적 양육의 문제점을 자세하게 다룹니다. 최고의 육아는 어떠한 처벌(수치심을 주고 비난하는 것을 포함한 일체의)도 하지 않고, 친절하면서 단호하게 훈육하는 것입니다. 모든 긍정의 훈육 도구는 능력을 키우고, 아이의 공헌을 촉진하고, 가능한 한 모든 아이가 문제 해결에 참여하도록 합니다. 여러분이 선택한 시설도 유사한 정책을 펼치길 원할 것입니다.

• 식사와 간식을 제공하나요? 나온다면 어떻게 구성되나요? 언제 어떻게 음식과 간식을 준비하여 제공하나요? 아이의 소속감과 능력을 향상하기 위해 아이를 참여시키는 것이 중요하다고 생각하는 시설은 아이들에게 교대로 식사 준비를 돕게 합니다. 아이가 가능한 한 자주 스스로 식사하도록 합니다.

• 배변 훈련을 어떻게 하나요? 여분의 옷, 기저귀 등을 어떻게 준비해야 하나요? 화장실 주변의 위생 상태는 어떤가요? 많은 보육 시설이 어린아이의 배변 훈련을 실시합니다. 보육 시설 담당자는 아이의 배변에 감정을 싣지 않기 때문에 효과가 있습니다. 시설에 작은 화장실이 있어서 규칙적으로 화장실에 가게 하면 더욱 효과적입니다. 다른 아이가 화장실 사용하는 것을 보면 여러분의 자녀도 따라 사용하고 싶어 할 것입니다. 아이가 실수하더라도 최소한의 소란으로 처리해야 합니다. 불필요하게 비난하거나 망신 주지 않고서 아이를 깨끗한 옷으로 갈아입히고, 옷을 말려주고, 필요한 만큼만 도

와줍니다.

- 시설이 항상 개방되어 있나요? 점심시간에 깜짝 방문을 해도 되나요? 특별한 이벤트를 위해 수업에 자원할 수 있나요? 이는 매우 중요합니다. 어떤 시설에서는 부모가 방문하면 아이에게 방해가 된다고 말하는데, 사실이기도 합니다. 하지만 언제든 방문할 수 없는 곳에 아이를 맡기지는 마세요. 여러분의 방문이 아이에게 방해가 된다면 아이 눈에 띄지 않게 구석에서 몰래 지켜보는 방법을 고려하세요.

- 이동 방법을 고려했을 때 통원 시간이 여러분(혹은 배우자)의 출근 시간과 맞는지 확인하세요.

- 각 시설에서 제시하는 선택 사항이 여러분의 요구에 맞는지 확인하세요. 예를 들면 일부 시간 혹은 전일 보육을 제공하는지, 학생만 받는지, 전 연령을 받는지, 방학 기간에도 운영하는지 등을 살펴봅니다.

개인 가정집

어떤 부모는 가족적인 분위기 때문에 개인 가정집을 선호합니다. 운이 좋게도 친한 친구나 친척이 아이를 돌봐주는 경우도 있습니다. 가정집에 아이를 맡길 때는 과정 특징뿐 아니라 보육 시설과 같은 고려 사항을 검토해야 합니다. 가정집에서 보육하기로 결정했다면 부모가 아이와 함께 그 집에서 온종일 시간을 보낼 것을 강력하게 권합니다. 돌보미와 잘 아는 사이이든 아니든 시간을 함께 보내세요. 만약 그러지 못하게 한다면 그 집은 고려 대상에서 제외해야 합니다. 자녀가 양질의 보육을 받고 있는지 확신할 만한 시간이 부족하기 때문입니다.

보육 시설에서 벌어지는 끔찍한 사건을 접하곤 하는 것처럼, 개인 가정집에서 보육할 때도 끔찍한 일이 벌어질 수 있습니다. 어떤 곳은 텔레비전 앞에 종일 아이를 앉혀놓고 체벌을 가하기도 합니다. 아이 발달에 필요한 장비도 부족합니다. 반면 대부분의 보육 돌보미는 아이 발달과 질적인 보육을 위해 필요한 기초 지식을 갖추고 교육을 수강합니다. 이들은 아이 발달에 적절한 장비, 유연한 일상 규칙, 긍정의 훈육으로 가득한 환경을 조성합니다.

규제 가능한 특징과 (보육 제공자와 시간을 보내는 것을 포함하여) 과정 특징을 자세히 조사하고 나서 어떤 종류의 보육을 원하는지 결정한 후, 아이가 보육 제공자와 함께 지내는 모습을 몇 시간 동안 지켜보세요. 다음은 여러분이 옆에서 지켜보면서 사용할 수 있는 체크리스트입니다. 각 항목에 1에서 10까지 점수를 매겨보세요. 자녀를 위해 적합한 곳인지 아닌지 확인하도록 도와줄 것입니다.

• 관찰 체크리스트

1. 직원/돌보미가 아이를 사랑하고 함께 있는 것을 즐깁니다.
2. 이야기를 들려줄 때 두 살짜리 아이가 조용히 앉아 있기를 바라는 등 나이에 맞지 않는 행동을 기대하지 않습니다.
3. 직원/돌보미가 친절하면서 단호한 원칙을 사용하고, 처벌을 피합니다.
4. 텔레비전이 없습니다(개인 가정집에는 있을 수도 있지만, 꺼놓거나 교육적

인 용도로만 사용합니다).

5. 시설이 깨끗하고 안전합니다.

6. 엄격하지 않은 일상 규칙이 있습니다. 예를 들면, 독서 시간이 있지만 아이가 책에 관심이 없다면 돌아다니거나 장난감을 가지고 놀아도 된다거나, 영양가 있는 음식을 제공하지만 아이가 먹고 싶은 만큼 조절할 수 있게 하는 것, 낮잠 시간이 있기는 하지만 아이가 자지 않고 조용히 책을 읽어도 되는 것 등이 그에 해당합니다.

7. 발달에 적합한 교육용 장난감이 충분히 구비되어 있을 뿐만 아니라 단순히 재미를 위한 장난감도 있습니다.

8. 놀이와 사회성으로 학습하는 6세 이하 아이에게 일방적인 지식 학습을 피합니다.

9. 부모를 불청객이 아니라 파트너로 대합니다.

방과 후 돌봄

아이가 학교에 들어가면 또 다른 돌봄을 선택해야 합니다. 어떤 학교는 방과 후 돌봄을 제공하므로 아이가 곧바로 하교할 필요가 없습니다. 또 어떤 학교는 돌봄 센터까지 버스를 운행하기도 합니다. 학령기 아이를 위한 돌봄에도 앞에서 제시한 것과 같은 인가, 안전, 원칙, 부모의 관여 가이드라인을 적용해야 합니다.

대화가 중요합니다

어떤 선택을 하든 여러분은 자녀나 보육 제공자와 항상 소통해야 합니다. 자녀의 발달과 집에서 있었던 일을 보육 제공자에게 알려주는 시간을 가지세요. 예를 들면, 동생이 생겼다거나 가족이 병에 걸린 경우 자녀의 행동에 영향을 줄 수 있습니다. 보육 제공자가 상황을 알면 대처하기가 쉬워집니다. 또한 보육 시설에서 있었던 일을 여러분에게도 알려달라고 하세요. 주 단위 이메일, 월 단위 전화 통화 등 공식적인 절차를 만드세요. 아이를 태워다 주고 데리고 올 때 길게 이야기하기는 쉽지 않습니다.

"줄리앤이 이틀 연속 점심과 저녁으로 완두콩과 스파게티를 먹은 것을 알고 제 남편과 돌보미가 정기적으로 대화하는 게 중요하다는 걸 알았어요. 돌보미가 연달아 같은 점심 메뉴를 줬고, 남편도 연달아 같은 저녁 메뉴를 줬던 거죠." 엄마가 말했습니다. 그 이후로 일지를 만들고 돌보미를 포함하는 가족회의를 정기적으로 열기 시작했습니다. 부모는 줄리앤과 있을 때 일어난 일 중 돌보미에게 전달할 핵심 정보를 다룬 일지를 썼고, 돌보미는 자신이 줄리앤을 돌볼 때 발견한, 부모에게 알려줄 정보를 다른 면에 적어 완성했습니다. 가족회의의 일부로 모두가 참여하여 식사 메뉴를 정했습니다.

줄리앤의 일지

날짜: _____

일어난 시간:　　　　**낮잠 잔 시간:**　　　　**잠자리에 든 시간:**

식사/간식/음료	시간	메모
아침		
아침 간식		
점심		
오후 간식		
저녁		
활동		
건강 및 일반적인 특징		
새로운 성취		
약		

창의적인 해결책

　서문에서 언급했듯이, 많은 이들이 보다 유연한 근무 환경을 선택하려 합니다. 부분 재택근무, 프리랜서 허브, 카페, 고객사에서 일하는 것 등을 포함해서 말입니다. 재택근무만 할 수도 있습니다. 그런데 그게 현실이 되면 육아 딜레마를 어떻게 해결할까요? 어떤 사람은 집이 아닌 곳에서 전업으로 일하는 것과 다를 바 없다고 느낄 것입니다. 여러분은 여전히 전일 보육을 고려할 것입니다. 여러분이나 배우자가 집에서 일한다면 집에서 보육할 수 있을까요? 초보 엄마는 신생아가 주변에 있으면 일하기 어려울 게 분명합니다. 결국은 아이 돌보기를 우선시하게 됩니다.

　재택근무 중에 자녀가 생기고 경력을 계속 이어가기로 결정했다면 업무 환경을 바꿀 필요가 있습니다. 어떤 사람에게는 집을 나와 다른 곳에서 일하는 것이 유일한 해결책일 수도 있습니다. 집에 돌보미를 부르기로 했다면 아이 주변을 맴돌지 말고 돌보미가 아이를 보게 해야 합니다. 아이와는 필요할 때에만 질 높은 시간을 보내면 됩니다. 집 크기에 따라 다르겠지만, 집 안에 아이와 충분히 떨어질 수 있는 곳이 있다면 집에서도 일할 수 있습니다. 재택근무를 해야 하는데 공간이 충분하지 않다면 외부 보육 시설이 최선의 선택입니다.

　많은 곳에서 파트타임 돌보미와 같은 유연한 서비스를 제공합니다. 예를 들면 화요일과 목요일에만 돌보미를 부를 수도 있습니다. 여러분이 육아를 하면서 파트타임으로 일도 하고 싶을 때 좋은 해결책이 됩니다. 다른 가족과 그룹으로 돌보미를 고용할 수도 있습니다(즉, 돌보미 한 명이 두 집 아이를 여러분의 집이나 다른 가족의 집에서 보는 것). 이 모든 것이 유연성에 따라, 어떤 분야에서 일하는가에 따라 달라집니다. 일이 계절과 관계 있는지, 매일 정해진 시간에 일해야 하는지, 혹은 근무 시간을 조정할 수 있는지. 이런 요인을 고려하면 여러분과 가족 모두를 위한 최선의 선택을 하기가 수월해집니다.

어떤 해결책을 선택하든, 조사 결과에 얼마나 확신을 갖든, 도입부에서 소개한 커밀라 이야기처럼 어린아이를 처음 떠나보낼 때는 많은 부모가 분리 불안을 겪습니다. 처음에는 잘되는 듯하다 바뀌기도 합니다. 아이가 보육 시설을 좋아하다 갑자기 문제 행동을 하면서 싫어할 수도 있습니다. 어떤 경우든 감정적이 될 때를 대비하는 것이 중요합니다.

긍정의 훈육으로 분리 불안 다루기

아이가 감정을 표현하게 하세요. 아이에게 울지 말라고 말하는 것은 결코 좋은 방법이 아닙니다. "다 큰 아이는 울지 않아"라고 말하는 것은 더욱 나쁩니다. 어른이 "울지 마라"라고 말할 때의 의미를 우리는 잘 압니다. 그건 이렇게 말하는 것과 같습니다. "말하지 마. 내가 불편해." 하지만 언어로 이해하면 울음은 다르게 느껴집니다. (말이 아닌) 언어를 이해하면 보다 효과적입니다. 그건 이렇게 말하는 것입니다. "울어도 좋아, 기분이 곧 나아지면 좋겠어." 아이가 왜 우는지 실마리를 주는 직관을 (그리고 3부 3장에 설명할 '어긋난 목표행동 차트'를) 활용하세요. 아이는 소속감을 찾기 위한 잘못된 방법으로 '눈물의 힘'을 사용합니다.

울음이 항상 불안을 의미하지는 않습니다. 때로는 욕구의 표현이고, 때로는 선호의 표현입니다(욕구는 충족되어야 하지만, 선호가 항상 충족되는 것은 바람직하지 않습니다). 때로는 울음이 좌절, 대화 기술의 부족 혹은 단순히 전환의 방법을 나타내기도 합니다. 말을 못 하는 아이에게 분리 불안은 현실로 느껴집니다. (친척이 키운 아이는 여러 사람이 돌보므로 분리 불안을 좀처럼 겪지 않습니다. 물론 낯선 사람을 만나면 불안해합니다.) 하지만 양질의 보육 시설을 찾기 위해 모든 주의 사항을 따르면 확신을 품게 됩니다. 부모가 믿음과 확신을 보여주면 아이도 안정됩니다.

필요하다면, 아이를 달래고 편하게 해줄 의지가 있는지 돌보미에게 확인하세요. 아이가 계속 분리 불안을 느끼면 가능한 한 빨리 자리를 뜨세요. 아이는 스스로 조절할 수 있을 뿐만 아니라 여러분의 죄의식이나 불안에서 오는 에너지를 감당할 필요가 없어집니다. 여러분이 힘들어도 마찬가지입니다. 오래 머물지 마세요. 그럴수록 아이를 불안하게 만듭니다. 자리를 벗어난 후 여러분 자신의 감정을 따로 다루세요. 출근하는 차 안에서 울어보지 않은 사람이 있을까요?

아이가 어느 정도 나이를 먹으면, 관심을 받기 위해 행동하기보다는 대화하는 방법을 배우도록 도와주는 시간을 가져보세요. 예를 들면 "말로 설명해볼래?"라고 물어보세요. 알레르기 문제가 없다면 아이 옷에 여러분의 향수나 에프터셰이브 냄새를 묻혀보세요. 그리고 이렇게 말합니다.

"엄마가 생각나면 이 냄새를 맡아. 오늘 끝날 때 엄마가 데리러 온다는 거 기억하고."

여러분은 이미 아이와 항상 함께하는 듯한 느낌을 주는 상징물을 가지고 있을 것입니다. 컴퓨터 화면 보호기 사진의 주인공이 누구인가요?

★ 긍정의 훈육 실천하기

세 살 아이를 둔 싱글맘 린다는 매우 뛰어나다는 파트타임 학생을 교회에서 추천받아 주 40시간 집에서 일하게 했습니다. 린다는 돌보미 학생을 가족에게 소개했습니다. 그녀는 집에 돌보미를 두면 비용 면에서 효율적이고 스트레스도 덜 받는다는 사실을 알게 되었습니다. 린다는 이렇게 말합니다.

"저는 아이를 잘 돌봐줄 사람이 필요했고, 집안일을 도와줄 사람도 필요했어요. 온종일 광고 영업에 열중하다 저녁 식사가 차려진 깔끔한 집으로 돌아오는 거죠. (사전에 기대 사항은 합의했어요.) 우리 아이들은 돌보미를 좋아했어요. 늘 친구를 집에 초대했기 때문에 아이들은 집에 누군가가 오는 걸 좋아해요. 돌보미는 장보기, 생일 선물 구입 혹은 세탁물 찾아오기 등 잔심부름도 해주었어요. 그 덕분에 저는 저녁에 퇴근한 뒤에 쉬거나 아이들과 즐겁게 지낼 수 있었죠. 만일 보육 센터에서 아이들을 데리고 엉망진창인 집으로 돌아와 텅 빈 냉장고를 봤다면 엄청 스트레스를 받았을 거예요. 전 7년 동안 돌보미를 고용했어요. 제가 일하는 것 때문에 아이들이 놓친

건 하나도 없어요. 제가 집안일이나 잔심부름으로 시간을 뺏기지 않아서 아이들 행사에 대부분 참여할 수도 있었어요."

긍정의 훈육 도구

"보육 센터에 내려줄 때 아이가 울고 매달리면 가슴이 찢어져요. 그럴 때마다 일을 그만두고 싶어요."

이런 생각 해보셨나요? 여러분의 불안을 아이와 나누지 않더라도, 도입부에서 소개한 커밀라의 이야기처럼 여러분은 여전히 불안을 느낄 것입니다. 커밀라는 소피아를 두고 오면서 끔찍한 분리 불안을 느낍니다. 소피아가 새로운 환경에 잘 적응하는 것처럼 보이는데도 말입니다. 여기에 도움이 될 만한 긍정의 훈육 도구를 구체적으로 살펴볼까요?

믿음 보여주기

모든 아이는 분리에 적응하는 과정을 거치는데, 이는 정상적인 발달 과정에서 생겨나는 어려움 중 하나입니다. 집과 보육 시설에서 사랑과 지지를 제공한다면 아이는 분리를 견뎌내고 행복하게 성장합니다. 몇몇 아이는 다른 아이보다 더 빨리 적응한다는 사실을 알면 도움이 됩니다. 아이가 어른에게 의존하도록 두면 자신감 발달에 방해가 되고, 결국 다른 사람에게 과잉 의존하게 됩니다. 아기는 다른 사람에게 의

존해야 하지만, 부모와 보육 제공자는 아이가 실망과 불안을 다루면서 자신감을 키우도록 도와줘야 합니다. 아이는 집이나 양질의 보육 시설에서 사랑받을 때 행복하게 성장한다는 연구 결과를 기억하세요. 이는 여러분의 분리 불안을 극복하는 데에도 도움이 됩니다.

내버려두기

내버려두는 것은 아이를 포기한다는 뜻이 아닙니다. 아이가 책임감을 느끼고 배우게 하는 것을 의미합니다. 장기적으로 아이에게 힘이 된다는 것을 안다 해도, 아이가 힘들어하는 모습을 지켜보는 것은 부모에게 힘든 일입니다. 때로는 아이보다 부모가 더 힘들어합니다. 견뎌내세요. 내버려두면 아이가 스스로 '실망 근육'과 문제 해결 기술을 만들어 힘을 얻게 됩니다.

포옹하는 시간 갖기

여러분이 아무리 바빠도 3초 정도 아이를 안아줄 시간은 항상 있습니다. 꼭 안아주면 여러분과 자녀 모두 기분이 좋아지고 태도도 바뀝니다. 때로는 포옹이 문제 행동을 멈추는 특효약이 되기도 합니다. 여러분이 지치고 아이가 칭얼거릴 때 시도해보고, 얼마나 효과가 있는지 보세요. 한 엄마는 이렇게 말했습니다.

"세 살 아들 때문에 엄청 화가 나서 때리고 싶은 적이 있었어요. 그래도 때리는 대신 몸을 굽혀 아들을 안아주었죠. 아들은 칭얼거림을 멈추었고, 저도 기분이 나아졌어요. 아들이 제 스트레스 에너지를 느껴서 징징거렸다는 것을 나중에 알았어요. 아들을 안아주며 제가 아들을 진정시킨다고 생각했는데 오히려 제가 진정되었어요. 포옹 한 번으로 두 가지를 얻은 셈이죠. 두 사람 모두에게 좋은 방법이니 말이에요."

화가 나거나 아이가 문제 행동을 할 때까지 기다리지 마세요. 아침에, 퇴근 직후에, 저녁 시간에 몇 번씩 안아주세요. 잠자리에 들기 전에는 오랫동안 안아주세요. 안아주면서 아이를 얼마나 사랑하는지, 아이가 여러분에게 얼마나 소중한 존재인지 속삭여주세요.

한 아빠는 안아주어도 되는지 물어보는 것으로 네 살 아들의 짜증을 한 번에 멈추게 했다고 말합니다. 아들은 짜증을 내고 있었다는 사실조차 완전히 잊었습니다. 그 대신 포옹이 필요한 아빠를 도와줄 기회를 얻었고, 자신이 필요한 존재이며 특별한 존재라고 느꼈습니다. 여러분도 한번 시도해보세요!

아이에게 사랑의 메모 쓰기

아이의 점심 도시락, 베개, 거울 등에 메모를 쓰는 데 시간이 오래 걸리지는 않습니다. 어느 바쁜 워킹맘은 1년 동안 딸의 점심 도시락에 메모를 넣기로 결심했습니다. 비행기에서 혹은 약속을 기다리면서 메모를 썼습니다. "장미는 빨개, 바이올렛은 파래, 매일, 난 널 생각해"와 같이 우스꽝스러운 리듬으로 시작하는 메모를 썼습니다. 출장을 갈 때면 돌보미에게 그녀가 없더라도 매일 점심 도시락에 메모를 넣어달라고 부탁했습니다. 딸의 친구들은 점심시간마다 모여들어 그날의 메모를 봤습니다. 딸은 사랑받고 있다고 느꼈습니다.

이 챕터 앞부분에 있는 보육 시설 체크리스트를 검토하고, 여러분 자신의 욕구와 생각을 정리해보세요. 기존의 돌봄에 개선의 여지가 있는지 살펴보세요. 결정을 내리기 위해, 이상적인 보육이란 무엇인지 적어봅니다. 보육은 어때야 하는지, 여러분과 자녀를 위해 기대하는 것은 무엇인지, 어떤 활동이 중요한지, 자연스러운 시간인지 짧은 나들이인지 적어보세요. 이상적인 모델이 있으면 돌보미를 알아보거나 면접을 볼 때 도움이 됩니다. 집이든 다른 가정집이든 시설이든, 어떤 선택을 하더라도 아플 때나 휴일을 대비하여 대체할 수 있는 계획을 준비해두는 것이 중요합니다.

육아와
아동 발달

1장
세대 간 역학과 기술이 육아에 미치는 영향

"5분만 더요!" 잠긴 문 너머로 제니가 소리칩니다. 노트북을 끄고 잠자리에 들라고 세 번이나 말했는데도 또 그러자 엄마는 화가 났습니다. "저 아직 숙제 중이에요, 엄마. 진짜로요." 제니는 지난번에도 했던 말을 똑같이 합니다.

제니는 평범한 고등학교 2학년 학생입니다. 각종 방과 후 스포츠 팀에 참여하며 바쁜 나날을 보내고 있습니다. 활동이 많아서 학교 숙제를 제대로 하려면 집중해야 합니다. 엄마는 제니가 숙제 때문에 주중에 잠을 충분히 못 잘까 봐 걱정입니다. 최근에 제니가 점점 더 늦게 잠자리에 든다는 사실을 알게 되었습니다. 제니는 숙제 때문에 바쁘다고 하지만, 인터넷 서핑을 하고, 친구와 온라인 채팅을 하고, 유튜브 영상을 본다는 것을 엄마는 알고 있습니다.

"우리 딸이 왜 그렇게 온라인 활동에 목매는지 모르겠어. 시간 낭비 같은데 말이야."

엄마는 자기한테 동의할 만한 친한 친구에게 하소연합니다. 엄마와 그 친구가 한창 성장하던 시절에는 그러지 않았다고 하면서 말입니다.

역사가 가르쳐주는 육아

요즘 아이들은 예전과 다르니 신세대의 욕구를 충족시키는 육아를 해야 한다는 말을 우리는 종종 듣습니다. 하지만 지난 수십 년 동안 부모 역시 크게 바뀌었습니다. 부모는 닭이 먼저냐 달걀이 먼저냐 하는 문제처럼, 아이가 변한 것인지 아니면 육아법이 바뀐 것인지 의문에 맞닥뜨립니다. 답은 아마 양쪽 모두일 것입니다.

알프레드 아들러는 아이가 건전하게 성장하려면 소속감과 자존감이 필요하다고 말했고, 자존감은 건전한 공헌으로 얻을 수 있다고 강조했습니다. 아이가 자기 자신과 타인 모두에게 적극적으로 공헌하여 소속감과 자존감을 계발하도록 돕는 것이 긍정의 훈육이 추구하는 목표입니다. 이런 목표를 달성하기 위한 능력은, 부모인 우리 자신의 어릴 적 욕구가 얼마나 충족되었는지, 우리 내면에 형성된 믿음 체계가 어떤지에 달려 있습니다. 이런 양상은 세대별로 어떻게 나타날까요?

이 질문에 답하기 전에, 각 세대의 정의와 해당 세대가 육아하는 대상을 분명히 하려 합니다. 한 세대가 정확히 언제 시작하고 끝나는지는 일반적으로 합의되어 있지 않으므로 어림짐작하여 연도를 제시했습니다. 행동 변화는 점진적으로 나타나므로 정확한 연도는 크게 중요하지 않습니다. 지금 이 글을 쓰는 동안에도 Z세대 다음에 어떤 세대가 나타날지 알 수 없습니다. 이 미지의 세대에 속하는 어린아이의 성장을 사회가 어떻게 바라볼지, 그리고 그 세대를 정의하는 특징이 무엇이 될지 지켜보는 일은 제법 흥미로울 것입니다.

세대	베이비붐 이전 세대 (침묵의 세대)	베이비붐 세대	X세대	밀레니얼 세대 (Y세대)	Z세대 (i세대)
출생 시기 (합의된 정확한 시기는 없음)	1945년 이전	1946~1955년 전기 베이비붐 세대 1956~1965년 후기 베이비붐 세대	1966~1980년	1981~1995년	1996~2010년
육아 대상	베이비붐 세대와 X세대	X세대와 밀레니얼 세대	밀레니얼 세대와 Z세대	Z세대와 미지의 세대	미지의 세대

세대를 형성하는 핵심 트렌드

리서치 회사 CGK The Center for Generational Kinetics에 의하면, 하나의 세대를 형성하는 세 가지 핵심 트렌드는 육아 방식, 기술, 경제라고 합니다(개인에 따라 모두 다르다는 점을 기억해야 합니다). CGK에 따르면 부모의 육아 방식은 부모 자신이 양육된 방식에 따라 결정된다고 합니다. 우리가 무언가를 특정한 방식으로 할 때는, 그 방식이 현명하다고 생각해서 그렇게 하거나 우리가 아는 유일한 방식이어서 그렇게 행동합니다. 또는 체벌과 같이 우리가 경험했던 방식이 좋지 않다고 생각하거나 세월이 흘러 기술의 변화로 아이가 이전 세대와는 다른 욕구를 갖게 되어 의도적으로 다른 방식을 취하려 하기도 합니다.

육아 방식이 세대를 어떻게 형성하는지 살펴보겠습니다. 많은 후기 베이비붐 세대와 X세대의 육아 철학은 다음과 같습니다.

"아이가 우리보다 더 편하게 살았으면 좋겠어요. 우리가 갖지 못한 것을 아이가 전부 가지면 좋겠어요."

아직 논쟁의 여지가 있는 주제이긴 하지만, 이런 이유로 대부분의 밀레니얼 세대가 특권 의식을 갖게 되었다고 보는 의견도 있습니다. 이런 추세는 오늘날의 육아에도 강하게 드러납니다. 주로 X세대의 영향이 큽니다만, 아이는 세상의 중심이며 상처받기 쉽고, 보호와 보살핌이 끊임없이 필요하다는 생각이 만연해 있습니다. "만약 우리 아이가 어떤 방식으로든 행복하지 않거나 성공하지 못하면 나는 부모로서 실격이야. 그러니까 난 항상 우리 아이가 잘 지내는지 확인해야 해"라는 식입니다. 아이의 자존감은 시행착오를 겪고 회복 탄력성을 쌓으며 생기는 것인데, X세대 부모는 이를 소속감의 향상(애지중지하기, 구제 조치, 응석받이로 기르기 등)으로 생긴다고 잘못 이해하여 이기적인 세대를 만들었습니다. 결과적으로 오늘날의 많은 아이, 젊은이가 부모에게 무조건적인 사랑을 받으며 자라 소속감은 큰 데 비해 공헌으로 얻는 자존감은 부족한 경향을 보입니다.

반면 초기 베이비붐 세대와 베이비붐 이전 세대는 성취와 충성도(가족, 직업, 학업 등)를 강조했고, 이러한 성취가 사랑과 수용보다는 정부,

부모, 선생님과 같은 권위에 '복종'할 때 이루어진다고 오해했습니다. 또한 이 세대는 성취 외에도 내재적 가치와 만족감을 강하게 추구했습니다. 그 덕분에 이 세대의 자녀(후기 베이비붐 세대 및 X세대)는 향상된 기술과 사회에 공헌하는 경험으로 자존감 있는 어른으로 성장했지만 소속감, 즉 무조건적인 사랑은 부족한 채로 자랐습니다. 그래서 자기 자녀에게 '자신이 갖지 못한 것'을 모두 주고 싶어 합니다.

베이비붐 이전 세대, 베이비붐 세대, X세대

이 책의 독자들은 베이비붐 세대는 아니겠지만, 베이비붐 세대의 손에 양육되었을 수 있습니다. 따라서 이전의 양육 방식과 믿음이 어떻게 오늘날의 부모를 형성했는지 알면 흥미로울 것입니다. 베이비붐 이전 세대와 초기 베이비붐 세대는, 자신이 양육된 방식과는 다른 방식으로 후기 베이비붐 세대와 X세대 자녀를 키웠습니다. 이는 제2차 세계대전 이후 사회·경제적 변화로 인해 가정에도 큰 변화가 나타났기 때문입니다. 많은 여성이 집 밖에서 일하기 시작했고, 부모 모두가 늦게까지 일하는 경우가 늘어났으며, 이혼율이 상승했습니다. 그 결과 많은 후기 베이비붐 세대와 X세대는 혼자 현관문을 열고 집에 들어오는 아이가 되었습니다. 방과 후 아이 혼자 빈집에 돌아와 스스로 숙제를 하고, 혼자 놀고, 때로는 자신과 가족의 식사까지 준비했습니다. 그래서 후기 베이비붐 세대와 X세대는 독립적이고 자기 주도적이며, 기본적으로 자존감과 공헌감이 강합니다. 반면 소속감이 낮아서 버려진 듯한 느낌을 받고 괴로워합니다. 이 세대는 종종 내재적 결핍을 보상하려는 심리 때문에 부단히 노력하는, 건전하지 않은 성취와 경쟁 심리를 보이기도 합니다.

이에 대한 반발로 후기 베이비붐 세대와 X세대는, 자신이 경험한 것과는 완전히 다른 양육 방식으로 자녀인 밀레니얼 세대를 키워냈습니다. 이들의 가정은 훨씬 자녀 중심적이고, 부모가 자녀의 삶에 적극적으로 관여했습니다. 때로는 너무 지나칠 정도로 관여해서 '헬리콥터 부모'나 '타이거맘' 같은 용어도 생겼습니다. 밀레니얼 세대들은 대부분 과도한 일정으로 관리되고, 과잉보호 받고, 과도한 칭찬을 들으며 자랐습니다(이 모든 것이 사랑이라는 미명하에 이루어졌다는 점을 기억해야 합니다). 이 세대는 독립적이지도 않고 자기 주도적이지도 않으며, 항상 칭찬과 검증을 갈구합니다. 소속감은 강하지만 자존감이나 공헌도는 낮습니다.

다음 장에서 자세히 다루겠지만, 우리는 Z세대와 그다음에 등장할 미지의 세대가 어떤 모습일지 모릅니다. 우리가 아는 것이라고는 후기 X세대와 초기 밀레니얼 세대에 속하는 많은 부모가 자기 직업에 적극적이고, 모든 영역에서 완벽을 추구하며 한계에 도전하다 자기 자신과 가족에게 해로운 결과를 가져왔다는 점입니다. 이 책의 저자 중 두 명도 이런 어려움을 경험했습니다. 몇몇 제 친구 또한 현실과 타협하지 않고 완벽해지려 하다 보니 불안과 우울증으로 고통받았습니다. X세대는 현실적인 인생을 선택하도록 길들여진 동시에 부모의 부재 때문에 보살핌 받지 못했다고 느낀다는 점을 기억하세요. 그러므로 감성적으로 안정을 느끼기 어렵고, 직업적으로 완벽해지고자

하는 성취감을 내려놓기가 쉽지 않은 것입니다.

밀레니얼 세대

이 세대는 특권 의식이 심하다거나 이기적이라는 말을 자주 듣습니다. 종종 '나 세대' 혹은 '이기적인 세대'라고 불리기도 합니다. 이런 특권 의식은 어디서 온 걸까요? 밀레니얼 세대를 자세히 관찰해보면, 가정에서 아이가 늘 중심이고, 훈육하는 과정에서 부모가 아이에게 특별하다는 말을 자주 하며, 아이가 원하는 것을 무엇이든 주는 모습을 종종 볼 수 있습니다. 꼴찌를 하더라도 참여했다는 이유로 상을 받고, 실력이 없어도 부모의 영향력이 강한 경우에는 선생님과 관리자가 갈등을 피하기 위해 아이를 상급반으로 옮겨주기도 합니다.

우리는 아이가 노력 없이 보상을 받게 되면 실제로 노력해서 상을 받은 아이에게는 상의 가치가 떨어지며, 결국은 아무런 노력 없이 보상을 받은 아이가 부끄럽고 당황하게 된다는 사실을 압니다. 숨겨봐야 소용없습니다. 보상을 받기 위해 필요한 기술이 향상되지 않기 때문입니다. 캐럴 드웩Carol Dweck의 저서 『마인드셋Mindset』에서는 이런 과정이 아이 내면에 위험을 두려워하는 '고정된 마인드셋fixed mindset'을 갖게 만들고, 다른 사람의 칭찬이나 보상 등 외재적 동기만을 추구하게 한다고 설명합니다.[13] 또한 부모가 끼어들어 아이 대신 모든 것을 다 해주면 아이는 자신이 무능하다고 느끼거나, 지속적인 보상과 인생의 만족을 위해서는 시간과 노력이 필요하다는 당연한 깨달음을 얻지 못한 채 성장합니다.

상황이 더 복잡해지는 이유는, 밀레니얼 세대가 사회·경제적으로도 어려움을 겪고 있기 때문입니다. 이 세대는 서양에서 부모보다 나은 생활수준을 유지하지 못할 가능성이 높은 최초의 세대입니다. 교육과 주거에 드는 비용은 더 높아지고, 구직 시장은 예전보다 경쟁이 더욱 치열해졌습니다. 안정적인 직업이나 평생직장 같은 단어는 옛말이 되었습니다. 이런 점을 기술 시대에서 성장했다는 사실과 연결해보면, 이들은 모든 것을 즉석에서 가질 수는 있지만, 직업에 대한 만족감과 진정으로 깊고 의미 있는 관계는 얻을 수 없다는 뜻이 됩니다. 동시에 건강관리, 영양 공급, 교육의 발달과 함께 밀레니얼 세대는 기존의 어느 세대보다 나은, 보다 수준 높은 교육을 받았습니다. 그러나 많은 사람들이 사회 구조가 이들을 방해한다고 비난합니다. 예를 들면 많은 서구 국가에서 순수 자금이 청년으로부터 노인으로 이동합니다. 왜 그럴까요? 노인이 더 부자이고 영향력이 크며 투표도 하고 정치에도 관심이 많기 때문입니다.

부모로서 밀레니얼 세대

오늘날 새로 태어나는 아기의 90퍼센트는 밀레니얼 세대의 아이이고, 4,000만 명에 달하는 미국의 밀레니얼 세대는 25세에서 34세이며, 그중 2,290만 명은 이미 아이가 있습니다.[14] 미국에서만 매일 1만 명의 밀레니얼 세대 여성이 아이를 낳습니다. 이들은 아이를 어떻게 양육할까요?

인기 웹 포털인 '베이비 센터Baby Center'의 최근 연구에서는 밀레니얼 세대 부모가 이전 세대보다 여유 있는 양육 방식을 취한다고 밝혔습니다. 베이비 센터의 마이크 포가티Mike Fogarty는 이렇게 말합니다. "밀레니얼 세대 어머니는 자신이 경험한 양육 방식에 분명히 반대합니다. 그들이 받아온 부담을 거부하는 것입니다." 밀레니얼 세대 어머니의 60퍼센트는 자신의 양육 방식을 '주도적'이라고 설명하며, 아이에게 해방감을 주어 회복 탄력성과 자기 주도성을 더 키우도록 이끈다고 합니다. 밀레니얼 세대 아버지는 모든 세대 중 가장 민주적이고, 집안일과 육아 의무를 함께 나누는 것을 가장 자연스럽게 받아들입니다. 이는 밀레니얼 세대 여성이 직장에서 자기주장을 할 수 있게 된 이유일 뿐만 아니라, 밀레니얼 세대 부부가 잠재적으로 보다 평등하고 일과 삶의 조화를 누리기 쉬운 이유이기도 합니다.

일부 밀레니얼 세대 성인은 교육이나 주거, 직업 시장 등에서의 경제적인 압박으로 부모가 되는 것을 미루기도 합니다. 이들 중 대다수가 1세대 워킹맘이 불평등한 기회 때문에 차별받거나 일과 삶 사이에서 조화를 이루지 못하고 힘들어하던 모습을 기억합니다. 하지만 부모가 된 밀레니얼 세대에게는 아이를 제대로 키우는 것이 최우선입니다. 2010년 퓨 리서치센터Pew Research 설문에 의하면, 이들 중 52퍼센트가 부모가 되는 것이 인생에서 가장 중요한 목표 중 하나라고 답했습니다. 2015년의 설문에서는 밀레니얼 세대 부모의 절반이 "자신은 부모 역할을 잘하고 있다"고 대답했습니다. 밀레니얼 세대는 유용한 정보도 많이 얻습니다. 예전에는 존재하지 않던, 부모끼리 서로 배우고 위로받는 육아 관련 블로그나 웹사이트가 넘쳐나기 때문입니다.

직장에서의 밀레니얼 세대

밀레니얼 세대는 세상에 영향을 주고 싶어 합니다. 삶에 의미를 부여하는 목적을 갖고 싶어 합니다. 이들은 늘 접하는 불확실성 때문에 여느 세대보다 더욱 자신이 해야 할 일의 이유를 알고 싶어 합니다. 일과 삶의 통합을 바라며, 회사 밖에서 하는 만족도 높은 개인 활동을 가치 있게 여깁니다. 기대하는 바와 직장의 현실 사이에 차이가 있긴 하지만, 이들은 적응력이 뛰어납니다. 바꿔야 한다면 망설임 없이 직업을 바꾸고, 회사 밖에서 온라인으로 일하기도 합니다. IT 컨설턴트이자 요가 강사인 동시에 천체 사진가로 일하는 등 슬래셔(slasher, 한 사람이 다양한 직업을 가지는 것─옮긴이)를 선호합니다. 이들은 자신의 흥미와 취미가 직업적 노력과 별개라고 생각하지 않습니다. 그렇기 때문에 기업은 기업의 목적을 만들고 그것을 더 분명하게 추진해야 한다는 부담을 지게 되었습니다. 밀레니얼 세대는 기발하고 창의적이며 유연합니다. 이들은 또한 사회 전반에 걸쳐 생겨나고 있는 수평적 구조에 어울리는 평등주의자입니다.

기술로 형성되는 Z세대

Z세대는 '주문형 세대'라고도 불립니다. 이들은 첨단 기술이 없는 삶을 모릅니다. 또한 텔레비전이나 데스크톱 컴퓨터를 버리고 노트북이나 스마트폰 등 모바일 기기를 이용합니다. 걸음마를 뗄 때부터 첨

단 기술이 이들 삶의 일부가 되는 것이 놀랍지도 않습니다. 이들의 부모는 색칠하기 책이나 크레파스를 쥐어주지 않았고, 관심을 분산시키려 텔레비전을 보여주지도 않았습니다. 그 대신 태블릿 피시나 스마트폰을 주고서 말을 시작하기도 전에 화면 넘기는 법부터 먼저 가르쳤습니다. 어느 식당에 가든 부모가 식사하고 대화를 즐기는 동안 어린아이가 스마트폰을 들고 자기가 좋아하는 캐릭터를 보거나 게임하는 모습을 볼 수 있습니다. X세대의 기술 사용률이 27퍼센트인데 비해, Z세대는 3분의 1 이상이 기술을 최대한 사용합니다. 이들이 온전히 집중할 수 있는 시간은 8초(금붕어보다 짧습니다)여서, 스냅챗과 같은 10초 이하의 비디오 광고나 앱이 인기가 높습니다.[16] 더 놀라운 것은 Z세대 모두가 최소 하루에 한 시간은 온라인에 연결한다는 점입니다.

　오늘날의 첨단 기술은 아이가 삶에 필요한 기술을 빠르게 배우고 미리 체험해볼 수 있게 합니다. 이전 세대는 경험조차 하지 못하거나, 얻기 위해 큰 노력을 기울여야 했던 기술입니다. 이런 기술은 지금의 디지털 세상을 살아가는 데 꼭 필요합니다. 하지만 스크린이 있는 매체가 아이의 삶에서 차지하는 비중이 점점 늘어남에 따라, 부모에게는 아이가 무엇을 놓치고 있는지 확인해야 할 책임이 생겼습니다. 개인적 관계 기술이나 만족 지연 기술(욕구 충족의 지연에 따른 좌절감을 인내하는 능력―옮긴이), 달성하는 데 3분 이상, 어쩌면 3일 이상 걸리는 일에 어떻게 해결책을 찾을지 확인해야 합니다. 기술은 중독성이 강한데, Z세대는 아날로그에 관한 기억 없이 자란 첫 세대여서 이러한 중독에 더욱 취약합니다(밀레니얼 세대는 스크린에 어린 시절을 덜 잠식당했기에 어느 정도 균형을 유지할 수 있습니다). 우리는 일부 Z세대 아이가 기술 중독 때문에 깊고 의미 있는 관계 맺기를 힘들어하는 경우를 자주 봅니다. 사람 대신 기기와 어울리는 것에 익숙해진 바람에 또래 친구와 직접 만나 대인 관계를 맺는 기술을 연습할 기회가 적고, 스트레스를 다루는 메커니즘을 잘 모르기 때문입니다.

전자공학과 최신 기술은 당면한 육아에서 현실적으로 어떤 어려움이 닥쳐올지 제시합니다. 부모는 아이에게 사람과 사람 사이 대면 연결의 필요성을 알려주면서도 기술을 활용하고 싶어 합니다. 특히 새로운 기술이 도입되면, 그것이 긍정적이든 부정적이든 스크린을 볼 확률이 더 높아지지 줄어들지는 않습니다. Z세대 또는 그 이후 미지의 세대의 부모가 될 세대(X세대와 밀레니얼 세대)로서 우리는 이런 변화를 심각하게 받아들여야 합니다. 아이에게는 아날로그의 기억이 없기 때문에 대인 관계, 창의성, 문제 해결과 같은 스크린 없는 활동에 집중하는 경험을 쌓을 수 있을지 없을지는 전적으로 부모에게 달려 있습니다. 부모인 우리조차 약간씩은 스크린에 중독되어 있기 때문에 어려움이 더욱 큽니다. 아이에게 그 어떤 가상의 만남보다도 실제 만남이 우선시되어야 한다는 점을 기억하세요. 아이에게는 전자 기기를 보며 보내는 시간보다 부모와 보내는 시간이 더 필요합니다. 가족마다 적합한 방법을 찾고, 기술과 사람 간의 균형을 모색하는 것이 가장 중요합니다.

모든 세대를 위한 긍정의 훈육

오늘날 아이 세대가 겪고 있는 사회적 부담과 육아 방법에 영향을 줄 수 있는 특별한 동력을 이해하면 양육 방식을 조절하는 데 도움이 됩니다. 소속감과 자존감의 균형을 확인해보세요. 여러분이 X세대 부모라면 소속감 결여로 힘들지는 않나요? 혹은 소속감이 성취와 완벽주의로 얻어지는 것이라고 믿나요? 만일 그렇다면 여러분은 아이에게 과잉 보상을 해서 아이가 공헌감을 계발하기 어렵게 만들었을 수도 있습니다. 여러분이 끼어들거나 도와주기보다는 아이 스스로 발견하고 실패하고, 회복 탄력성을 배우도록 도와야 합니다.

캐서린 스타이너 어데어Catherine Steiner Adair는 저서 『디지털 시대, 위기의 아이들The big disconnect』에서, 사람 만나는 것을 기술이 대체하게 된 시점에서 세대 분화는 더 이상 없을 것이라고 강조했습니다. "디지털 원주민이든 이주자든, 우리는 모두 스크린과 디지털 기기를 사랑합니다." 부모는 아이에게 급변하는 디지털 세상에서 생존하고 삶을 누리는 데 필요한 자기 조절력을 발휘하여 모범을 보여야 하므로, 부모 스스로 기술 사용을 관리하는 것이 중요합니다. 야외 활동, 식사 시간, 보드게임 혹은 가족 활동과 같은, 스크린을 보지 않는 시간과 기기 사용을 금지하는 주간 가족회의 일정을 잡는 것이 좋습니다. 가족회의에서 아이는 가족이 직면한 어려운 문제를 해결하기 위해 얼굴을 맞대고 브레인스토밍하면서 칭찬을 주고받는 연습을 할 수 있습니다. 또한 전자 기기 화면을 들여다보지 않거나 일을 하지 않는, 아이와 일대일로 함께하는 '특별한 시간'을 보내는 것도 잊지 마세요.

스크린 타임(전자 기기 화면을 보는 시간—옮긴이)을 제한하는 것이 아이와 부모 양쪽의 소속감 및 자존감을 강화하는 데 얼마나 도움이 되는지 실제로 예를 들어 살펴보겠습니다. 다음은 싱글대디인 브래드의 이야기입니다.[17]

"우리 아이들이 숙제하지 않고 디지털 기기를 만지작거릴 때는 보통 텔레비전이나 컴퓨터, 위Wii, 아이패드 등 스크린을 보고 있지요. 외출할 때도 아이들은 차 안의 드롭다운 스크린을 사용해 DVD를 봐요. 부끄럽지만 말이죠. 하지만 아이들이 스크린을 보지 않으면 서로 싸우고 괴롭히며 '아빠아아아아아아!' 하고 소리를 질러요. 그럼 저는 티격태격 싸우는 아이들 사이에서 심판이 되어야 합니다. 이런 상황보다 더 어려운 건, 제가 컴퓨터 모니터 앞에 오래 앉아서 일을 해야 한다는 것입니다. 아이들에게 모범을 보이기가 참 어려워요. 하지만 저는 육아 기술을 향상하기로 마음먹고 스크린 타임을 줄이기 위해 최대한 노력하기로 했죠.

가족회의에서 우리 아이들은 주중에는 하루 한 시간씩만 텔레비전을 보기로 정했어요. 그것도 숙제와 음악 연습을 모두 한 다음이라는 조건으로요. 또 하루에 30분씩만 컴퓨터 오락과 비디오 게임을 하기로 했어요. 숙제하려고 컴퓨터를 사용하는 시간은 제외했죠.

그런데 즉시 곤란한 상황에 빠졌어요. 우리 아이들은 세 시면 학교에서 돌아오고, 저는 다섯 시에 퇴근하거든요. 그러니 아이들이 얼마나 텔레비전을 보고 비디오 게임을 했는지 알 수가 없었어요. 시간으로 스크린 사용을 제한하기란 불가능하다는 걸 알았죠. 전원 스위치를 끄는 게 유일하고 효과적인 방법 같았어요.

그래서 대안으로 우리는 모든 걸 끄는 시간을 갖기로 했어요. 매일 저녁 여섯 시부터 여덟 시까지 스크린을 보지 않는 시간을 가졌어요. 10대인 아들은 처음에 회의적이었죠. 아들이 처음에는 시간을 지키다 나중에는 원래 정한 시간보다 스크린을 더 많이 보고 있다는 걸 알게 되어 아들을 설득했습니다.

그날 저녁 여섯 시가 되자마자 집 안의 모든 스크린을 껐어요. 불편한 침묵이 흐르고 우리는 서로 멀뚱멀뚱 쳐다봤어요. 아들이 '우리 이제 뭐 해요?'라고 물었어요. 저는 이렇게 말했죠. '우리 목록에 뭐가 있더라. 강아지를 산책시키면 어떨까?' 딸은 그날 몸이 안 좋아서 집에서 책을 읽었고, 저와 아들은 강아지와 산책했습니다. 우리는 그날 즐거운 시간을 함께 보냈고, 집 밖으로 나와 신선한 공기를 마실 수 있었어요.

집에 돌아와서는 카드 게임을 하기로 했어요. 아들은 딸과 저에게 카드 마술을 보여주었어요. 그러고 나서는 픽셔너리(pictionary, 단어를 보고 그림을 그려서 어떤 단어인지 맞히는 게임―옮긴이)를 막 웃으며 신나게 했어요. 그랬더니 일곱 시 삼십 분이기에 딸에게 씻으라고 했죠. 딸이 샤워를 하는 동안 앉아서 기타를 연주했는데, 몇 달 만에 연주해본 거였어요. 여덟 시가 되자 우리는 모여 앉아 〈아메리칸 아이돌〉을 봤습니다. 아들이 스크린 제한 시간 동안 녹화를 해둔 덕분에 광고 없이 봤어요. 생각지도 못한 보너스였죠.

대체로 계획대로 잘 되었어요. 두 시간 동안 모든 걸 다 끄고도 재미있을 거라고는 기대하지 못했거든요. 한 가지 기억해야 할 것은, 육아에 완벽이란 없다는 점입니다. 제가 아이들에게 완벽을 기대했더라고요. 그런 기대가 우리 관계를 어렵게 했죠. 스크린 타임을 제한한 덕분에 우리는 관계를 형성하는 활동을 할 수 있었어요. 아이와의 관계를 향상한다는 장기적인 목적에 집중해야 한다는 생각을 다시 하게 된 계기였어요."

— 브래드 에인지, '싱글대디 브래드' www.singledadbrad.com

긍정의 훈육 도구

아이가 건전한 소속감과 자존감을 분명히 하는 데 긍정의 훈육 도구가 도움을 준다는 점을 강조하고 싶습니다. 스크린 타임을 관리하는 데 필요한 구체적인 도구를 소개하려 합니다. 도구를 보고 나서 도입부에서 소개한 제니와 부모 이야기로 돌아가 생각해보고, 그들의 상황에 얼마나 효과적으로 사용할 수 있을지 한번 상상해보세요. 또한 아무리 좋은 해결책이라도 영원히 효과적이지는 않으며, 다시 검토하거나 이따금씩 수정해야 한다는 것을 명심해야 합니다.

정기적으로 계획한 특별한 시간 보내기

앞서 여러 번 봤던 도구입니다. 좋은 의도를 갖고 정기적으로 계획하여 마련하는 '특별한 시간'은, 아이에게 소속감을 느끼게 해주는 강력한 방법입니다. 어린아이에게는 적어도 하루 10분에서 15분, 매일 특별한 시간이 필요합니다. 아이가 여섯 살이 넘으면 일주일에 한 번, 30분에서 60분 정도로 갖는 게 좋습니다.

특별한 시간이 끝날 때마다 다음 시간에는 무엇을 하면 좋을지 브레인스토밍하여 목록을 만들어보세요. 아이는 공헌하면서 자존감을 느끼기 때문에 이런 식으로 아이를 직접 참여시키는 것이 중요합니다. 자전거 타기, 야구 경기, 보드게임, 도서관 방문 등 아이가 부모와 함께 하고 싶은 것이라면 뭐든 좋습니다. 특별한 시간은 행동을 교정하는 시간이 아니라 순수한 유대감과 즐거움을 느끼는 시간이라는 것을 기억하세요.

슬프게도 아이가 10대가 되면 부모와 시간을 보내기보다는 친구 만나는 것을 더 좋아합니다. 공공장소에서 부모와 함께 있는 모습을 다른 사람에게 보이는 게 어색하다고 느낄 수도 있습니다. 그렇다면 일주일에 한 번, 둘만의 저녁 데이트를 제안해보세요. 혹은 스키를 타러 가거나 여행을 하면서 긴 시간을 함께 보내는 것도 좋은 방법입니다. 직접 운전해서 간다면 이동하는 시간의 반은 아이가 좋아하는 음악을 듣고, 나머지 반은 중요한 이야기를 나누는 게 어떨지 미리 합의하세요.

아이들은 부모와 일대일로 있으면 형제자매나 다른 사람과 있을 때 부모의 관심을 끌려고 하던 것과는 다르게 행동합니다. 그렇기 때문에 이런 특별한 시간은 자녀를 더 잘 알게 하고 강한 유대를 형성해줍니다.

합의하기

이따금 부모는 아이와 합의한다는 것을 다음과 같이 해석합니다.

"네가 해야 할 것을 말해줄 테니 넌 그렇게 해야 해."

많은 부모가 규칙에 따라 아이에게 일방적으로 지시하고서 아이와 스크린 타임을 합의했다고 생각합니다. 아이는 부모에게 더 이상 시달리기 싫어 어쩔 수 없이 합의하게 됩니다. 그러고 나서 아이가 합의한 대로 따르지 않거나 문제를 일으키면 부모는 놀라고 좌절합니다.

합의를 성공적으로 끌어내려면 참여가 필요합니다. 참여는 협력과 같은 의미입니다. 아이는 부모로부터 존중받으며 합의에 참여할 때 대개 그 합의를 지킵니다. 모든 화면을 끄고 차분하게 앉아, 전자 기기를 건전하게 사용하는 방법에 관해 아이를 존중하면서 대화해보세요. 스크린 타임을 놓고 건전한 토론을 이끌어갈 환경이 형성될 때까지 기다리는 것이 중요합니다. 차분한 감정이 이성적인 대화를 유도합니다. 이 챕터의 마지막에 소개할, 합의를 끌어내는 실천법을 연습해보세요.

대화할 때 문제에 관해 생각하고 느낀 것을 나눌 기회를 모두가 동등하게 가지세요. 누군가 말할 때 토를 달지 않아야 합니다. 어떤 가족은 3분짜리 모래시계를 사용하기도 합니다. 말하는 사람이 3분을 다 사용하거나 그 전에 할 말이 끝났다고 알리기 전까지 듣는 사람은 방어하거나 설명하거나 의견을 말하지 않습니다. 해결책을 찾기 위해 브레인스토밍합니다.

아무리 존중받으며 참여했더라도 아이가 합의한 대로 지키지 않을 수도 있습니다. 실제로 지키려 해도 아이의 우선순위는 어른과 다릅니다. 텔레비전 프로그램 하나만 보고 끄려 하지만, 텔레비전 시청 시간을 제한하는 문제의 심각성을 어른의 우선순위와는 다르게 받아들이기에 잘 기억하지 못할 수도 있습니다. 여러분은 좋아하는 활동을 '조금만 더' 하고 싶은 마음에 얼마나 많이 사로잡히나요? 아이의 텔레비전 시청 시간 제한은 아이가 아니라 부모가 우선시하는 사항입니다. 스크린 타임에 관해 합의를 끌어내는 데 아이를 참여시킨 이는 부모이므로, 아이를 존중하면서 기억을 상기시켜주는 게 좋습니다. "우리가 어떻게 하기로 했더라?"

이 단계대로 시행했는데도 집에서 전자 기기 사용에 관해 성공적으로 합의를 끌어내지 못한다면, 처음부터 다시 해보세요. 대화를 나누다 보면 이유를 찾을 수 있을 것입니다. 또한 실패를 통해 배우는 기회를 모두에게 줄 수 있습니다.

끝까지 지키기

많은 부모가 아이의 스크린 타임을 제한하고 관리하려 하지만, 다양한 이유 때문에 계속 지키기는 어렵습니다. 때로는 스크린 타임 제한을 끝까지 지키지 못하는 이유가 기록을 남기지 못하는 탓이기도 합니다. 아이에게 텔레비전 시청을 30분만 허락하겠다고 말해놓고 다른 일에 빠진 나머지 한 시간 이상이 지나서야 알게 되거나, 혹은 브래드의 이야기처럼 스크린을 켜지 않으면 아이들이 말다툼하거나 싸울까 봐 걱정되어 스크린 타임을 제한하고 싶지 않을 수도 있습니다.

스크린은 관심을 분산시키는 데 도움이 되고, 부모는 스크린이 꺼질 때 생기는 문제를 다룰 준비가 되지 않았을 수 있기 때문입니다. 아니면 아이에게 스크린 타임이 끝났다고 말하거나 친구에게 문자메시지 보내는 것을 중단시키고 스마트폰을 치우게 하는, 이른바 '악역'을 맡고 싶지 않다고 생각할 수도 있습니다. 즐겁게 시간을 보내고 있는 아이에게 "그만"이라고 말하는 것은 힘든 일입니다.

이유가 무엇이든 아이와 합의한 대로 스크린 타임을 제한하지 않으면 부정적인 메시지를 줍니다. 그런 행위는 '스크린 타임 제한은 중요하지 않다. 아이가 시간을 어떻게 사용하든 부모는 신경 쓰지 않는다. 부모는 의미 없는 말을 한다. 부모가 그만하라고 말해도 계속 봐도 된다. 부모는 가족의 참여에 우선순위를 두지 않는다. 부모로서 확신이 없다' 등의 의미를 내포하기 때문입니다.

아이는 부모가 의미 있는 말을 하는지 아닌지 알 수 있습니다. 방법은 매우 간단합니다. 말한 것이 의미가 있다면 끝까지 지키고, 의미가 없다면 지키지 않기 때문입니다. 의미 있는 메시지를 전하고자 한다면 긴 말은 필요 없습니다. 의미 있게 행동하면 됩니다. 말을 아낄수록 오히려 좋습니다. 말이 많으면 잔소리가 되고, 아이는 잔소리 듣기를 싫어합니다. 부모가 말을 많이 하게 되는 유일한 경우는 아이뿐 아니라 자신까지 설득하려 할 때입니다. 원하는 바가 합리적이라면 요구하는 바에 확신을 가지세요.

텔레비전 시청, 비디오 게임 혹은 컴퓨터 게임을 끝낼 시간이 되면 정확하게 끝내세요. 부모는 친절하면서 단호하게 아이가 매체를 접하는 시간을 지키도록 도와줘야 합니다. 아이가 시간제한과 관련하여 부모의 단호함에 익숙해지는 데에는 시간이 걸릴 수도 있습니다. 하지만 부모가 먼저 끝까지 지키면 아이는 전자 기기 사용을 끝내야 한다는 말이 의미가 있다고 받아들입니다. 짧게 말하고, 의미 있게 행동하고, 끝까지 지키세요.

모범 보이기

앞서 본 것처럼 아이에게 모범을 보이는 것이 핵심입니다. 여러분이 스크린을 보는 습관은 어떤가요? 청소년에게 이렇게 말해도 괜찮다고 생각하나요? "내 조언은 따르되 행동은 따르지 마라"라고 말입니다. 예를 들어, 저녁 식사 때 스마트폰을 사용하지 않기로 합의했다면 부모도 사용하지 말아야 합니다. 부모가 업무 때문에 중요한 전화를 받아야 한다 해도, 식사하는 가족을 방해하지 않고 전화를 받고 오겠다고 정중하게 양해를 구해야 합니다. 식사 전에 미리 가족에게 중요한 업무 전화가 올 예정이어서 식사 중에 잠시 전화를 받고 올 수도 있다고 말해두면 더 좋습니다.

잠자리에 들 때도 마찬가지입니다. 어느 연구 결과에 따르면, 잠자리에 들기 전에 전자 기기 화면을 보면 뇌에서 멜라토닌(수면 호르몬) 생성을 억제해서 뇌의 스위치가 꺼지지 않고 활성화하도록 자극합니다. 침대에서 기기를 사용하는 것은 누구에게도 좋지 않습니다. 어떤 가정에서는 모든 전자 기기를 한 장소에서 충전하기로 정해서 밤이나 휴식 시간에 전자 기기를 사용하지 않도록 제한하기도 합니다.

어른과 아이 모두에게 스크린은 중독성이 있으므로, 가능하면 아이가 부모를 따라 하는 나이가 되기 전에 배우자와 함께 기대 사항을 나누는 것이 좋습니다. 아이가 스마트폰을 가질 때까지 미루면서 부모 스스로 스크린 타임을 제한하지 않으면 더욱 어려워집니다. 아이는 이미 수년 동안 부모를 보고 배우기 때문입니다. 부모가 아이에게 기대하는 사항을 분명히 하면서 부모 역시 행동을 고쳐야 합니다. 스크린 타임을 제한한다는 것은, 집에서 업무를 하지 않는다는 의미이기도 합니다. 집에서는 가족에게 집중하여 시간을 보내는 것이 중요합니다.

★ 훈련하기

가족과 전자 기기 사용에 관한 합의서 만들기

전자 기기 사용에 관한 합의서에 포함시키면 좋을 만한 예시를 알려드립니다. 이것은 어디까지나 안내 사항이며, '긍정의 훈육 도구'에서 언급한 단계를 대체하는 것은 아닙니다. 가족이 함께 합의한 내용을 주기적으로 검토하면서 잘 지켜지는 것과 잘 안 지켜지는 것이 무엇인지 분류하고, 필요하다면 수정하세요.

1. 우리는 네가 전자 기기를 사용하는 데 있어 모든 것을 알기를 기대하지는 않아. 다만 네가 스마트폰, 태블릿 피시, 노트북의 주인으로서 책임 있게 사용하는 법을 알려주려고 해.

2. 우선 너의 비밀번호를 알려달라고 부탁하는 것으로 시작할게. 만약 너의 스마트폰이나 이메일을 꼭 봐야 할 일이 생긴다면 그렇게 할 거야. 단, 우리는 절대로 너의 사생활을 침해하지 않을 거야. 네가 전자 기기와 관련해 안전하고 건전한 사용 습관을 지니도록 도와주려고 한단다.

3. 우리가 전화하면 전화를 받아야 해. 잡담하려고 전화하지는 않을 테니 전화를 피하지 말아줘.

4. 전화와 인터넷에서도 직접 만났을 때 사용하는 것과 같이 존중하는 매너를 보이렴. "안녕하세요", "안녕히 계세요", "부탁해요", "감사합니다" 같은 말을 사용하도록 해. 항상 친절하고 공손하게 타인을 대하고 이해하려고 노력해줘. 직접 만났을 때 하지 말아야 하는 말이나, 말해도 되는지 아닌지 판단하기 애매한 말은 전화나 인터넷에서도 하지 말아야 해.

5. 전화와 노트북을 학교에 가져가도 되지만, 수업에 필요하지 않다면 수업 시간에는 전원을 끄고 가방이나 사물함에 보관하렴. 학교의 전자 기기 사용 원칙을 따른다고 약속해야 한다.

6. 방과 후와 저녁 일상의 일부로 스마트폰을 일정한 장소에서 충전해야 한단다. 방과 후 간식을 먹으며 15분 정도 확인할 수는 있지만 그 이후에는 충전기에 꽂아둬야 해. 숙제와 운동을 다 마치고 나서 사용할 수는 있지만, 평일 저녁에는 여덟 시, 주말에는 열 시까지는 충전기에 두렴.

7. 어렵겠지만, 극장이나 식당과 같은 공적인 장소에서, 특히 다른 사람과 있을 때에는 스마트폰을 사용하지 마. 스마트폰 에티켓을

환기해줘야 할 필요가 있을 때는 너에게 조용히 신호를 보낼게.

8. 소셜미디어 포스트에 있는 '좋아요' 수가 네 친구 수와는 상관없다는 걸 기억해. 현실에서 친구를 사귀고 좋은 친구가 되어주렴.

9. 소셜미디어는 안전하지 않단다. 친한 친구의 이름을 공개적으로 밝히지 말고, 다른 사람의 기분을 상하게 할 사진은 올리지 말렴.

10. 소셜미디어에 네 사진을 올릴 때는 주의하고, 올리는 사진의 수를 제한하렴. 그 사진을 반드시 세상 사람들이 다 봐야 하는지 생각해봐.

11. 스마트폰을 집에 두고 나오라고 할 때가 있을 거야. 가족과 함께하는 시간은 중요하단다.

12. 너도 사람이니 때로 실수할 수 있어. 괜찮아. 우리도 실수한단다. 실수는 학습할 기회야. 그럴 때 행동을 어떻게 바꿀 수 있는지 도와줄게. 우리는 네 편이란다.

13. 우리는 이 합의를 가족회의에서 주기적으로 검토할 거야.

14. 우리는 네가 기기를 사용하는 데 있어 책임을 가지고 현명한 선택을 할 거라 믿어. 우리는 뒤에 서서 네가 스스로 배우도록 지지하고, 네 길을 갈 수 있도록 격려할게.

15. 우리 역시 합의한 내용을 지킬 거란다. 업무상 꼭 필요하거나 급한 일이 있다면 사전에 너에게 이야기할게.[18]

2장

효과적 육아 vs 비효과적 육아

육아 그룹 모임에서 스탠이 5학년 때 커닝한 이야기를 나누었습니다. "손바닥에 답을 적다니 참 멍청했어요. 선생님은 손바닥에 답이 적혀 있는 걸 보고 다른 학생들이 다 보는 앞에서 답안지를 찢었어요. 전 F 학점을 받았고, 커닝했다고 전교에 소문이 났어요. 선생님은 저희 부모님께 말씀하셨죠. 아빠는 저를 때렸고, 한 달 동안 외출 금지를 시켰어요. 그 이후로는 커닝을 안 해요. 분명 F를 받는 게 옳았던 거죠. 아이로서 마땅히 받아야 할 벌을 받은 거고, 그 후에는 괜찮았어요." 우리 아이에게 바라는 게 그냥 '괜찮은 것'뿐인가요? 더 나은 방법은 없는 걸까요?

양육 방식

좋은 부모가 되기 위한 방법을 부모는 어떻게 학습할까요? 모든 부모는 교과서 없이 아이를 낳습니다. 3부 1장에서 살펴본 대로, 부모는 양육 방식을 결정할 때 둘 중 하나를 선택합니다. (1)자신이 양육받은 방식대로 하거나 (2)자신이 경험한 방식은 좋지 않다고 생각해서 정반대의 양육 방식을 선택하기도 합니다. 여기서는 가장 일반적으로 사용하는 네 가지 양육 방식을 검토할 것입니다(대부분의 부모는 네 가지 방식을 조합해서 사용합니다).

네 가지 양육 방식은 다음과 같습니다.

- 독재적(독재자) 양육 방식
- 허용적(자유방임주의) 양육 방식
- 무시적(부재) 양육 방식
- 권위 있는(긍정의 훈육=친절하면서 단호한) 양육 방식

독재적 양육 방식(독재자): 자유 없는 지시

독재적 양육 방식을 사용하는 부모는 규칙을 부과하거나 협박, 처벌, '순응'에 대한 보상과 같은 통제를 양육의 기초로 사용합니다. 이런 방식 외에는 무조건적인 허용밖에 없다고 생각하는 부모가 주로 독재적 양육 방식을 사용합니다. 아이에게 이용당하고 싶지 않고, 아이의 요구를 허용하면 혼란이 오거나 통제를 잃을까 봐 두려워합니다.

그러면 불행하게도 아이에게는 이런 메시지가 전달됩니다.

"너 혼자 힘으로는 못 할 게 분명하니, 엄마가 예전에 배운 방식대로 너도 따라야 해."

이 양육 방식에서는 아이가 힘겨루기, 보복, 무능력함 등의 기분을 느낍니다. 그 결과 부모가 바라는 것과는 반대되는 행동(무책임, 반항, 위험한 행동 등)을 합니다. 부모가 아이의 행동을 통제하려다 통제력을 완전히 잃고 마는 모순이 생깁니다.

부모가 스트레스 받고 부담을 느낄수록 독재적 양육 방식의 덫에 빠지기 쉽습니다. "내가 그렇게 말했으니까"라고 설명하는 게 편하니 그렇게 지시합니다. "이거 해", "그거 하지 마", "이거 잊지 마", "그냥 왜 이렇게 못 하니"……. 슬프게도 우리는 자신도 통제하지 못하면서 아이를 통제할 수 있을 거라 기대합니다. 때로는 이런 실수를 하더라도 실수를 인지하고 사과하고, 아이와 해결책을 찾는 것이 최선입니다.

허용적 양육 방식(자유방임주의): 지시 없는 자유

허용적 양육 방식에 집중하는 부모는 종종 지나치게 관여하거나 과잉보호하고, 아이의 요구를 다 받아줍니다. 혹시 아이를 위해 모든 것을 다 해주고 있나요? 아침에 아이를 깨우고, 옷을 입히고, 식사를 챙겨주고, 학교에서 점심 준비를 하게 도와주고, 숙제를 찾아주고, 다투지 않게 하고, 출근하기 전에 아이를 시간 맞춰 내보내는 것이 여러분의 몫이라고 생각하세요? 만일 그렇다면 여러분은 불필요한 스트레스를 스스로 만들고, 부모에게 점점 더 많은 것을 요구하고 협력하지 않는, 제멋대로인 아이를 만드는 중입니다.

현실을 볼까요? 부모가 스트레스 받고 부담을 느끼면 아이를 폭군으로 만들곤 합니다. 이런 부모는 아이에게 미안함을 느낀다는 실수를 저지릅니다. 아이를 도와주는 것이 당장 보기에는 쉬운 것 같지만, 장기적인 결과를 망각하는 행동입니다. 아이는 재촉하고 또 재촉합니다. 부모는 계속 안 된다고 말합니다. 아이는 다시 재촉하고, 또 재촉합니다. 부모는 계속 안 된다고 말합니다. 그래도 아이는 또 재촉합니다. 부모는 계속 안 된다고 말하다가 시간이나 인내심 부족으로 포기하고, 단기적인 방식으로 재촉을 멈추게 합니다. 이런 상황은 가게에서, 침대에서, 매일 아침에 계속 일어납니다. 과도한 통제는 아이가 부모가 바라는 것과는 반대로 생각하고 행동하게 하고, 허용은 아이가 이기적인 방식으로 자기만을 위해 생각하고 행동하게 합니다. 허용은 아이에게 '세상이 나를 책임져준다'거나 '사랑이란 내가 원하는 모든 것을 주는 것이다'라는 잘못된 믿음을 줍니다. 아이의 재촉에 부모가 포기하면 "안 된다"라는 말이 정말 안 된다는 의미가 아니라고 알려주는 셈이 됩니다. 아이는 부모의 "안 돼"라는 말을 "계속 재촉하면 포기할게"라는 의미로 해석하게 됩니다. 결국 부모는 아이에게 짜증이나 다른 형태의 문제 행동이 통한다는 것을 알려주는 셈입니다. 육아에는 이런 말이 있습니다. "아이가 스스로 할 수 있는 일은 해주지 마세요."

무시적 양육 방식(부재/버림)

무시적 양육 방식을 따르는 부모는 아마 이 책을 읽지도 않을 것입니다. 질병, 중독, 사망 혹은 유기 등의 이유로 부모가 없는 경우일 수도 있습니다. 무슨 이유에서든 부모는 자신의 역할을 할 수 없다고 느낍니다. 때로는 부모가 되고 싶지 않거나 부모 역할 대신 다른 일을 하고 싶어 하는 사람도 있습니다. 그들은 아이를 돌보미에게 맡기고 나가버리거나 아이를 혼자 내버려둡니다. 아이는 자신이 소중하지 않고, 사랑받지 못하며, 가치가 없다고 느껴 소속감이나 자존감을 갖지 못합니다.

권위 있는 양육 방식(긍정의 훈육): 지시 있는 자유

권위 있는 양육 방식은 친절하면서 단호한 긍정의 훈육 원칙을 고수합니다. 자신과 타인을 동시에 존중하며, 아이가 의사 표현을 하기에 충분한 나이가 되면 의사 결정 과정에 참여시킵니다. 긍정의 훈육 원칙은 권위 있는 양육 방식에 기초합니다.

이들 중 몇 가지 방식이 섞여 있거나 두 가지 방식 사이에서 왔다 갔다 한다고 느끼더라도, 지배적인 성향을 찾을 수 있습니다. 4부 2장에서 '톱 카드' 개념을 이야기할 텐데, 행동 경향을 이해하는 데 도움이 될 것입니다. 톱 카드 개념은 여러분이 어떤 양육 방식에 끌리는지 파악할 수 있도록 추가적인 실마리를 제공합니다. 자신의 경향을 이해하면 구체적으로 어떤 행동이 필요한지 스스로 깨달을 수 있을 것입니다. 이 책을 읽으면서 여러분만의 방식을 찾아가기 바랍니다.

부모가 각기 다른 방식을 추구하는 경우에는 어떨까요? 많은 부모가 둘 중 한 명은 독재적이고 다른 한 명은 허용적이어서 서로 힘들어하곤 합니다. 이런 경우 자녀와 가족 주변 상황에는 어떤 영향을 미칠까요? 아이는 누가 자기편이고 누가 다른 편인지를 쉽게 알아채고 상황을 조종하는 방법을 터득합니다. 아이는 종종 부모 관계의 간극을 채웁니다. 부모 중 한 명이 반대하면 승낙할 것 같은 다른 쪽으로 갑니다. 아이는 부모 사이에서 문제를 일으키고 싶지 않아합니다. 아이는 자신의 행동으로 인한 장기적인 결과는 고려하지 않습니다. 자신이 바라는 것을 추구하고, 양육 방식이 서로 다른 부모가 만들어낸 '시스템'을 기발하게 작동시킵니다. 이럴 때에는 자신의 방식을 조용히 만들어가며 배우자의 양육 방식을 존중하는 것이 최선입니다. 배우자와 자신의 방식, 양쪽 모두를 존중해야 합니다. 아이가 사랑을 느낄 수 있다면 그렇게 해도 문제는 없습니다.

부모는 완벽하고 절대로 실수하지 않을까요? 아니요, 그렇지 않습니다. 하지만 이것이 아이에게는 축복이 될 수 있습니다. 자신의 문제 행동을 받아들이고 실수를 학습의 기회로 보는, 긍정의 훈육 개념을 학습하기 바랍니다.

처벌적(독재적) 양육 방식의 문제점

아이가 바르게 행동하게 하려면 반드시 아이의 감정을 상하게 해야 할까요? 이는 처벌에 기반한 철학을 의미합니다. 처벌이 어른에게 동기부여할 수 있을까요? 당연히 아닙니다. 그러면서도 많은 어른이 아이에게는 처벌이 효과적일 것이라고 믿습니다. 다음 두 가지 이유 때문입니다. (1)자신이 아이였을 때 벌을 받았고, 그것이 괜찮았기 때문에. (2)아이의 훈육 방식으로 효과가 있기 때문에. 그렇습니다. 실제로 처벌은 효과가 있습니다. 어디까지나 단기적으로는 말입니다. 처벌은 아이가 성격을 형성하는 데에는 도움이 되지 않습니다. 처벌받는 아이는 괴로움을 견디고 따르는 법을 배울 텐데, 이것이 자존감에 미치는 영향은 어떨까요? 부모로서 처벌이 어떻게 느껴지나요? 친절하면서 단호한 방법으로 행동을 개선시킬 수 있다면 굳이 처벌이 필요할까요? 처벌은 벌주는 사람에게 죄의식과 후회를 느끼게 하고, 결국에는 올바르게 행동하고 있지 않다는 기분이 들게 합니다.

슬프게도 처벌을 하는 부모는 대부분 아이를 사랑하기 때문에 그렇게 합니다. 그들은 아이가 바른 행동을 하게 만드는 데 처벌이 도움이 될 것이라고 믿습니다. 알피 콘Alfie Kohn은 이에 대해 다음과 같이 호소합니다.

"아이가 가치와 기술을 계발하는 데 보상과 처벌은 소용이 없고, 심하면 파괴적이기까지 하다는 심란한 소식도 있습니다. 보상과 처벌로 아이가 일시적으로 따르게 할 수도 있습니다. 실제로 아이는 따릅니다. 이것을 두고 효과가 있다고 말한다면 그렇게 볼 수도 있습니다. 아주 효과적입니다. 하지만 궁극적인 목표인 아이의 미래를 걱정한다면, 그 어떤 행동의 조종도 아이가 사람을 보살피고 책임감 있는 사람이 되는 데에는 도움을 주지 않는다는 것을 깨달아야 합니다."[19] 체벌은 아이에게 약한 사람에게는 폭력을 사용해도 좋다는 메시지를 전합니다. 처벌은 아이가 자신의 실수를 보상하도록 설계되어 있습니다. 그러나 훈육을 할 때 우리가 선호하는 가르침은, 아이가 격려받고 지원받는 분위기 속에서 실수로부터 배우게 하는 것입니다. 이러한 학습은 아이가 긍정적인 믿음 체계를 계발하고 성장하는 데 도움이 됩니다. 스스로 능력 있고 사랑받는다고 믿음으로써, 단지 견뎌내고 괜찮다고 넘기는 정도에 그치는 것이 아니라 행복한 삶을 누리게 됩니다.

도입부에서 소개한 이야기를 다시 살펴보면서 이 중요한 개념을 설명하겠습니다. 스탠은 5학년 때 커닝을 하다가 들켜서 받아야 할 벌을 받았다고 스스로 생각했습니다. 처벌이 스탠의 믿음 체계에 어떤 영향을 끼쳤는지, 스탠이 받아들인 자기만의 논리를 가져와 워크숍 진행자가 설명합니다. 진행자는 스탠을 더 크게 성장하게 했을 새로운 시나리오를 참여자들이 익히도록 도와줍니다.

진행자 다들 스탠이 F를 받는 게 당연하다고 생각하나요?
그룹 네.
진행자 스탠의 선택으로 인한 결과를 스탠에게 설명하는 것으로 충분할까요? 아니면 벌이 꼭 필요할까요?
그룹 흠······.
진행자 스탠, 어떻게 생각하니? 커닝을 해서 F를 받으니 기분이 어땠니?
스탠 죄인이 된 것 같고 당황스러웠어요.
진행자 그래서 어떤 결심을 했니?

스탠 다시는 그러지 말아야겠다고 생각했어요.

진행자 아빠에게 맞은 후 어떤 결심을 했니?

스탠 저는 부모님을 실망시켰어요. 부모님을 실망시켜서 아직도 걱정이 돼요.

진행자 벌이 어떤 도움을 줬니?

스탠 저는 이미 커닝하지 않겠다고 결심했어요. 다른 사람 앞에서 망신을 당해 죄인이 된 것 같고 당황스러운 감정을 느끼는 것으로 제 잘못을 충분히 깨달았어요. 사실 부모님을 실망시킨 게 더 큰 부담이었죠.

진행자 네가 마법의 지팡이를 가지고 각본을 다시 쓸 수 있다면 어떻게 바꾸고 싶니? 말이든 행동이든 뭔가를 바꾸고 싶니?

스탠 커닝하지 않겠어요.

진행자 커닝한 다음이라면?

스탠 잘 모르겠어요.

진행자 스탠에게 아이디어를 주실 분 있나요? 감정적으로 관련이 없는 사람이 새로운 가능성을 보기가 쉽거든요. 스탠의 선생님이나 부모가 친절하면서 단호한 훈육을 보여주려면 어떻게 행동하고 말하는 게 좋을까요?

그룹 회원 저는 선생님입니다. 선생님은 스탠을 따로 불러서 왜 커닝을 했는지 물어봤어야 해요.

진행자 스탠, 뭐라고 대답하겠니?

스탠 시험에 통과하고 싶어서 그랬어요.

그룹 회원 그럼 저는 시험에 통과하고 싶다는 스탠의 대답에 고맙다고 말하겠어요. 그러고는 그것을 이루는 방법으로 커닝을 어떻게 생각하는지 묻겠어요.

스탠 다시는 그러지 않겠다고 약속하겠어요.

그룹 회원 저는 스탠에게 F를 줄 수밖에 없지만 스탠이 커닝을 하지 말아야 한다는 것을 배워서 기쁘다고 말해주겠어요. 그리고 다음 시험을 통과하려면 어떤 준비를 하는 게 좋을지 알려주고, 계획을 세우라고 말하고 싶어요.

스탠 저는 여전히 커닝을 한 게 죄송하고 당황스럽지만, 단호하면서 친절하게 대해주셔서 감사할 것 같아요. 이제 그게 무슨 의미인지 알겠어요.

진행자 그럼 너희 부모님의 행동에 마법 지팡이를 어떻게 사용하면 좋을지 아이디어를 주겠니?

스탠 제가 얼마나 죄스럽고 당황했는지 부모님이 알았으면 좋겠어요. 제게는 배울 점이 있었지만, 한편으로는 힘든 교훈이었다는 걸 공감해주면 좋겠어요. 제가 경험에서 배우고 다음에 올바르게 할 거라 믿는다고 표현해주면 좋겠어요. 무슨 일이 있어도 저를 사랑하지만, 다음번에는 스스로 실망스러운 행동을 하지 않기를 바란다고 재확인해주시겠죠. 부모님보다 제가 실망하지 않기를 바라는 마음. 와, 정말! 힘이 날 것 같아요.

처벌하지 않는 양육에 관한 토론의 결론은 다음과 같습니다.

1. 처벌하지 않는 양육은 아이가 마음대로 행동하도록 방임한다는

의미가 아닙니다.

2. 처벌하지 않는 양육은 아이가 지지와 격려를 받는 환경에서 결과를 탐색하며 성장하고 학습하도록 도와주는 것을 의미합니다.

3. 사람들은 대부분 벌을 받는 게 마땅하다고 생각하지만, 실수로부터 학습할 수 있다고 친절하면서 단호하게 가르침을 받았더라면 배울 점이 더 많았을 것입니다.

그냥 괜찮은 것으로 만족하나요? 아니면 아이가 자신의 잠재력을 최대한 펼치도록 도와주고 싶은가요?

허용적 양육 방식의 문제점

앞에서 보았듯이 허용적 양육 방식으로는 아이에게 공헌할 기회를 줄 수 없으므로 회복 탄력성이나 '그릿(Grit, 열정적 끈기)'을 계발할 수 없습니다. 이는 성인이 되어서도 잘 적응하기 어렵습니다. 허용적 양육 방식은 보상, 칭찬, 애지중지하기라는 세 가지 결과를 가져옵니다.

보상

긍정의 훈육 교육을 받기 전, 조이는 교실에서 보상 차트를 사용했습니다. 수업 준비를 도와주면 금색 별을 준다는 아이디어에 한 소녀는 기뻐했습니다. 어느 날 학부모를 초대하여 간식을 준비할 일이 있었습니다. 그 소녀가 누가 부탁하기도 전에 컵과 냅킨을 자발적으로 정리하는 모습을 보고 조이는 흐뭇했습니다. 그러나 소녀는 조이에게 다가와 환한 미소를 지으며 손을 내밀며 말했습니다. "지금 별을 받을 수 있나요?" 자신이 그녀를 즐거움과 자존감에 대해 외적 형태의 보상에 의존하는 아이로 가르쳤다는 것을 알고 조이는 깜짝 놀랐습니다.

알피 콘은 보상이 성과에 실제로 도움이 되지 않고, 과제를 수행하도록 노력하고 그에 따른 결과를 얻게 될 것이라고 들은 아이보다 보상을 얻으려는 아이가 실수를 더 자주 한다는 몇 가지 연구 결과를 보여줍니다. 최근 성인의 동기부여 이론 연구에서도 단순하고 반복적인 업무 외에는 그 어떤 일에서도 처벌과 보상이 동기가 되지 못한다고 밝힙니다. 이에 대해서는 5부 2장에서 더 자세히 다룰 것입니다. 불필요하고 엉성한 보상은 타인의 인정만을 갈구하는 아이로 만들고, 성인이 되어서도 현실에 제대로 적응하지 못하게 합니다. 성취를 위해 노력하고, 노력을 인정받는 것이 건전한 공헌감과 자존감으로 이끕니다.

칭찬

3부 1장에서도 보았듯이 요즘 부모는 아이가 소속감을 느끼도록 집중하는데, 이를 위해 잘못된 방식으로 종종 보상과 칭찬을 사용하곤 합니다. 칭찬을 하면 아이 스스로 자존감을 느낄까요, 아니면 아이가 다른 사람 의견에 의존하게 될까요? 다른 사람 의견에 의존할 것입니다. 칭찬과 격려를 종종 혼동하기도 하는데, 격려가 내적 동기와 노력에 집중하는 반면 칭찬은 외적 성취에 집중합니다.

칭찬을 후식 정도로 생각하면 도움이 됩니다. 가벼운 정도로 그치면 좋지만, 지나치면 건강에 좋지 않습니다. 모든 아이는 부모가 자신을 얼마나 자랑스러워하는지 알고 싶어 합니다. 만일 부모가 칭찬의 위험성 때문에 칭찬을 한번도 해주지 않는다면, 아이는 낙담할 것입니다. 이는 제인이 호주에 있는 질 피셔로부터 다음의 편지를 받은 이유이기도 합니다.

질문 열세 살 딸아이 때문에 돌아버리겠어요. 둘째 딸은 아홉 살입니다. 2년 동안 긍정의 훈육을 따랐어요. 긍정의 훈육은 우리가 딸에게 어떻게 대하고 말해야 하는지 가르쳐주어 우리 가정에 큰 변화를 주었습니다. 지난달, '칭찬'이라는 단어 때문에 큰딸과 저 사이에 문제가 생겼어요. 큰딸은 똑똑하고 학교에서 성적도 좋습니다. 학교를 좋아하죠. 최근 몇 차례 시험을 본 결과를 가지고 왔기에 남편과 저는 이렇게 말했어요. "와, 대단해, 자라! 자랑스럽겠구나. 네가 열심히 공부해서 이런 결과가 나온 거야!" 그러자 자라가 어안이 벙벙해서 대답했어요. "다른 평범한 부모님처럼 그냥 내가 자랑스럽다고 말해주면 안 돼요?"

우리는 '육아 달인Suppernanny의 방법'을 사용했어요. 딸아이가 문제행동을 하면 타임아웃을 주거나 일찍 잠들게 했죠. 이제 그 애는 '조용한 모퉁이calm corner'를 더 좋아합니다. 모두가 진정되었을 때 이야기하고 회복의 4R을 정기적으로 사용하죠. 우리는 매주 가족회의를 하는데, 일과 실수로 인한 기회 등을 주제로 대화하면서 많은 변화를 경험했어요. 하지만 한 가지, 이 상황에서 남편과 제가 어떻게 솔직히 말해야 할지 모르겠어요. 이렇게 말해주어야 할까요? "물론 널 자랑 스러워해. 넌 열심히 했고 좋은 성적을 받았어. 하지만 너 자신을 스스로 자랑스러워하는 것이 더 중요하단다"라고요. (호주에서, 질 피셔)

대답 안녕하세요, 질! 문의해주셔서 감사합니다. 어떤 문제 때문에 힘들어하는지 잘 알았습니다.

먼저 저는 한 가지 사실을 분명히 하고자 합니다. 도구의 숨은 원칙을 이해하지 못하면 어떤 도구도 여러분에게 도움이 되지 못합니다. 원칙을 이해하고 마음에서 우러나오는 단어와 행동을 더해야 다양하게 사용할 수 있고, 각본처럼 들리지 않습니다. 편지를 보면 이미 마음에서 우러나오는 단어와 행동을 분명히 사용하고 있습니다. "물론 널 자랑스러워해. 넌 열심히 했고 좋은 성적을 받았어. 하지만 너 자신을 스스로 자랑스러워하는 것이 더 중요하단다"라고 하면 어떨지 물으셨는데요, 저는 당신이 딸을 매우 자랑스럽게 생각한다고 느낍니다. 그렇게 말하세요. 아이에게 자랑스럽다고 말하지 못한 것은 아이가 다른 사람 의견에 의존할까 봐 걱정되어 그런 것이라고 실수를 인정하세요. 딸을 얼마나 자랑스러워하는지 말할 수 있어서 다행이고, 또한 딸이 스스로 자랑스럽다고 말하는 것을 듣고 싶다고 하세요.

애지중지하기

애지중지하기(허용, 과잉보호, 도와주기)는 벌과 완전히 다른 극단에 있습니다. 아이를 애지중지하는 부모는 아이가 이렇게 생각하기를 원합니다. "제가 절대 아프지 않게 너무 사랑해주셔서 감사해요. 평생 고 마워할 거고, 최고의 아이가 될게요." 그래서 부모는 가게에서 사탕 을 사고 싶어 하거나 다른 사람도 다 갖고 있다는 이유로 유행하는 패 션 상품을 갖고 싶어 하는 아이의 욕구에 응해줍니다. 2부 1장에서 자 세히 살펴본 것과 같이, 직업이 있는 부모가 죄의식을 느낄 때 특히 이 덫에 빠지기 쉽습니다. 사실 어떤 부모는 (비록 '이점'이라는 단어를 선호 하겠지만) 아이에게 더 많은 것을 갖게 해주고 싶어서 일한다고 말합니 다. 이런 부모는 아이가 왜 감사하지 않고 더 많은 것을 계속 요구하 는지 이해하지 못합니다. 생각해보면, 부모가 아이에게 연습할 기회 를 주지 않아서 아이가 생존 기술과 문제 해결 기술을 계발하지 못한 다는 사실을 알게 됩니다. 그렇습니다. 아이는 사실 실망스럽게 살아 가게 됩니다.

대부분의 부모가 허용적 양육은 거의 '다른 부모들이 하는 방식'이 라고 생각하고, 남이 그렇게 하는 것을 볼 때는 비효과적이라고 인지 합니다. 몇 년 전 유명한 텔레비전 뉴스 매거진에 나온 장면이 있습니 다. 두 아이를 데리고 할인 매장에 간 부모를 취재하는 장면에서 많은 사람이 경악했습니다. 한 아이가 장난감을 원하자 부모는 친절하면서 논리적으로 왜 장난감을 사줄 수 없는지 말했습니다. 아이는 짜증을 내며 선반에서 장난감을 집어 카트에 담았습니다. 엄마는 계속 단호 하게 말하면서 카트에서 장난감을 집어 다시 선반에 놓았습니다. 그 러나 아이가 계속 소리를 지르자 엄마는 의지를 꺾었습니다. 결국 포 기하고 아이에게 장난감을 사준 것입니다. 이 장면을 보고 시청자 댓 글이 폭주했습니다. 어떤 사람은 이렇게 썼습니다. "아이가 짜증 낼 때 엉덩이를 때렸어야 해요." 이렇게 말하기도 했습니다. "부모가 저렇게 약해서야 되겠어요?" 혹은 "저라면 저렇게 안 해요."

부모가 일관성 없고 약한 것은 사실입니다. 다른 사람이 볼까 봐 두려웠을지도 모릅니다. 사람은 자신이 감정적으로 엮이지 않거나, 완전히 좌절하지 않거나, 시간에 쫓기지 않으면 다른 사람을 쉽게 판단합니다. 포기하고 아이가 원하는 대로 다 들어주는 것은 바람직하지 않습니다. 하지만 엉덩이를 때리거나 다른 종류의 처벌을 하는 것이 유일한 대안일까요? 물론 아닙니다! 허용이나 처벌로 인해 아이가 무언가 결심한다면 둘 다 장기적으로 효과적인 방법이 아닙니다.

이들 부모는 어떤 생각을 했을까요? 우리는 짐작만 할 수 있습니다. 아이가 계속 짜증을 내면 견딜 수 없을 거라 생각했을까요? 다른 사람이 어떻게 생각할지 걱정했을까요? 아니면 더 이상 어떻게 해야 할지 몰라서 결국 포기한 걸까요? 이 모든 생각을 했겠지만, 더는 어떻게 해야 할지 몰라서 포기했다는 것이 가장 큰 이유일 것입니다. 아이를 애지중지하는 부모에게는 허용과 처벌 외에 다른 도구가 없습니다. 처벌보다 허용이 그나마 낫다고 봤을 가능성이 높습니다.

처벌과 허용의 대안을 제공하는 긍정의 훈육

처벌, 허용, 보상, 칭찬, 구제, 지나친 방임과 같은 양육법을 별다른 훈련 없이도 사용한다는 점이 흥미롭지 않습니까? 이런 방식은 일상에서 흔히 볼 수 있습니다. 부모는 종종 양극단 사이에서 오가는 자신을 발견하기도 합니다. 아이의 요구를 계속 허용하다 스스로 참지 못할 지경이 되면 아이를 통제합니다. 얼마나 많은 부모가 애지중지하거나 벌을 주지 않을 때 두려움을 느끼는지 알면 놀랄 정도입니다. 유일한 대안은 무시하는 것인 듯하지만, 절대 무시하면 안 됩니다.

긍정의 훈육은 서로를 존중하게 하고, 친절하면서 단호한, 그리고 장기적으로 효과적인 대안을 부모에게 제공합니다. 하지만 처벌하지 않는 방법을 사용하려면 인지하고 교육받고 연습해야 합니다. 연습하고 실수하고, 실수에서 배우며 계속 연습하는 것은 여러분에게 달려 있습니다. 능력 있고 확신 있고 사랑스러운 아이로 키우려면 시간과 에너지, 인내가 필요합니다. 대부분의 부모가 이 세 가지 모두 부족한 상태로 달리고 있다는 것은 잘 압니다. 하지만 그래도 가능한 일이고, 노력할 가치가 있습니다.

가게에서 아이가 장난감을 사달라고 조를 때 부모가 사용할 수 있는, 친절하면서 단호한 해결책은 무엇일까요? 아이가 조를 때 부모는 아이의 감정(유대감)을 확인하고 한 번에 반대해야(단호함) 합니다. 예를 들어 이렇게 말할 수 있습니다.

"네가 그 장난감을 정말 사고 싶어 하는 걸 알지만 오늘은 사줄 수 없어."

그러고는 더 이상 말하지 말고 친절하면서 단호하게 아이를 차로 데려갑니다. 그곳에서 아이는 감정(짜증)을 혼자 느낄 수 있습니다. 혹은 아이에게 이렇게 물어볼 수 있습니다.

"네가 저축한 용돈으로 장난감을 살 수 있니?"

아이가 뾰로통해서 아니라고 대답하면 이렇게 말해줍니다.

"장난감을 살 만큼 충분히 저축하면 그때 사자."

또 다른 선택으로, 만일 아이가 문제 행동을 하면 가게를 즉시 떠날 것이라고 미리 말해두는 방법도 있습니다.

여러분이 어떤 방법을 사용하든 1부 2장에서 정한, 긍정의 훈육 다섯 가지 기준에 부합한다면 아이를 제대로 양육하는 것입니다. 아이가 유대감, 소속감, 자존감을 느끼는 데 도움을 줍니다. 친절하면서 단호합니다. 장기적으로 효과가 있습니다. 소중한 사회적 기술이나 삶의 기술을 알려줍니다. 아이(와 부모가) 자신에게 어떤 능력이 있는지, 자신의 힘을 어떻게 하면 건설적으로 사용할 수 있는지 아이가 자각하게 도와줍니다.

그렇습니다. 효과적인 훈육은 아이에게 유대감, 소속감, 자존감을 느끼게 합니다. 그러나 처벌은 그렇지 않습니다. 친절하면서 단호한 훈육은 아이와 어른 양쪽을 존중하지만, 처벌, 허용, 보상, 칭찬, 구제하기는 그렇지 않습니다. 효과적인 훈육은 장기적으로 긍정적인 결과를 낳습니다. 처벌은 단기적으로 행동을 멈추게 하지만, 장기적으로 볼 때 부정적인 결과를 가져옵니다. 효과적인 훈육을 통해 아이와 부모 모두 힘을 건설적으로 사용하는 기쁨을 경험합니다.

양육 기술 가르치기

부모는 자신이 아이에게 무엇을 원하는지 정확히 아는 게 좋습니다. 최선의 노력을 하면서 자신이 원하는 게 무엇인지 정확하게 알면 성공할 가능성이 커집니다. 그러고 나서 방법을 고민하면 됩니다. 이 챕터 끝에 대부분의 부모가 아이에게 심어주기를 원하는 특징과 삶의 기술을 정하는 실천법이 있습니다. 이렇게 중요한 특징과 삶의 기술을 어떻게 가르쳐줄 건가요? 이 질문에 답하기 위해 먼저 여러분이 아이와 겪는 어려움을 정리해야 합니다. 믿거나 말거나 이런 어려움은 여러분에게 기회가 됩니다. 아이의 문제 행동은 여러분이 행동을 바꾸는 방법을 찾고 가장 적합한 긍정의 훈육 도구를 선택하도록 도와주는 실마리가 됩니다.

부모가 자신의 행동을 바꾸면 아이도 변화의 영감을 얻습니다. 이 방법이 가장 중요하다는 사실이 놀라울 수도 있습니다. 예를 들어보겠습니다. 양육 교실에서 부모가 흔히 사용하는 경청의 반대 본보기인 '듣지 않기'의 사례를 살펴보면, 듣지 않는 부모는 대화하는 대신 명령을 합니다. 무슨 일이 있었고, 왜 발생했는지, 어떻게 느껴야 하는지, 무엇을 해야 하는지 아이에게 일방적으로 말합니다. 그러고는 아이가 왜 듣지(따르지) 않고 종종 말대답까지 하는지 궁금해합니다. 아이 입장에서는 부모가 시킨 대로 따랐는데 혼이 나 어리둥절할 것입니다.

우리는 그 대신 "무슨 일이 있었니?", "어떤 느낌이 들었니?", "이 문제를 해결하기 위해 어떤 아이디어를 가지고 있니?" 같은 호기심을 유발하는 질문을 던지는 기술을 가르칩니다. 그러고 나서 실제로 대답을 들으라고 격려합니다. 존중의 의미를 담은, 호기심을 유발하는 질문을 듣는 아이 역할극을 해본 부모는, 상대가 자신의 말을 집중해서 듣는다는 느낌을 받으면 협력하고 싶은 마음이 든다는 사실에 놀랍니다. 직장에서 누군가가 여러분에게 잔소리할 때 여러분의 반응을 생각해보세요. 협력하고 싶은가요, 아니면 피하고 싶은가요? 여러분은 말대답하고 싶어도 실직이 두려워 하고 싶은 말을 참을 것입니다. 반면 누군가가 존중하며 질문하고 여러분의 대답을 진심으로 듣는다면 어떤 느낌이 들까요? 서로 협력하는 팀의 일부가 된 것 같지 않을까요?

또 다른 예를 살펴보겠습니다. 만일 자녀가 수학을 어려워하면 어떻게 할까요? 아마 아이와 앉아 문제를 작은 단계로 나누고, 아이가 할 수 있다는 인내심을 갖도록 자신감을 심어줄 것입니다. 자, 이제 자녀가 하나 이상의 중요한 삶의 기술을 어려워하면 어떻게 할 건가요? 아이에게 작은 단계를 보여줄 건가요? 훈련을 위한 시간을 가질 건가요? 새로운 기술을 배우도록 인내를 보여줄 건가요? 어떤 부모는 인내나 다른 삶의 기술 모범을 보여주기 힘들다면서 그 대신 처벌이나 비난을 합니다. 왜 그럴까요? 감정적으로 엮이기 때문입니다. 수학처럼 이성적으로 생각해야 하는 문제를 도와주기는 쉽습니다. 어려움을 느끼거나 스트레스 받거나 당황하지 않기 때문입니다.

이 책에서 알려주는 긍정의 훈육 도구는 부모와 아이의 부정적인 행동을 바꿀 뿐 아니라, 부모가 자녀에게(그리고 자기 자신에게) 원하는 특징과 삶의 기술을 계발할 수 있도록 격려합니다. 이제 여러분은 문제 행동을 기회로 보고, 그런 일이 있을 때마다 신날 것입니다. 아이를 격려해서 책임감 있고 독립적인 인간으로 자라게 할 기회이기 때문입니다.

다음 표는 이 챕터에서 다룬 효과적 양육, 비효과적인 양육 방법을 요약하여, 여러분이 계발하려는 태도와 전략을 유용하게 안내합니다.

비효과적인 양육 방법을 사용하는 부모	효과적인 양육 방법을 사용하는 부모
아이를 소유물로 본다.	아이를 선물로 본다.
자신이 원하는 틀에 아이를 넣으려 한다.	아이를 아이 자체로 보고 보살핀다.
신뢰할 수 없는 친구가 되거나, 부모는 자녀와 친구가 될 수 없다고 주장한다.	서로 존중하고 지지하는 친구가 된다.
부모가 포기하거나 아이가 포기한다.	친절하면서 단호하다.
통제하고 지시한다.	안내하고 조언한다.
아이와 자기 자신에게 완벽을 요구한다.	실수는 곧 기회라고 가르친다.
아이를 이기려 든다.	아이를 설득하려 한다.
잔소리하거나 벌을 준다(모두 아이를 위해서라고 주장하면서).	문제 해결 과정에 아이를 참여시킨다.
아이를 어떤 대상이나 받는 사람 취급한다.	아이를 자산으로 대우한다.
과잉보호한다.	적절히 감독한다.
부정적인 감정을 피한다(아닌 척하거나 도와준다).	감정을 허락하고 공감한다.
아이를 바로잡으려 한다.	삶의 기술을 가르친다.
고함치고 벗어나려 한다.	아이가 경험하게 하고, 자신의 선택에 따라 결과를 탐색하게 한다.
행동을 개인적으로 받아들인다.	행동으로 아이가 배우게 한다.
자신의 관점만 생각한다.	아이의 세계로 들어간다.
두려워한다.	믿음을 가진다.
아이를 중심에 둔다.	아이를 참여시킨다.

★ 긍정의 훈육 실천하기

니콜은 효과적인 양육 전략을 발견했던 자신의 경험을 다음과 같이 나눕니다.

"아이들이 어렸을 때 문제 행동을 하면 남편과 저는 종종 몹시 화가 나서 아이 엉덩이를 때렸어요. 그러다 긍정의 훈육 프로그램에 참여했고, 사실대로 밝혔죠. 첫 가족회의를 하면서 (당시 아홉 살과 여덟 살이었던) 아이들에게 다시는 벌주지 않고 때리지 않겠다고 말했어요. 아이들은 우리를 믿지 않았죠. 우리는 이전에 했던 행동은 잘못된 것이었다고 사과했어요. 그 이후로는 정말로 때리지 않았어요. 조정 기간 동안에는 아이들이 여러 차례 우리의 한계와 새롭게 발견한 세상을 시험하면서, 갈등과 짜증이 분명 있긴 했어요. 하지만 우리는 긍정적 타임아웃이나 합의 강화 등의 긍정적인 전략을 대부분 고수했어요.

어깨의 짐을 내려놓은 것 같았어요. 더 이상 모든 것을 다룰 필요도, 스스로 집안의 법이 되거나 규칙을 만들 필요도 없어졌어요. 저혼자 모든 책임을 지지 않게 됐어요. 우리는 힘과 책임을 나눴어요. 팀이 되어 가족 모두를 위해 일하고 서로 도와요. 기회를 주면 아이가 얼마나 현명하게 행동하는지 경외심까지 들어요. 열두 살 된 아이는 요즘 자신에게 도움이 안 된다는 걸 알고는 일주일 동안 스크린을 보지 않기로 결심했죠.

긍정의 훈육 도구(가족회의에서 아이를 같은 입장에서 보고 문제 해결하기)를 사용하고 나서 얻은 가장 놀라운 결과는, 형제가 서로 다투지 않게 됐다는 사실이에요. 긍정의 훈육은 가정에 위대한 팀 정신을 가져왔어요."

긍정의 훈육 도구

얼마나 많은 기회가 있는지 알면, 특징과 삶의 기술을 가르치는 것은 재미있고 자극적인 일이 됩니다. 여러분의 행동이 정상 궤도에 있다는 것을 알기 위해 기억해야 할, 기초적인 긍정의 훈육 도구를 소개합니다.

친절하면서 단호한 태도

친절함과 단호함은 둘 중 한쪽으로 극단적으로 치우치지 않기 위해서라도 항상 함께해야 합니다. 감정을 확인하는 것으로 시작해서 이해를 보여주고, 가능하면 선택지를 제공해야 합니다. 예를 들어 이렇게 말하는 식입니다.

"네가 양치하기 싫어하는 거 알아. 그래서 화장실까지 경주를 할까 하는데."

"계속 놀고 싶겠지만 잠자리에 들 시간이야. 이야기를 읽어줄 건데 하나와 두 개 중에 어느 쪽이 좋니?"

"널 사랑하지만 대답은 '안 돼'란다."

애지중지와 처벌 피하기

사랑이라는 미명 아래 아이를 애지중지할 때 부모는 실수하게 됩니다. 여러분이 자녀에게 줄 수 있는 가장 큰 선물 중 하나는 '나는 할 수 있다'라는 믿음을 길러주는 것입니다. 애지중지하는 것은 아이에게 큰 약점을 만드는데, 다른 사람이 자신을 위해 모든 것을 해야 한다는 믿음을 품게 하기 때문입니다. 처벌의 경우 단기간에 나쁜 행동을 멈추게 할 수는 있습니다. 하지만 아이가 억울함과 설욕의 감정을 느끼면서 장기적으로는 비탄에 빠질 수 있습니다. 때로는 여러분과 자녀에게 남은 인생을 차지할, 가장 힘든 경험으로 남기도 합니다.

호기심을 유발하는 질문

행동하게 만들려고 잔소리하기보다는 호기심을 유발하는 질문을 던지세요. 아이는 존중하는 질문을 들으면 자신에게 능력이 있다고 느끼고 도와주고 싶어 합니다. 핵심은 '무엇을'과 '어떻게' 질문을 던지는 것입니다. 다음과 같이 질문해보세요.

"학교에 시간 맞춰 가려면 무엇을 준비해야 할까?"
"너희가 이 문제를 어떻게 서로 존중하면서 풀 수 있을까?"
"밖에서 춥지 않으려면 무엇을 입어야 할까?"
"숙제를 다 하기 위한 네 계획은 무엇이니?"

자연스러운 결과

아이는 자신의 선택으로 생기는 결과를 경험하면서 회복 탄력성과 역량을 계발할 수 있습니다. 잔소리나 "그럴 거라고 했잖아" 같은 말은 피합니다. 그 대신 공감하세요. "완전히 젖었구나. 불편하겠다" 같은 말을 해주며 도와주지는 말고 위로해줍니다. "따뜻한 물로 샤워하면 도움이 될 거야" 등의 조언은 괜찮습니다. 그리고 "많이 당황한 것 같구나" 같은 질문으로 아이의 감정을 항상 확인합니다. 아이가 자신의 선택으로 인한 결과를 경험하고 나면 호기심을 유발하는 질문으로 대화할 수 있습니다. 선택에 따라 생길 일을 통제하는 데 도움이 되는 질문을 던질 수 있습니다.

★ **훈련하기**

양육을 위한 로드맵 작성하기

여러분이 현재 자녀와 부딪치면서 겪고 있을 법한 어려움을 나열해보겠습니다. 다음 목록은 전 세계 수천 명의 부모들이 브레인스토밍해서 모은 것입니다. 여러분이 혼자가 아니라는 사실을 알면 위로가 됩니다. 문화와 상황에 차이는 있지만, 우리가 접하는 어려움은 대부분 나이와 관련 있고 아이의 성장과 발달에 관한 것입니다. 빠진 게 있다면 여러분에게 어려움을 주는 요소를 얼마든지 추가하세요.

어려움

- 관심 요구
- 집안일을 하지 않으려 함
- 듣지 않음

- 뒷말
- 동기가 없음
- 특권 의식
- 물질주의
- 고집이 셈
- 저항
- 기술 중독
- 문자메시지를 계속함
- 짜증
- 칭얼거림
- 커닝
- 다툼(주로 형제자매와)
- 물어뜯기
- 공격성
- 거짓말
- 도벽
- 숙제 문제
- 아침에 일어나는 시간, 잠자리에 드는 시간의 문제 상황
- 욕설
- 끼어들기

이제 시간을 갖고 여러분의 자녀가 갖추길 원하는 특징과 삶의 기술 목록을 만들어봅니다. 자녀가 다 커서 집에 왔다고 상상해보세요.

어떤 사람과 시간을 보내고 싶나요? 여러분이 작성한 목록이 다음 목록과 비슷한가요?

특징과 삶의 기술

- 문제 해결 기술
- 책임감
- 감사
- 협력
- 자기 규율
- 대화 기술
- 회복 탄력성
- 자기 확신
- 용기
- 예의
- 인내
- 개방성
- 유머 감각
- 동정심
- 자신과 타인을 존중하기
- 공감 능력
- 성실
- 인생에 대한 열정
- 학습에 대한 흥미

- 정직
- 개인 능력을 믿음
- 사회적 의식
- 자기 동기부여
- 친절

　빠진 게 있다면 여러분의 목록에 추가하세요. 여러분이 사용하고 있다고 느끼는 비효과적인 전략을 본문으로 돌아가 검토하세요. 그리고 스스로 질문해보세요. "이 전략이 내가 원하는 특징에 도움이 될까? 이 전략이 내가 없애고 싶은 부정적 행동을 강화하지는 않을까?" 그다음 이 책에서 설명하는 효과적인 전략을 보면서, 여러분이 원하는 긍정적인 특징과 삶의 기술에 어떻게 도움이 될지 생각해봅니다.

　이 책에서 소개하는 긍정의 훈육 도구는 여러분이 아이에게 원하는 특징을 계발하기 위해 영감을 주고, 여러분이 접하는 어려움을 어떻게 다룰지에 대한 전략을 제공할 것입니다. 그러므로 목록을 손에 쥐고 다니면서 가능한 한 자주 검토하세요. 우리가 마주한 어려움은 중요한 특징을 띠고 있으며 삶의 기술을 배울 기회를 주기도 한다는 사실을 기억해야 합니다.

3장

어긋난 목표
인식하기

행동 뒤에 숨은 믿음

이 챕터에서는 '어긋난 목표행동 차트'라고 불리는 도구를 사용하여 아들러 심리학에서 학습한, 아이의 행동에 관한 기본적인 접근법을 살펴볼 것입니다. 차트를 사용하여 아이가 품고 있는 어긋난 믿음을 찾고, 문제 행동을 어떻게 긍정적으로 바꿀지 학습할 것입니다. 이 챕터는 기술적인 내용이므로 차 한 잔을 준비해두고 잠시 집중하시기 바랍니다. 반복해 읽어서라도 여기서 이야기하는 긍정의 훈육 도구를 이해해야 합니다. 이 도구에 숙달하면 성인을 대할 때도 도움이 되며, 다소 어려운 상황도 풀어나갈 수 있는 강력한 열쇠를 갖게 됩니다.

아이 행동에 관한 긍정의 훈육 관점

여러분이 부모가 되기 전에 아이에게 품었던 환상을 떠올려보세요. 콧물을 흘리지 않고 늘 단정하며, 사랑스럽고, 행동도 바르고, 결코 말대답도 하지 않는 이상적인 아이를 기대했을 것입니다. 그리고 지금은 그런 환상이 산산이 부서졌을 것입니다. 아이는 우리의 기대대로, 바라는 대로 항상 행동하지는 않기 때문입니다. 그래서 스트레스 받고 당황스러웠나요? 스트레스 받고 당황한다고 해서 나쁜 부모는 아닙니다. 단지 환상과 현실 사이에는 큰 차이가 있다는 의미이고, 이런 차이가 자신도 모르게 스트레스가 되어 부모가 비효과적인 양육 전략을 선택하게 합니다. 결국 부모도 낙담합니다. 그러나 문제 행동은 유아 발달과 청소년기의 개인화 과정에서 나타나는 정상적인 현상입니다.

아들러 심리학에서는 아이 행동을 이해하기 위해 탁월한 틀을 제공합니다. 이 챕터에서 여러분은 아이가 성장, 발달하며 주변과의 경계를 시험하면서 문제 행동을 하는 것이 정상적인 과정이라는 사실을 배울 것입니다. 이는 여러분의 스트레스를 덜어주고, 아이를 격려하는 양육법을 선택하도록 도와줍니다.

문제 행동의 원인

자신이 세상에 적합한지 파악하려고 아이가 울기(문제 행동)라는 방법을 시도하는 것은 정상적인 과정입니다. 아이가 소속감, 유대감, 유능감을 어떻게 찾을 수 있을까요? 자신이 부모와 다른 존재라는 것을 어떻게 깨달을 수 있을까요? 자신이 다른 사람보다 능력이 떨어진다는 것을 어떻게 눈치챌까요? 원하는 일을 해내기 위한 기술이 부족할 때 느끼는 좌절을 어떻게 다룰까요? 이러한 인식과 좌절은 종종 낙담이나 문제 행동으로 이어집니다. "문제 행동을 하는 아이는 낙담한 아이다"라는 드라이커스의 말을 기억하기 바랍니다.

서문에서도 다루었듯이, 아이가 왜 소속감이나 유능감을 느끼지 못하는지 이해하기란 어른에게는 어려운 일입니다. 부모가 이렇게 아이를 사랑하는데 도대체 왜 아이가 소속감을 느끼지 못할까요? 동생이 생기면 왜 자신은 소속되지 않는다고 생각할까요? 왜 다 큰 아이도 하기 어려워하는 일을 못 한다는 이유로 자신이 유능하지 않다고 믿어버릴까요? 아이의 사고는 논리와 인과관계, '숲을 보는' 개념을 이해할 만큼 충분히 발달하지 않았기 때문입니다. 그 대신 아이는 낙담을 선택합니다. 그래서 드라이커스는 "아이들은 인지는 잘하지만 해석은 잘 못한다"라고 말했습니다. 다시 말해 아이는 상황을 잘 관찰한 뒤 비논리적이고 덜 계발된 사고로 그 의미를 해석하고, 뭔가를 느끼며, 자기 자신과 다른 사람, 나아가 세상에 대해 판단합니다. 그러고 나서 상황에 대해 자신의 해석, 감정, 결정에 따라 행동합니다.[20]

대부분의 부모는 아이가 항상 무언가에 관해 결정을 내리고 있다는 사실을 깨닫지 못합니다. 아이가 내리는 이런 결정은 아이의 성격, 미래에 하는 행동의 기초가 됩니다. 아이도 자신이 내린 결정을 인식하지 못합니다. 그런데도 그 영향은 매우 강력합니다. 아이의 삶을 형성하는 결정은 다음과 같은 형식으로 이루어집니다.

- 나는 _____ (착해 혹은 나빠, 유능해 혹은 무능해, 두려워 혹은 자신 있어 등).
- 다른 사람은 나를 _____ (도와줘 혹은 아프게 해, 돌봐 줘 혹은 거부해, 격려해줘 혹은 비난해 등).
- 세상은 _____ (무서워 혹은 친절해, 안전해 혹은 위험해 등).
- 그러므로 나는 살아남기 위해(혹은 행복해지기 위해) _____ 해야 해.

　아이는 행복해지기 위한 결정을 내릴 때 자신이 유능한 사람으로 자라는 데 도움이 될 만한 행동을 선택합니다. 반면 생존을 위한 결정을 내리는 경우 어른이 말하는 '문제 행동'을 저지릅니다.

　아이가 유아기에 내리는 결정 중 대다수에게 익숙할 만한 예시를 하나 들어보겠습니다. 세 살 아이는 동생이 태어나면 자신이 권좌에서 물러났다고 느낍니다. 3년 동안 가정이라는 성의 왕으로서 무한한 사랑과 관심을 받으며 이를 즐겼습니다. 그러던 어느 날 아이의 동의 없이 엄마와 아빠가 집으로 다른 아기를 데려왔습니다. 아기를 안아주고 놀아줄 때는 아기가 귀엽고 (어느 정도) 좋기도 합니다. 그런데 자신이 왕의 권좌에서 물러나야만 할 것 같습니다. 사람들이 집에 오면 자신을 그냥 지나쳐 곧바로 아기에게 가서 속삭입니다. 다른 사람들은 아기에게 줄 선물을 가져옵니다. 무엇보다 나쁜 것은, 엄마와 아빠가 아기에게만 빠져 있다는 것입니다. 아기 주변만 맴돕니다. 엄마는 아기를 돌보고, 아빠는 항상 아기 이야기만 합니다. 세 살 아이는 뭤

로통해 있지만 아무도 알아채지 못합니다. 그러면 아이는 다음과 같이 판단할 것입니다. "나는 중요하지 않아. 다른 사람들은 나를 무시해. 세상은 불안한 곳이야. 그러니 다른 사람들이 내게 신경 쓰게끔 행동해야 해."

어린아이에게 동생이 생기면 자신이 동생에게 밀려났다고 착각하여 아기처럼 행동하는 경우가 많습니다. 어린이용 변기에 관심을 잃고, 이미 졸업한 공갈 젖꼭지를 찾거나 젖병에 우유를 달라고 고집부립니다. 안아 올려 흔들어주거나 안은 채로 걸어다녀주지 않으면 잠을 잘 수 없다고 투정 부립니다. 아이 입장에서 보면 이런 결정은 지극히 자연스러우며, 주로 다음과 같은 무의식적인 믿음에서 나옵니다. "내가 아기처럼 행동하면 엄마와 아빠는 나에게 더 많은 시간과 관심을 쏟을 거야." 하지만 엄마와 아빠에게는 문제 행동으로만 보일 것입니다.

행동 속에 숨은 낙담 찾아내기

어른은 보통 낙담이나 (겉으로 드러나지 않는) 행동을 유발하는 믿음을 이해하려 하지 않고 빙산의 일각인 행동만 봅니다. 문제 행동을 하는 아이를 낙담한 아이로 보는 대신 아이에게 '버릇없는', '고집스러운', '완고한', '말을 안 듣는', '나쁜', '고집 센', '거짓말쟁이', '게으른', '무책임한', '몹쓸' 등 온갖 종류의 꼬리표를 붙입니다. 이런 단어는 아이에게 부정적인 사고방식을 심어줍니다. 어른들은 아이의 문제 행동 뒤에 숨은 '난 아직 어린아이이고 소속감을 원해'라는 메시지를 파악하지 못하고 아이에게 낙인을 찍어버립니다.

드라이커스는 아이의 문제 행동 속에 숨겨진 믿음을 설명하기 위해 네 가지 어긋난 목표를 정의했습니다. 이를 어긋난 목표라고 부르는 이유는 소속감, 유대감, 유능감을 얻는다는 진정한 목표와 구분하기 위해서입니다. 여기서 '어긋남'이란 실제 목표를 얻기 위해 비효과적인 방법을 선택하는 실수를 범하는 것입니다. 알프레드 아들러의 말처럼 모든 행동에는 목표가 있습니다. 어긋난 목표가 무엇인지 이해하면 실제 목표가 마치 암호처럼 행동 속에 숨겨져 있어서 비논리적으로 보인다는 것을 알게 될 것입니다. 다시 말하지만, 아이는 자신의 욕구를 효과적이고 긍정적인 방법으로 표현할 수 있는 인지능력이 발달하지 않았습니다.

행동 뒤에 숨은 네 가지 어긋난 목표

1. 지나친 관심 끌기('계속 관심을 받아야만 소속되는 거야.')
2. 힘의 오용('내가 마음대로 할 수 있어야, 나를 마음대로 조종할 수 없게 해야 소속되는 거야.')
3. 보복('소속되지 못해서 속상하지만, 적어도 되갚아줄 수는 있어.')
4. 무기력('난 소속되지 않아서 할 수 있는 게 없어. 그러니 포기할래.')

어긋난 목표의 작동 방식 이해하기

아이가 어긋난 목표 때문에 하는 행동을 이해하면 암호를 통해 메시지를 전달한다는 사실을 알 수 있습니다. 아이가 보내는 암호를 이해하면 문제 행동을 하는 이유를 파악할 수 있습니다. 그러면 아이가 다른 믿음을 품고 새로운 결정을 내리게 해줄 수 있습니다. 아이가 더이상 낙담하지 않게 되어 소속감, 유대감, 유능감을 느끼면 보다 긍정적이고 적절하게 행동할 것입니다. 비슷한 상황을 워크숍에서 재현하면서 어른에게 아이 역할을 담당하게 하면 이와 비슷한 결론에 도달하고, 아이의 태도를 이해하려는 관점을 갖게 됩니다.

어긋난 목표행동 차트

이 챕터 마지막에 있는 어긋난 목표행동 차트를 냉장고에 붙여두고 살펴보세요. 두 번째 열을 보면, 아이의 어긋난 목표를 이해하기 위한 첫 실마리가 바로 여러분 자신의 감정입니다. 세 번째 열에서 볼 수 있듯이, 감정은 여러분으로 하여금 비효과적으로 행동하게 만듭니다. 이제 네 번째 열을 보면, 아이를 이해하기 위한 다음 실마리는 세 번째 열에서 살펴본, 여러분의 비효과적인 상호작용(즉 여러분의 행동)에 아이가 반응하는 방식을 파악하는 것임을 알 수 있습니다. 아이가 어긋난 목표로 인해 하는 행동을 여러분이 이해하면, 자녀가 하나 이상의 어긋난 목표를 갖고 있다는 불편한 현실을 깨닫고 그 감정을 경고 신호로 인식할 수 있게 됩니다. 그러면 여러분은 자신의 감정과 아이의 짜증나는 행동에 일일이 반응하는 대신 아이가 정말로 말하고자 하는 것, 아이가 보내는 암호화된 메시지에 집중할 수 있습니다. 아이가 설정한 어긋난 목표를 하나씩 살펴보면서 부모가 품는 전형적인 감정, 아이가 보이는 문제 행동, 그리고 그 속에 숨은 암호화된 메시지를 이해하려고 노력해야 합니다. 부모의 관심과 노력으로 아이가 격려받고 있다고 느끼게 하고, 문제 행동을 줄여주는 양육 기술과 연관 지어봅니다.

지나친 관심 끌기

부모가 짜증 내거나 귀찮아할 때, 혹은 지나치게 걱정하거나 죄의식을 느낄 때, 아이는 '지나친 관심 끌기'라는 어긋난 목표를 갖게 됩니다. 부모가 지속적으로 관심을 기울이거나 지나친 서비스(아이가 바라는 것이라면 무엇이든 들어주는 것)를 해주도록 하여 소속감을 얻겠다는 어긋난 생각을 하는 것입니다. 이 목표를 '지나친' 관심 끌기라고 하는 이유는, 사람이라면 누구나 타인의 관심을 바라는 건전하고 적절한 욕구를 갖고 있기 때문입니다. 아이는 꾀가 많습니다. 소속감을 느끼지 못하면 지나친 관심 끌기라는 어긋난 목표를 선택합니다. 이 목표를 선택한 아이는 방해하기, 바보같이 행동하기, 칭얼거리기, 울기, 잊어버린 척하기, 조르기, 무력한 척하기, 매달리기, 광대처럼 행동하기, 원하는 것을 얻을 때까지 짜증 내기 등의 방식을 시도할 수 있습니다.

부모는 이런 행동이 짜증 난다고 생각하면서도 종종 (특히 부모가 직장에서 많은 시간을 보내느라 아이와 많은 시간을 함께하지 못해 죄의식을 느끼는 경우) 아이에게 관심을 주고 맙니다. 그러면 아이는 지나친 관심 끌기로 소속감, 유대감, 유능감을 찾을 수 있다는 그릇된 믿음을 갖게 됩니다. 때로는 처벌과 같은 비효과적인 전략을 선택하기도 합니다. 지나친 관심 뒤에 숨겨진 아이의 암호화된 메시지는 다음과 같습니다. "나를 알아봐줘. 나도 끼워줘. 난 참여하고 싶고, 내가 필요한 사람이라고 확신하고 싶어." 그러나 어긋난 목표를 위한 행동은 정반대의 결과를 얻게 만듭니다. 아이는 문제 행동을 하고, 부모는 그릇된 방식으로 반응하는 것입니다(어긋난 목표행동 차트 세 번째 열 참고). 그러면 결국 아이에게 자신은 소속되지 않았다는 확신만 줄 뿐입니다. 반면 부모가 문제 행동 대신 그 안에 숨겨진 암호화된 메시지에 반응하면 아이가 소속감과 자존감을 느끼는 데 도움을 줍니다. 암호화된 메시지를 이해하는 것은 낙담의 고리를 끊고 아이가 진정으로 원하는 것을 찾는 방법을 알려주며, 아이의 문제 행동을 멈추게 합니다.

브래드는 직장에 다니며 세 아이를 키우는 싱글대디입니다. 다른 집과 마찬가지로 매일 아침마다 그는 정신없이 바쁩니다. 어느 날 아침 브래드는 세 살배기 딸 에마의 속옷을 찾을 수 없었습니다. 한참을 찾다가 겨우 깨끗한 속옷을 발견한 후 그는 에마에게 경고했습니다. "서둘러. 얼른 입어." 그런데 잠시 후 에마가 알몸으로 거실에 나왔습니다. 브래드는 물었습니다. "왜 옷을 안 입었니?" 그러자 에마는 사랑스럽게 미소를 지으며 말했습니다. "나 쉬했어." 일부러 팬티에 오줌을 싼 것입니다. 브래드는 경악할 수밖에 없었습니다.

만약 여러분이 아이가 어긋난 목표로 인해 보인 행동을 이해한다면, 세 아이 모두 제시간에 맞춰 나가게 하려고 아빠가 서두르는 동안 에마가 자존감을 잃어버린 나머지 어긋난 생각에 빠져들었다는 것을 알 수 있을 것입니다. 에마는 브래드의 관심을 끌 창의적인 방법을 발견한 것입니다. 아빠가 에마를 얼마나 사랑하는지, 에마를 가족 구성원으로 인정하는지 아닌지는 상관없습니다. 브래드는 전일제로 일하면서 아이들을 잘 돌봐왔지만, 아이는 숲을 보지 않고 바로 눈앞에 있는 것만 보고 행동합니다. 에마의 경우 아빠가 빨리 나가라고 재촉했다는 사실만을 바탕으로 행동합니다.

그럼 에마가 소속감, 유대감, 유능감을 느끼도록 하려면 브래드는 무엇을 해야 할까요? 브래드가 속옷을 직접 찾으려고 시간을 허비하는 대신 에마 손을 잡고 다음과 같이 말해보는 건 어떨까요? "깨끗한 속옷을 찾으려면 네 도움이 필요해. 어디에 있는지 찾을 수 있겠니?" 또한 에마가 매일 저녁마다 직접 다음 날 입을 옷을 미리 준비해놓도록 저녁의 일상적인 규칙을 만들어주면, 아침마다 벌어지는 문제 상황을 피할 수 있을 것입니다.

어긋난 목표행동 차트의 마지막 열에는 분량상 몇 가지만 나열했지만, 아이가 지나친 관심 끌기를 목표로 문제 행동을 할 때 아이 행동을 변화시키기 위해 부모가 할 수 있는 일은 아주 많습니다. 다만 어떤 방식을 취하든 이 책에서 소개하는 모든 양육 도구가 아이에게 소속감, 유대감, 유능감을 느끼게 해주어 문제 행동을 줄일 수 있도록 설계되었다는 점을 명심하기 바랍니다.

힘의 오용

부모가 힘들어하고, 위협을 느끼고, 화를 내거나 패배감을 느낄 때 아이는 '힘의 오용'이라는 목표를 설정합니다. 힘의 오용이라는 어긋난 목표를 품은 아이는 자기 마음대로 행동하거나 부모가 자신을 마음대로 조종할 수 없다는 것을 보여줌으로써 소속감을 느끼려는 어긋난 생각을 합니다. 이런 아이는 힘(혹은 자율성)을 필요로 하고, 한 가지 이상의 방식으로 힘을 휘두를 것입니다. 이때 부모의 역할은 아이가 자신의 힘을 건설적으로 사용하도록 안내하는 것입니다. 힘의 오용을 목표로 선택한 경우, 아이가 소속감을 찾기 위해 하는 창의적인 선택(문제 행동)이 바로 반항입니다. "나를 마음대로 조종할 수는 없어"라고 말하는 듯 부모의 말에 동의는 하면서도 약속을 지키지 않습니다. 다른 사람에게 마음대로 굴고, 부모가 더 이상 괴롭히지 못할 정도로 말을 듣긴 하지만 만족스러운 정도는 아니며, 타인을 존중하지 않는 요구를 하고, 약속을 잊어버린 척합니다.

특히 까먹은 척하기는 지나친 관심을 끌 때도 보이는 행동입니다. 이처럼 아이는 같은 행동을 다른 목표를 위해 사용할 수 있습니다. 그러므로 부모는 아이가 보인 행동이 어떤 뜻인지 정확히 파악하기 위해 부모 자신의 감정을 잘 살펴야 합니다. 지나친 관심을 끌려고 까먹은 척하는 아이는 부모를 짜증 나게 합니다. 힘의 오용을 위해 까먹은 척하는 아이는 부모의 화를 불러일으킵니다. 부모가 하루 종일 일하느라 지쳐 있거나 끊임없이 집안일을 해야 하는 경우, 단순히 크게 소리를 질러 아이에게 지시하는 식으로 대처할 가능성이 높습니다. 하지만 아이의 행동 속에 숨겨진 메시지에 주의를 기울여야 합니다. 이 경우 암호화된 메시지는 다음과 같습니다. "나도 돕고 싶어. 나에게 선택지를 주고, 분명하게 구분해줘."

많은 부모가 자신은 아이에게 마음대로 행동하면서 아이가 왜 반항하는지 이유를 모르겠다고 말합니다. 그러나 힘겨루기를 하려면 두 사람이 필요합니다. 위협이나 처벌로 따르게 하는 방식을 써서 아이와 힘겨루기를 하기보다는, 힘겨루기 상황 자체에서 한 발짝 벗어나야 합니다. 어긋난 목표 차트의 마지막 열에서 제안하는 방법으로 상황을 진정시킬 수 있습니다. 때로는 이를 위해 초인적인 노력과 자기 통제가 필요합니다.

아홉 살 스콧은 학교에서는 사람을 존중하고 협력을 잘하지만 집에서는 폭군입니다. 스콧은 네 살 동생에게 마음대로 굴고, 기술 회사에서 일하는 아빠가 마감의 압박에 시달리다 퇴근하면 계속 문제를 일으킵니다. 어느 날에는 벙커 침대 위에 올라가 엄마를 가리키며 말했습니다. "차에서 내 가방 갖다 줘! 빨리! 난 가방이 필요해."

절망에 빠진 스콧 가족은 가족 상담 치료사에게 도움을 청했습니다. 상담을 진행하면서, 스콧이 집에 있을 때 자신을 '외계인' 같다고 느낀다는 사실을 알고 부부는 큰 충격을 받았습니다. 모래 놀이 치료를 하면서 스콧은 이 작은 은색 외계인이 바로 자신이라고 말했습니다. 맞은편에 나란히 선 엄마, 아빠, 어린 동생은 그에게 화를 내고 비난합니다. 스콧은 치료사에게 자신은 늘 문제아였다고 고백했습니다. 스콧은 부모님이 동생 스티븐을 더 사랑하고, 자신에게는 관심이 없다고 믿었습니다. 동생과 다툴 때면 모든 비난이 자신에게만 쏟아진다고 느꼈습니다. 부모가 이렇게 말했기 때문입니다. "넌 나이도 많고 더 잘 알잖니."

스콧은 불행한 아이였습니다. 그는 집에서 소속감을 느끼지 못했기 때문에 낙담했습니다. 한 아이가 어떤 곳(격려를 받는다고 느끼는 곳, 스콧의 경우 학교)에서는 잘 지내다가도 다른 장소(낙담하게 되는 곳, 여기서는 집)에서는 '어린 괴물'처럼 행동하기도 합니다. 아이가 문제 행동을 하는 원인이 낙담해서임을 아는 부모는 아이가 소속감, 유대감, 유능감을 느끼도록 아이를 격려합니다. 현명한 부모는 아이를 돕기 위해 문제 행동을 다루는 법을 잘 압니다. 치료사는 스콧의 엄마에게 스콧의 행동과 관계없이 그다음 주까지 매일 스콧과 일대일로 특별한 시간을 가지라고 조언했습니다. 아빠에게는 동생을 빼고 스콧과 단둘이 스콧이 원하는 곳에서 데이트하라고 했습니다. 형제가 싸우면 한쪽 편을 들지 말고 그냥 서로 떨어지게 하라고 조언했습니다. 일주일이 지난 후 스콧의 부모는 치료사에게 말했습니다. "이건 기적이에요. 스콧이 달라졌어요. 우리를 도와주고 즐겁게 해줘요. 어떻게 된 거죠?" 아이는 소속감을 느끼면 긍정적으로 행동합니다. 반면 아이가 낙담하고 사랑받지 못한다고 느끼면 문제 행동으로 되돌려줍니다.

어른들은 종종 힘겨루기의 원인으로 아이를 지목합니다. 그러면서 이렇게 불평합니다. "왜 내 말을 듣지 않는 거지? 왜 해야 한다는 걸 알면서도 실천하지 않는 거지? 왜 한다고 약속하고선 지키지 않는 거지?" 하지만 대부분의 경우 이런 비난은 이해로 바뀔 수 있습니다. 아이 입장에서 보면 이렇게 불평할 수 있습니다. "왜 내 말은 안 들어주지? 왜 나를 존중하지 않는 거야? 왜 지시만 내리고 나를 참여시키지 않지?" 부모가 힘겨루기를 하려 하지 않는데 아이 혼자 힘겨루기를 하려는 경우는 한 번도 본 적이 없습니다.

만일 자신이 아이와 힘겨루기를 하고 있다고 생각한다면, 책임을 지고 사과부터 해야 합니다. 힘겨루기는 두 사람이 있어야 성립한다는 것을 기억하세요. 자신의 행동을 돌아보세요. 어쩌면 여러분이 너무 마음대로 했거나 아이를 지나치게 통제했을 수 있습니다. 잘못한 부분을 사과하고, 아이와 함께 서로를 존중하는 방법으로 해결책을 찾자고 제안하세요. 부모가 아이를 이기려 들면 아이는 패배자가 됩니다. 패배는 상처가 되고, 때로는 아이로 하여금 보복을 다짐하게 합니다.

보복

부모가 아이에 대한 기대감을 상실하는 것은 아이가 자신을 속상하게 하고, 믿지 못하게 하고, 실망하게 하고, 넌더리 나게 하는 말이나 행동을 할 때일 것입니다. 그러나 이런 행동은 아이가 상처받았고 보복하려 한다는 증거입니다. 욕하기, 비하하기, 물건 부수기, 의도적인 실패, 거짓말, 도둑질이나 자기 파괴적 행동 등은 보복감이 낳는 전형적인 반응입니다.

부모가 무의식중에 아이에게 상처를 주는 경우도 있습니다. 부모의 지나치게 높은 기대 때문에 자신이 사랑받지 못한다고 느끼거나, 조건부 사랑만 받는다고 생각해서 상처받거나 무시당한다고 느낍니다. "엄마 아빠는 성적이 좋아야만 날 사랑할 거야. 엄마 아빠가 원하는 대로 살아야만 날 사랑할 거야." 때로는 다른 사람에게 상처받기도 합니다. 어떤 경우든 부모는 보복의 고리에 빠지기 쉽습니다. 아이가 상처 주는 행동을 하면 부모가 처벌하고, 그러면 아이는 더 상처받아 부모에게 보복하고, 부모는 더 심하게 벌을 주게 됩니다. 아이가 상처를 되돌려주려 할 때 그 속에 숨겨진 메시지를 파악하기란 매우 어렵습니다. 하지만 그것이 보복의 고리를 빠져나올 수 있는 유일한 방법입니다. 보복을 어긋난 목표로 삼은 아이의 숨겨진 메시지는 다음과 같습니다. "난 상처받았어. 내 감정을 확인해줘." 보복을 선택한 아이는 소속감, 유대감, 유능감에 대한 욕구를 마음속 깊이 감춰버립니다.

아홉 살 마리나는 곤란한 상황에 부딪쳤습니다. 엄마 타마라는 전일제로 일하며 사회생활을 활발하게 합니다. 어느 토요일, 타마라는 마리나를 데리고 볼링장에 가서 친구 세 명과 함께 즐거운 오후를 보내려고 했습니다. 마리나를 돌보면서 자신도 즐기려는 의도였습니다.

마리나도 처음에는 엄마 말을 잘 들었고, 레인을 따라 공을 만지며 놀았습니다. 그러나 두 시간이 지난 후 마리나의 인내심은 바닥났습니다. 마리나는 바닥에 벌러덩 드러누워 소리를 지르며 주먹으로 바닥을 치고 악을 쓰며 말했습니다. "엄마 미워. 엄마가 세상에서 제일 나빠." 타마라는 어안이 벙벙했습니다. 타마라는 친구들에게 마리나가 평소에는 저런 행동을 하지 않는다고 설명하고, 당황한 채 마리나를 데리고 간신히 차로 돌아왔습니다. 집으로 가는 길에 타마라는 마리나를 혼내고 비난했습니다. "일주일 동안 외출 금지야! 어떻게 엄마 친구 앞에서 그런 망신을 줄 수 있어?" 며칠 후 마리나는 가족 상담사와 이야기하면서, 엄마는 자기가 아니라 친구들에게만 신경 썼다고 말했습니다. 마리나는 자신이 원하는 것을 엄마에게 어떻게 말해야 할지 몰랐습니다. 그래서 보복이라는 어긋난 목표를 선택한 것입니다.

이틀 후 마리나는 또다시 자기가 무시당한다고 느꼈고 엄마에게 소리를 질렀습니다. 그런데 이번에는 타마라가 이렇게 말했습니다. "네가 화나고 무시당했다고 느끼는구나. 엄마는 널 사랑해. 네가 진정되면 이야기를 나누는 게 좋겠어." 마리나가 얼마나 빨리 진정되는지를 본 타마라는 깜짝 놀랐습니다. 보복을 택한 아이는 부모가 자신의 감정을 이해해주는 순간 만족감을 느낀다는 사실을 타마라는 처음으로 직접 경험했습니다. 이들이 이야기를 더 나누기까지는 시간이 필요했지만, 감정을 이해하는 것만으로 엄청난 첫걸음이었습니다. 몇 시간 후 타마라는 마리나에게 말할 준비가 되었는지 물었습니다. 마리나가 그렇다고 하자 타마라는 다시 한번 마리나의 감정을 확인하고, 문제 해결을 위한 방법을 함께 브레인스토밍했습니다.

상처받은 아이에게 감정적으로 반응하지 않으려면 초인적인 노력과 자기 통제가 필요합니다. 상처를 받으면 갚고 싶은 게 인간의 본성입니다. 하지만 타마라가 발견한 것처럼, 보복과 처벌은 아이에게 소속되지 못했다는 믿음만 심어주고 문제 행동을 잠시 멈추게 할 뿐입니다. 그 순간의 감정을 확인하고, 차분해졌을 때 해결책을 생각해야 보복의 고리를 끊을 수 있습니다. 그러면 아이가 소속감, 유대감, 유능감을 느끼게 해주는 데 도움이 되고, 아이의 문제 행동을 줄일 수 있습니다.

무기력

부모가 절망하고, 희망을 잃고, 무력해지고, 스스로 무능하다 느끼면, 아이도 같은 감정을 느끼고 '무기력'이라는 어긋난 목표를 선택합니다. 무기력의 어긋난 목표를 가진 아이는 자신이 무능하다고 착각합니다 실제로 무능한 것이 아니기 때문에 드라이커스는 '착각'이라는 표현을 썼지만, 착각이라고는 해도 실제로 무능해 보이는 결과를 낳는 것은 사실입니다. 자신이 능력을 발휘할 수 있을 거라는 확신을 잃은 아이는 자신을 방어하려 합니다. 아이는 계속해서 낙담하고, 자신의 무능함만 인지합니다. 기권하고, 포기하고, 다른 사람에게서 멀어지려 하고, 자신을 비하하는 발언을 하며 아무런 시도도 하지 않습니다.

이런 아이는 종종 "난 못 해"라고 말하며, 스스로 그렇게 믿는다는 것을 부모는 압니다. 이는 지나친 관심 끌기를 목표로 하는 아이가 말하는 "못 해"와는 다르지만, 양쪽 모두 아이가 사실은 할 수 있다는 것을 부모는 압니다. 그런데도 대부분의 부모는 아이의 숨겨진 메시지를 이해하기보다는 자신이 무능하다고 착각하는 아이의 감정을 따르곤 합니다. 이때 아이의 숨겨진 메시지는 다음과 같습니다. "날 포기하지 마세요. 날 믿어주세요. 내가 할 수 있는 작은 단계부터 알려주세요." 실패했다고 느끼고, 포기하려 하고, 혼자 있고 싶어 하는 아이를 도와주려 하다 보면, 부모 역시 자신이 무능하다고 느끼게 됩니다. 아이가 그런 확신을 줍니다. 이런 경우 부모가 저지르는 가장 심각한 실수는 아이를 방치하는 것입니다. 이는 아이가 느낀 대로 "너는 정말 쓸모없는 사람이야"라고 말해주는 것과 같습니다. 그렇다고 달래고 잔소리하는 것은 아이의 무능감을 더 악화시킬 뿐입니다.

여섯 살 에피는 아무것도 하지 않으려 하는 낙담한 아이입니다. 에피가 할 수 있는 것이라고는 부모에게 매달려 "난 못 해"라고 말하는 것뿐입니다. 부모는 에피가 정말로 못 한다고 생각해서 늘 도와주고 모든 일을 대신 해줬습니다. 그래서 에피는 유능해지기 위한 연습을 할 기회가 없었고, 자신이 무능하다는 잘못된 믿음만 점점 더 강해졌습니다. 부모가 그녀를 학교에 데려다주고 갈 때마다 에피는 힘들어했고, 다른 사람들에게 주목받지 않기 위해 책상 앞에만 앉아 있었습니다. 선생님은 에피가 사실은 유능하지만 스스로 그렇게 느끼지 못하는 잘못된 믿음을 갖고 있다는 사실을 알고, 에피의 부모에게 학교 심리치료사에게 검사를 받도록 권했습니다. 심리치료사는 에피의 부모에게 에피가 선택한 어긋난 목표를 설명했고, 에피를 격려하기 위한 계획을 제안했습니다.

부모는 에피를 사랑했기 때문에 에피가 그동안 소속감, 유대감, 유능감을 느끼지 못했다는 사실을 알고 속상했습니다. 사실 부모는 에피를 '사랑'하긴 했지만 에피에게 많은 것을 요구하지 않았습니다. 그 결과 에피를 위해 사사건건 모든 일을 대신 해주었고, 에피를 숨 막히게 했습니다. 부모는 에피가 사랑받는다고 느낄 줄 알았지, 자신이 무능하다고 느낄 줄은 몰랐습니다.

에피가 무능감을 느낀다는 사실을 알고 나서 부모는 아이가 더 이상 부모에게 의존하지 못하도록 새로운 프로그램을 시작했습니다. 에피에게 갑자기 아무것도 해주지 않는 것은 지나친 변화입니다. 그 대신 작은 단계부터 훈련하는 시간을 가졌습니다. 예를 들어 에피는 혼자 양말과 신발을 신는 것조차 하지 못했는데, 그런 에피에게 아빠는 이렇게 말했습니다. "아빠가 양말 한쪽을 신겨줄게. 그리고 양말을 쉽게 신는 비결을 알려줄 거야. 그러면 다른 쪽은 너 혼자 신을 수 있겠지?" 엄마는 숙제하는 시간에 옆에 앉아 이렇게 말했습니다. "엄마가 원의 반쪽을 그려줄게. 그러면 네가 나머지 반쪽을 그리렴." 에피가 스스로 하는 일이 조금씩 늘어나면서 에피는 자신이 무능하다는 잘못된 믿음을 버릴 수 있었습니다.

너무 다양한 경험을 해서 아이가 자신을 무능하다고 느끼게 되기도 합니다. 똑같은 경험을 해도 아이마다 각기 다른 결론을 내린다는 점에 주목해야 합니다. 이전에 부모의 기대를 충족시키지 못한 경험이 있는 아이는, 기대받는 것을 피하기 위해 자기방어를 선택합니다. 그 결과 아이는 수동적인 태도를 보이고, 어떤 것에도 누구에게도 관심이 없는 척하며, 새로운 일을 시도조차 하지 않으려 합니다. 어떤 아이는 더 열심히 하려고 결심하기도 하지만, 어떤 아이는 최선을 다하는 것을 두려워하게 됩니다. 열심히 하지 않으면 실패할지도 모르지만, 실패는 최선을 다하지 않았기 때문이라고 핑계를 댈 수 있기 때문입니다. 정말 열심히 했는데 실패하면 자신이 무능력하다는 것을 다시 확인하게 됩니다. 어떤 아이는 실패로 어려움을 느껴도 금방 다시 시도하기도 합니다. 어떤 아이는 부모가 그동안 너무 많은 것을 해준 탓에 스스로 믿음을 쌓을 기회가 없어서 에피처럼 자신이 무능하다고 인지합니다. 한편 어떤 아이는 부모가 모든 것을 대신 해주려고 해도 무시하고 혼자 힘으로 하려고 합니다.

어긋난 목표로 인한 행동에서 부모의 역할

아이가 낙담했을 때 부모가 해야 할 일은 비난이 아니라 이해입니다. 아이는 저마다 특별하며 똑같은 경험도 다르게 인식합니다. 수많은 가능성 중에서 주로 나타나는 다음 몇 가지를 알아두면 어긋난 목표 때문에 하는 행동을 이해하는 데 도움이 됩니다.

부모의 행동	행동 이면의 어긋난 신념	아이의 어긋난 목표
과잉보호와 다 받아주기	'지속적인 관심이나 특별한 서비스를 받아야만 소속되는 거야.'	지나친 관심 끌기
	'내가 하고 싶은 대로 하고, 다른 사람도 내가 원하는 대로 해야만 소속되는 거야.' '난 서로에게 유리한 해결책으로 문제를 해결하는 법을 몰라.'	힘의 오용
	'나를 믿어주지 않으니 소속될 수 없었어. 난 상처를 받았고, 그러니 보복할 거야.'	보복
	'나는 무능하니까 소속될 수 없어. 그냥 포기할래.'('다른 사람들은 다 나보다 잘해.')	무기력
통제	'나는 유용한 방법으로 관심을 받지 못해. 그러니 어떤 방식으로든 관심을 받을 거야.'	지나친 관심 끌기
	'나는 내 힘을 유용한 방법으로 사용하는 기술을 가지고 있지 않아. 그러니 반항하거나 다른 사람을 지배하는 데 사용할 거야.'	힘의 오용
	'엄마 아빠는 나보다 내가 한 행동의 결과에 더 관심을 갖는 것 같아. 난 상처받았으니 이제는 내가 상처를 돌려줄 거야.'	보복
	'내가 유능하다고 믿지 않잖아. 그런데 왜 내가 나를 믿어야 하지?'	무기력
처벌	'상처받을 때 난 소속되지 않았다고 느껴. 하지만 지나친 관심이라도 준다면 그게 날 사랑한다는 증거가 될 거야.'	지나친 관심 끌기
	'상처받을 때 난 소속되지 않았다고 느껴. 하지만 이렇게 존중하지 않는 방식으로 힘을 사용하는 게 내가 소속감을 얻는 방법이야.'	힘의 오용
	'상처받을 때 난 소속되지 않았다고 느껴. 하지만 적어도 받은 상처를 되돌려줄 수는 있어.'	보복
	'나에게 상처를 주면 난 소속되지 않았다고 느껴. 그래서 난 포기할 거고 가만히 있을 거야.'	무기력

아이마다 자신의 인식에 따라 다른 결정을 내리므로 가능성은 더욱 다양해집니다. 부모 또한 아이의 행동을 결정하는 공식의 일부라고 여기면, 아이의 행동을 바꾸기 위해 부모가 먼저 행동을 바꾸어야 한다는 사실을 깨닫게 됩니다. 부모의 이런 믿음은 양육에 영향을 줍니다. 이에 대해 자세히 이해하려면 어긋난 목표행동 차트의 여섯 번째 열을 참고하세요. 아이가 어긋난 목표를 갖게 되는 계기는 수없이 많고, 어떤 계기는 부모가 통제할 수 없는 경우도 있습니다. (예를 들어, 또래 사이에서 따돌림 당하면 아이는 소속감을 느끼지 못하지만, 이는 부모가 통제할 수 있는 부분이 아닙니다.)

아이는 이러한 어긋난 목표로 인한 결정을 의식적으로 내리는 것이 아니기 때문에, 이를 파악하려면 '어긋난 목표 드러내기'라고 불리는 이론을 사용해 분석해야 합니다.

어긋난 목표 드러내기

사람들은 드라이커스에게 이런 질문을 하곤 했습니다. "어떻게 모든 아이를 계속해서 이 표에 집어넣을 수 있나요?" 드라이커스는 이렇게 대답했습니다. "저는 아이를 표에 넣으려 하지 않고, 표 안에서 아이의 모습을 찾아내려고 합니다." 아이들을 대상으로 연구를 진행하면서 드라이커스는 다음과 같은 질문 방식을 사용하곤 했습니다.

"사람들의 관심을 얻기 위한 좋은 방법이 있는데, 이렇게 (구체적인 행동을 제시한다) 할 수 있겠니?" 이 질문을 하면서 드라이커스는 인지 반응(recognition reflex, 아이의 행동 목표를 찾기 위해 교사나 상담사가 던지는 질문에 아이가 전형적으로 보이는 반응. 주로 미소나 눈 치켜뜨기, 입술 씰룩이기 등 신체 언어로 나타나는 경우가 많다—옮긴이)을 보이는지 유심히 관찰했습니다. 아이가 "아니요"라고 말하며 자연스럽게 미소를 지으면 드라이커스는 이렇게 대답했습니다. "말로는 아니라고 하지만, 미소를 보니 하겠다는 말이네." 아이가 인지 반응을 보이면 드라이커스는 더 이상 목표를 드러내기 위한 질문을 던지지 않고, 그 대신 어떻게 유용한 방식으로 관심을 끌 수 있을지 브레인스토밍했습니다.

만약 아이가 미소 없이 아니라고 답하면, 드라이커스는 다음 질문을 던졌습니다. "이렇게 하면 네가 마음대로 할 수 있다는 것을 보여줄 수 있니?" 그러면 또다시 진짜 "아니요" 혹은 미소를 띤 "아니요"라는 대답을 듣게 됩니다. 아이가 인지 반응을 보이면 드라이커스는 또다시 이렇게 말합니다. "말은 아니라고 하지만 미소를 보니 맞구나." 그러고는 아이가 건설적으로 힘을 사용하는 방법을 찾도록 도와주려 했습니다.

아이가 인지 반응 없이 아니라고 하면, 드라이커스는 또다시 다음 질문을 했습니다. "네가 상처받았다고 느껴서 그 상처를 나에게 되돌려주려고 하는 거니?" 그러면 아이는 살짝 미소를 띠며 "아니요"라고 말하거나, 어떤 아이는 이를 이해하고 순순히 "네"라고 말하기도 합니다. 그러면 드라이커스는 아이의 감정을 확인하고 아이와 함께 해결책을 찾으려 했습니다.

여전히 인지 반응이나 "네"라는 대답을 듣지 못했다면, 마지막으로 질문할 것입니다. "네가 더 이상 잘 수 없다고 느낀 나머지 포기하고 싶어서 이렇게 행동하는 거니?" 자신이 무능하다고 착각하고 있는지 떠보는 이 질문에, 미소를 띠는 인지 반응을 하는 경우는 드뭅니다. 오히려 눈물을 흘리는 경우가 더 많습니다. 이러한 인지 반응을 관찰하면, 드라이커스는 이렇게 말했습니다. "나에게 방법이 있어. 난 네가 잘할 수 있다는 걸 알아. 넌 약간의 훈련이 필요할 뿐이란다. 함께 계획을 세워볼까?"

드라이커스는 아이의 어긋난 목표를 드러내는 것이 아이와 직면하는 방법 중 하나라고 말합니다. 때로는 그 과정에서 아이가 자신의 문제 행동을 의식하여 그런 행동을 보이지 않기도 합니다. 아이가 자신의 감정을 이해받는다고 느끼면, 그것이 격려가 되어 문제 행동을 보이지 않을 수도 있습니다. 어긋난 목표로 인한 행동을 이해하는 것은 아이가 왜 그런 행동을 하는지를 이해하는 방법 중 하나입니다. 그 외에도 여러 방법이 있습니다. 네 살 이하 아이의 경우 문제 행동으로 보이는 행동도 발달 단계상 적절한 행동인 경우도 있습니다. 이에 대해서는 3부 4장에서 더 자세히 다룰 것입니다.

★ 긍정의 훈육 실천하기

마리는 열 살 마티외, 여덟 살 루이, 네 살 아멜리까지 세 아이의 엄마입니다. 6년 동안 헝가리에서 거주하며 영국의 교육 시스템에 따라 아이들을 학교에 보낸 후, 마리와 남편은 모국인 프랑스로 돌아왔습니다. 아이들, 특히 마티외에게는 쉬운 일이 아니었습니다. 마티외는 프랑스 학교에 입학하고서 적응하는 데 어려움을 겪었습니다. 마티외는 새로운 교육과정과 학교 시스템을 따라가면서 스트레스를 받았습니다. 불어 동사를 모두 외워서 써야 하는 어려움도 겪었습니다. 마리는 이 당시를 이렇게 회상합니다.

"책에서 해당 페이지를 찢어서 맞힐 때까지 계속 쓰게 했죠. 모든 동사를 다 외워 암기한 것을 확인받기 전까지는 방에서 못 나오게 하기도 했어요. 그러다 어느 날 마티외 방에 들어갔다가 컴퍼스로 책상을 훼손해 큰 구멍을 낸 것을 봤어요. 저는 혼란스러웠어요. 왜 자기 책상에 구멍을 뚫었을까 의아했고, 헝가리에 살 때의 추억이 담긴 앤틱 책상이 망가져서 속상했어요.

긍정의 훈육과 어긋난 목표행동 차트를 알게 된 후 마티외가 그렇게 행동한 이유를 알게 되었어요. 마티외는 상처를 받았고, 자신의 감정을 돌보지 않은 채 무조건 열심히 공부하는 것으로 저에게 상처를 돌려주려 했던 거죠. 마티외의 어긋난 목표가 보복이라는 걸 명확히 알게 되었어요. 나중에 되돌아보니 마티외가 얼마나 낙담했을지 알겠더라고요. 저는 이제 마티외를 어떻게 대해야 할지 알아요. 부정적인 행동이나 제가 원하는 것에 집중하기보다는 해결책에 집중하고, 그에 앞서 마티외와 유대를 맺기 위해 아이의 감정을 듣고 확인합니다. 그렇게 하면 신뢰가 생기고 더 강한 유대를 맺을 수 있어요. 제가 행동의 결과보다는 그 아이 자체를 더 신경 쓴다는 걸 이제는 마티외도 알아요."

긍정의 훈육 도구

어긋난 목표 드러내기

아이가 왜 문제 행동을 하는지, 이 미스터리를 푸는 것은 재미있고 유익합니다. 암호를 풀면 아이의 변화를 촉진할 수 있는 정보를 얻을 수 있습니다. (뒤에 나올 '어긋난 목표를 찾는 탐정이 되는 법'을 참고하세요.) 긍정의 훈육에서는 행동 속에 감춰진 신념을 이해하는 것을 중요시합니다. 그리고 이 목표를 달성하기 위해 어긋난 목표행동 차트를 활용할 수 있습니다. 행동 그 자체가 아닌, 행동 속에 감춰진 믿음에 주목하면 보다 효과적으로 행동 변화를 촉진할 수 있습니다.

아이에게 힘을 주기

긍정의 훈육은 아이와 부모에게 힘을 주는 것이 목적입니다. 힘을 준다는 것은 '아이들이 가능한 한 빨리, 되도록 많이 통제력을 갖춤으로써 자신의 인생을 다스릴 힘을 기르게 하는 것'을 말합니다. 여러분이 아이에게 통제권을 나누어주면 아이는 필요한 기술을 계발하여 자기 인생을 끌어갈 힘을 얻게 됩니다. 아이에게 가장 빠르고 효과적으로 힘을 주는 방법은 기술을 가르치고, 함께 해결책에 집중하며, 아이에 대한 믿음을 품고 (작은 단계부터) 시도하게 하고, 호기심을 유발하는 질문으로 자기 인식을 높이는 것입니다. "어떤 감정을 느끼니? 어떻게 생각하니? 네가 인생을 사는 데 이게 어떤 영향을 줄까?"

★ 훈련하기

어긋난 목표를 찾는 탐정이 되는 법

1. 최근에 아이와 겪었던 힘든 일을 떠올리고 적어봅니다. 그때 나눈 대화의 각본을 쓰면서 무슨 일이 있었는지 설명합니다. 아이는 무엇을 했고, 여러분은 어떻게 반응했으며, 무슨 일이 있었나요?

2. 이런 어려움을 겪으며 여러분은 어떤 감정을 느꼈나요? (어긋난 목표행동 차트의 두 번째 열에 있는 감정에서 고르세요.) 적어봅니다.

3. 여러분이 느낀 감정에 대응하는 전형적인 반응 중 어떤 행동을 했는지 차트의 세 번째 열에서 확인해봅니다. 만약 여러분이 한 행동이 다른 가로줄에 있다면, 두 번째 열에 있는 감정을 다시 한 번 확인해보고 여러분의 감정을 더 잘 드러내는 것이 무엇인지 생각해봅니다. (우리는 종종 "화가 난다"고 말하면서 사실은 힘들다거나 상처 받았다고 느끼곤 합니다. 힘들거나 힘겨루기에서 패배했을 때는 "희망을 잃었다" 혹은 "무력하다"고 합니다.) 여러분이 보인 반응이 자신의 진정한 감정을 찾을 실마리가 됩니다.

4. 이제 네 번째 열을 봅니다. 여러분의 행동에 대해 아이가 보인 반응이 여기 쓰여 있는 설명과 유사한가요?

5. 여러분의 행동에 대한 아이의 반응을 확인했다면, 첫 번째 열을 봅니다. 아마도 이것이 아이의 어긋난 목표일 가능성이 높습니다. 적어봅니다.

6. 이제 다섯 번째 열을 봅니다. 아이를 낙담하게 한 잘못된 믿음이

무엇인지 알게 될 것입니다. 적어봅니다.

7. 다음으로 여섯 번째 열을 봅니다. 여러분이 품었던 생각과 가까운가요? (이는 비난하기 위해서가 아니라 상황을 제대로 파악하기 위한 것입니다.) 아이를 격려하는 기술을 배우면서 자신의 생각을 바꾸어야 합니다. 시도해보세요. 아이를 더 격려할 수 있는 생각을 적어봅니다. 나머지 두 열이 도움이 될 것입니다.

8. 이제 일곱 번째 열을 보면 아이가 격려받기 위해 보냈던 암호화된 메시지의 의미를 알게 될 것입니다.

9. 마지막 열을 보면 아이의 문제 행동을 마주했을 때 여러분이 어떻게 적절한 대처를 할 수 있을지 아이디어를 얻을 수 있습니다. (여러분만의 직관이나 경험을 사용하여 새로운 방법을 생각해내거나, 일곱 번째 열에 있는 암호화된 메시지에 적절히 대답하는 방법을 사용할 수 있습니다.) 여러분의 계획을 적어봅니다.

10. 실천해보고, 일어난 일을 정확하게 기록합니다. 다음에 격려하기 위해 성공했던 이야기를 다시 살펴볼 수 있기 때문입니다. 계획이 성공적이지 않았다면 다른 도구를 사용해봅니다.

어긋난 목표행동 차트

아이의 목표	부모/ 선생님의 감정	부모/ 선생님의 반응	아이의 반응	아이의 행동 뒤에 감춰진 믿음
지나친 관심 끌기 (다른 사람의 지속적인 도움 과 관심을 얻으려 함)	성가시다. 짜증난다. 걱정된다. 죄책감을 느낀다.	여러 번 말한다. 아이를 타이른다. 아이가 스스로 할 수 있는 일조차 대 신 해준다.	일시적으로는 행동을 멈추지만 나중에 같은 행동을 하거나 신경 쓰이는 행동을 한다. 일대일로 관심을 주 면 멈춘다.	'내가 관심을 받거나 특별한 대접을 받을 때 소속감을 느껴.' '당신이 나로 인해 분주해야만 내가 중요한 사람인 것 같아.'
힘의 오용 (독재자처럼 행동함)	화가 난다. 힘이 든다. 위협을 느낀다. 패배감을 느낀다.	싸운다. 포기한다. '넌 벌 받아야 해' 혹은 '본때를 보여주겠어'라고 생각한다. 바로 잡아주려 애쓴다.	더 심한 행동을 한다. 반항적으로 따른다. 부모가 화를 내면 자 신이 이겼다고 생각 한다. 수동적으로 힘을 발 휘한다.	'내가 하고 싶은 대로 하고 다른 사람도 내 뜻대로 해야 만 소속감을 느껴.' '나에게 이래라저래라 하지 못해.'
보복 (되갚음)	상처받는다. 실망한다. 믿지 못한다. 넌더리난다.	보복한다. 복수한다. '네가 나한테 어떻게 이럴 수 있어?'라고 생각한다. 행동을 개인적으 로 받아들인다.	보복한다. 다른 사람에게 상처 를 준다. 물건을 망가뜨린다. 앙갚음을 한다. 더 심한 행동을 한다. 같은 행동을 더 심하게 하거나 다른 무기를 찾는다.	'난 어디에도 속하지 않으니 내가 상처받은 만큼 다른 사 람에게도 상처를 줄 거야.' '사람들이 나를 좋아하지도 않고, 사랑할 리도 없어.'
무기력 (포기하고 혼자가 됨)	절망한다. 희망을 잃는다. 무력하다. 무능함을 느낀다.	포기한다. 자신을 위해 일한다. 지나치게 도와준다. 믿음이 없음을 보 여준다.	더욱 움츠러든다. 수동적인 태도를 보인다. 나아지려는 생각이 없다. 반응을 보이지 않는다. 시도하지 않는다.	'나는 소속되지 않으니 다른 사람들은 나에게 아무것도 기대하지 말라고 할 거야.' '나는 무력하고 무능해.' '나는 제대로 못할 테니까 시도해도 소용없어.'

아이의 행동에 부모가 기여한 것	숨겨진 메시지	긍정 훈육법 (아이를 격려하고 이끌어주는 효과적인 방법)
'네 실망을 어떻게 다루어야 할지 잘 모르겠어.' '네가 행복하지 않으면 나는 죄책감을 느껴.'	'나를 봐주 세요.' '나도 함께 하고 싶어 요.'	• 아이가 주의를 끌 수 있는 유용한 일을 하게 한다. • 부모가 어떻게 할지 말해준다. ("널 사랑해. 나중에 함께 시간을 보내자.") • 아이가 자신의 감정을 다룰 수 있다고 믿는다(부모가 고쳐주거나 도와주지 않는다). • 특별한 대접을 해주지 않는다. • 가족회의를 활용한다. • 한 번만 말하고 행동한다. • 무심하게 대한다(말없이 어루만진다). • 특별한 시간을 계획한다. • 말이 아닌 간단한 신호를 정한다. • 규칙적인 일상을 정한다. • 문제 해결에 아이를 참여시킨다.
'나는 너를 통제하고 있고 너는 내가 시키는 대로 해야 해.' '네가 무엇을 해야 할지 말해주고 무엇을 하지 말아야 할지 잔소리하거나 벌을 줘야만 네가 잘할 거라고 생각해.'	'내가 돕고 싶어요.' '나에게 선택권을 주세요.'	• 아이가 무언가를 하도록 시킬 수 없다는 것을 알고, 긍정적으로 힘을 사용할 수 있도록 도움을 요청한다. • 몇 가지 합당한 선택을 하도록 아이에게 도움을 받는다. • 한정된 선택지를 제안한다. • 부모가 할 일을 정한다. • 싸우지 않되 포기하지도 않는다. • 규칙적인 일상을 따른다. • 갈등에서 물러나 진정한다. • 상호 존중하는 태도를 보인다. • 친절하면서 단호하게 대한다. • 끝까지 관철하는 기술을 연습한다. • 말로 하지 않고 행동으로 보여준다. • 가족회의를 활용한다.
'(듣지도 않고) 내가 돕는다고 생각하니 조언을 해줄게.' '너에게 무엇이 필요한지보다 이웃이 어떻게 생각할지가 더 걱정돼.'	'나는 상처 받았어요.' '내 마음을 알아주세요.'	• 아이의 상처를 토닥여준다(아이의 감정이 어떨지 짐작할 수 있다). • 행동을 개인적으로 받아들이지 않는다. • 처벌과 보복의 고리에서 빠져나온다. • 둘 다 긍정적 타임아웃을 가질 것을 제안한다. 그러고 나서 해결책에 집중한다. • '나'로 시작하는 메시지로 감정을 공유한다. • 성찰하며 경청한다. • 사과하고 개선한다. • 아이의 입장이 되어본다. • 장점을 격려한다. • 가족회의를 활용한다.
'나의 높은 기대에 맞춰주리라고 기대해.' '너를 위해 뭔가 해주는 게 내 일이라고 생각했어.'	'나를 포기하지 마세요.' '단계별로 작은 과제를 주세요.'	• 일을 작은 단계로 나누어준다. • 아이가 성공을 경험할 때까지 쉬운 과제를 내준다. • 성공할 수 있는 기회를 준다. • 대신 해주지 않고 기술을 가르쳐주고 보여준다. • 아이가 아무리 작은 시도를 하더라도 긍정적인 발언으로 격려해준다. • 아이의 능력에 믿음을 보인다. • 연습 시간을 갖는다. • 아이가 가지고 있는 능력에 집중한다. • 동정하지 않는다. • 아이와 함께 즐긴다. • 가족회의를 활용한다. • 아이가 좋아하는 것을 찾아준다. • 포기하지 않는다.

4장

완벽한 부모, 완벽한 자녀라는 환상 버리기

열다섯 살 소녀 스테퍼니는 학교 수업과 운동으로 긴 하루를 보내고 집으로 돌아왔습니다. 그런데 집에 와서 가방을 내려놓자마자 엄마가 질문을 퍼붓습니다.

"오늘 어땠니? 연습은 잘 되어가니? 오늘 숙제 많니?"

스테퍼니는 톡 쏘며 대답합니다.

"좋았어요! 저 좀 혼자 내버려두세요."

그러고는 방으로 들어가 문을 꽝 닫고는 침대에 지친 몸을 던집니다. 엄마는 쫓아가서 다그칩니다.

"엄마한테 그런 식으로 말하지 마. 그냥 간단한 질문 하나 했을 뿐이잖아."

이런 장면, 혹시 익숙하지 않나요?

완벽한 자녀라는 꿈

많은 부모가 '완벽한 자녀'에 대한 환상을 품고 있습니다. 전일제로 일하는 일부 부모는 아이와 매일 함께 있어주지 못하는 미안함을 보상하기 위해, 아이를 완벽하게 키워야 한다고 생각합니다. 그러나 이는 환상입니다. 우리가 주최한 워크숍에서 부모가 자녀에게 기대하는 완벽함에 대해 질문했습니다. 그중 한 엄마가 엄청난 발견을 했습니다. "저는 완벽하지 못하면서도 우리 아이는 완벽하기를 바란다는 것을 알 수 있어요."

부모들은 대부분 자녀를 다른 아이와 비교하는 것이 현명하지 못하다는 것을 머리로는 알고 있습니다. 그러면서도 종종 다른 형제자매와 비교하거나 다른 집 아이와 비교하곤 합니다. 여러분도 부모에게 이런 말을 들은 기억이 있을 것입니다. "왜 네 동생처럼 못 하니?" "적어도 한 명은 내 속을 안 썩이니 다행이야." 부모는 이런 비교를 하면서 아이에게 '착한 아이'가 되도록 동기부여를 한다고 생각하지만 사실은 그 반대입니다. 부정적인 비교를 하면 아이는 완전히 낙담하게 되고, 때로는 문제 행동을 보입니다.

'착한 아이'는 장기적으로 볼 때 칭찬받을 때만 자존감을 느끼게 됩니다. 그 결과 아이가 주변과의 경계를 시험하는 사람으로 자라거나 개성(부모에게서 독립하여 자신이 누구인지 발견하는)을 갖기 어려워질 수 있습니다. 실수하거나 반감을 살까 두려워 위험을 감수하지 못합니다. '나쁜 아이'는 자기만의 논리에 따라 논쟁을 일으키거나 자신의 개성을 만드는 행동을 추구하게 됩니다.

『마인드셋』의 저자 캐럴 드웩은 '착한 아이'라는 꼬리표를 달고 자란 아이는 고정된 마인드셋을 선호하는 경향이 있다고 설명합니다. 이런 마인드셋을 가진 아이는 경쟁을 힘들어하고, 처음으로 큰 실수를 저지르면 한 번에 무너지기도 합니다. 대학이나 직장에서 과도한 경쟁에 노출되면서, 자신만이 유일하게 '특별한' 사람이 아니라는 것을 깨닫고 좌절할 수도 있습니다. '나쁜 아이'라는 꼬리표를 달고 자란 아이 또한 고정된 마인드셋을 선호합니다. 자신은 나쁜 사람이고, 세상은 나쁜 곳이라고 믿으면서 노력하지 않습니다.

반면 '유능한 아이'는 인생에서 회복 탄력성을 키우고, 어려운 문제에 정면으로 맞서는 기술을 익히며 성장합니다. 드웩은 이를 '성장 마인드셋'이라고 부릅니다. 부모는 대개 아이의 마인드셋을 어떻게 키워야 하는지 잘 모릅니다. 특히 육아에 많은 시간을 할애할 수 없어 걱정하는 부모일수록 아이의 성장 마인드셋을 기를 수 있도록 유도하는 전략이 필요합니다. 긍정의 훈육을 적용하여, 실수도 성장의 기회가 된다는 것을 아이가 스스로 깨달을 수 있도록 가르쳐야 합니다. 또한 부모는 지속적인 결과를 가져다줄 인생의 기술을 시간을 들여 훈련시키며, 아이가 잘못보다는 해결책에 집중하도록 격려해야 합니다. 이는 아이가 문제 행동을 절대로 하지 않게 해야 한다는 의미일까요? 아닙니다! 문제 행동은 아이가 자신의 힘을 어떻게 사용해야 하는지를 시험하면서 개성을 만들어나가는 발달 단계의 일부입니다. 다만 아이가 경계를 시험하려 할 때마다 긍정의 훈육 도구를 사용하면, 아이가 사회적으로 수용 가능한 행동을 배우도록 도와주어 유능감, 소속감, 자존감을 느끼게 해줄 수 있습니다.

모든 긍정의 훈육 도구가 모든 아이에게 언제나 효과적인 것은 아닙니다. 그러므로 부모는 어떤 요인이 아이의 개성에 영향을 미치는지 파악하기 위해 가능한 한 많은 도구를 정확하게 이해해야 합니다. 그럼 지금부터 아이의 발달과 관련된 중요한 과학적 발견을 살펴보겠습니다.

아이의 후천적인 개성 이해하기

아이를 키워본 부모라면 모든 아이가 저마다 독특한 개성을 갖고 태어난다는 사실을 알 것입니다. 아이가 보고 느끼는 세상을 이해하고 아이의 두뇌와 기술의 발달 방식을 알면 효과적으로 육아를 할 수 있습니다. 물론 이 부분은 전문적인 영역이기는 합니다. 그러나 어떤 영역에서든 다른 사람의 세상으로 들어가기 위해서는 그들의 인식을 이해하려는 노력이 필요합니다. 개성의 발달은 매우 복잡한 주제이기는 하지만 일반적으로 합의된 몇 가지 중요한 관점이 있으며, 이는 효과적인 육아를 위한 실마리를 제공합니다.

선천성 vs 후천성

아이는 부모의 유전자(선천성)와 주변 환경(후천성)이 복합적으로 작용하여 만들어집니다. 연구 결과에 의하면, 유전자와 타고난 기질은 개성의 발달에 중요한 역할을 하지만[21], 아이가 갖는 믿음(자기만의 논리)과 아이가 성장하는 환경 또한 비슷하게 중요하다고 합니다.[22] 아이의 개성은 (양육의 결과에 따라) 계속 변화하며 발현되기 때문에, 우선 아이의 타고난 기질을 살펴보는 데에서부터 시작하는 것이 좋습니다. 어떻게 할 수 있을까요? 예를 들어, 같은 형제자매도 경계를 다루고 받아들이는 데 완전히 다른 방법을 취하기도 합니다. 한 아이는 "난 경계가 있고 안전한 게 좋아"라고 느끼지만 다른 아이는 "난 경계 때문에 숨이 막혀"라고 생각할 수 있습니다. 여러분이 이런 차이를 이해하고 받아들이면 자녀의 기질에 맞는 육아법을 선택할 수 있습니다.

기질에 관한 연구에서 스텔라 체이스Stella Chase 박사와 알렉산더 토머스Alexander Thomas 박사는 아이의 선천적 기질에 적극적 기질과 수동적 기질, 두 종류가 있다는 사실을 발견했습니다. 이 두 기질은 평생 지속되는 특징으로, 수동적인 아이는 수동적인 어른으로 성장하고 적극적인 아이는 적극적인 어른으로 성장한다는 것입니다. 또한 후속 연구를 통해 환경이 성인의 개성 형성에 영향을 준다는 사실도 검증했습니다.[23] 여러분의 선천적 특성이 수동적 기질이더라도 스스로 훈련하여 보다 적극적인 행동을 할 수 있다는 것입니다. 그러므로 부모는 아이가 보다 균형 잡힌 개성을 기르도록 도움을 줄 수 있습니다.

선천성과 후천성 모두 아이가 행복하고 성공적인 인생을 사는 데 중요한 역할을 하므로, 부모는 자녀를 이해하고 받아들이는 시간을 가져 그에 맞게 육아법을 조절해야 합니다. 아이의 발달에 영향을 주는 환경에는 부모의 육아만 있는 것이 아닙니다. 형제자매도 중요한 역할을 합니다. 그러므로 아이의 주변 환경에 대해 좀더 자세히 알아보겠습니다.

태어난 순서와 그 밖의 '정해진' 역할

아이의 후천적 개성을 결정하는 데 태어난 순서와 형제자매 유무가 얼마나 중요할까요? 이에 대해 아직 연구자들이 일관되게 합의한 바는 없습니다. 그렇지만 우리는 태어난 순서에 따라 정해진 역할이 있다고 느낍니다. 여러분은 '책임감 있는' 첫째, '소외된' 둘째 그리고 '이기적인' 막내 중 어디에 속하나요? 혹시 '남다르게 사랑받는' 외동인가요? 첫째가 맏이의 역할을 성실하게 수행하기를 포기해서 '책임감 있는' 역할을 떠맡은 둘째일 수도 있을 것입니다. 이처럼 형제자매 간에 다르게 주어지는 역할은 오해를 낳고, 아이의 개성을 형성하는 믿음 체계에 중요한 부분이 됩니다. 믿음 체계는 개성 형성에 영향을 줍니다. 형제자매 간의 역학 관계를 이해하면 아이의 세계에 들어가 아이의 관점으로 아이의 생각을 이해할 수 있습니다.

아이는 자신의 경험을 해석하여 자신과 타인에 대한 믿음을 형성합니다. 아이의 행동은 이런 결정과 더불어 자신이 행복해지기 위해, 혹은 단순히 살아남기 위해 아이가 필요하다고 믿는 것에 기초합니다. 아이가 자기 자신을 형제자매와 비교하는 것은 매우 일반적입니다. 자신에게 맞는 집단(가정)을 이해하려는 사회화 행동이 낳는 자연스러운 결과입니다. 형제나 자매가 한 분야에서 탁월한 역량을 보이면 다른 아이는 생존을 위해 완전히 다른 분야에서 역량을 계발하려 할 것입니다. 경쟁하고, 다른 형제자매보다 더 잘하려 하고, 반항이나 보복으로 유별난 행동을 하거나, 때로는 경쟁이 너무 힘들다고 느껴 포기하기도 합니다.

가족의 구성원이 되는 것은 연극에 참여하는 것과 같습니다. 태어난 순서의 차이는 연극에서 각자 분명하게 구분된 특성을 지닌 다른 배역을 맡는 것과 같습니다. 이에 대한 아이의 해석은 이럴 것입니다. '책임감은 첫째가 이미 가져갔으니, 나는 극적인 배역(반항적인 역할, 공부 잘하는 역할, 운동을 좋아하는 역할, 사교적인 역할 등)을 맡을래.'

부모는 아이들이 태어난 순서와 형제자매 간의 재능 차이 때문에 어쩔 수 없이 경험하는 것 외에는 특별한 역할을 부여하지 말아야 합니다. 아이의 기질에서 오는 차이를 인정하고, 모든 사람이 가치 있고 격려받아야 한다는 점을 분명히 알려주어야 합니다. 아이를 잘 이해할수록 아이의 독특함을 키울 수 있고, 태어난 순서나 잘못 배정된 역할로 인한 오해를 풀 수 있습니다.

나이에 따른 효과적인 육아법

종종 부모님들에게 어떤 교육이나 훈련을 받지 않고 직업을 구하려는 생각을 해본 적이 있는지 묻습니다. 대답은 당연히 "아니요"입니다. 어떤 직업을 원하든, 그 일이 벽돌쌓기 전문가든 뇌 외과 의사든 교육과 훈련이 필요하다는 점에는 모든 사람이 동의합니다. 그러면 우리는 묻습니다. "세상에서 가장 중요한 일은 무엇일까요?" 이번에는 모두가 육아라고 대답합니다. 우리는 모든 부모가 아동 발달에 관한 기초 수업을 듣거나 관련 분야의 책을 읽어야 한다고 강하게 권합니다. 부모가 아이의 나이에 따른 자연스러운 행동을 이해하지 못해서 저지르는 육아 실수가 잦기 때문에 아동 발달에 관해 배우는 것은 매우 중요합니다. 부모가 가장 힘들어하는 주요 단계인 유아기와 청소년기의 발달에 관해 특히 도움이 되는 구체적인 도구를 살펴보겠습니다.

유아기

두 살배기 아들을 야구 경기장에 데려간 한 아빠는 자신이 좋은 아빠라 믿었습니다. 아빠는 아무리 어린아이라도 얼마 동안은 야구에 관심을 가질 거라고 생각했을 것입니다. 그러나 아들이 유일하게 관심을 두는 것은 통로를 오가며 파는 간식뿐이어서 짜증이 났습니다. 아들이 몇 차례 칭얼거릴 때마다 "가만히 있어" 혹은 "조용히 해"라고 말했지만 효과가 없자 더욱 화가 났습니다. 결국 아빠는 아이 손을 꽉 잡고 어른 걸음으로 시멘트 계단을 내려갔습니다. 아이의 표정은 두려움으로 일그러졌고, 아이가 아빠에게 끌려가는 것처럼 보였습니다.

아이는 영문을 몰랐습니다. 아이의 '잘못'이라면 야구보다 팝콘과 사이다에 관심을 더 가진 것뿐입니다. 그 나이대라면 (좀 거슬릴 수는 있지만) 당연한 행동입니다. 아빠는 아들을 사랑하긴 했지만 아이의 발달적 한계를 이해하지 못한 채 행동을 통제하려 했고, 이성을 잃었으며, 결국 아들을 공포로 몰아넣었습니다. 이 아이가 아빠와 다른 운동 경기를 보러 가고 싶은 마음을 품기까지는 시간이 오래 걸릴지도 모릅니다.

부모는 종종 아이의 뇌가 아직 처리하지 못하는 부분까지 이해하기를 기대하며 비효과적인 육아 전략을 선택하곤 합니다. 어린아이가 상황을 인식하고 해석하고 이해하는 방법이 어른과는 완전히 다르다는 것을 알면, 어른의 관점에서 부모가 기대하는 바가 바뀔 것입니다.

유아기 자녀에게 비효과적인 육아 전략

잔소리

연구 결과에 따르면 세 살 이하의 아이가 "안 돼"라는 말을 이해하지 못하는 데에는 이유가 있다고 합니다. 부모는 안 된다고 말하면 아이가 이해할 것이라고 생각하지만, 사실은 그렇지 않습니다. '안 돼'라는 말은 아이가 세상을 탐색하고, 자율성과 주도성을 계발하기 위해 갖는 발달적 욕구와는 정반대되는 추상적인 개념입니다. 어린아이는 부모가 시키는 대로 자신을 통제하기가 어렵습니다. 어린아이는 원인과 결과를 이해하지 못합니다. 인과관계와 윤리를 이해하는 등의 수준 높은 사고는 아이가 열두 살이 지나야 겨우 배울 수 있습니다. 아이에게 무엇을 해도 되고 무엇을 하면 안 되는지 알려주려고 잔소리하는 것은 아무 소용이 없습니다. 아이는 부모가 무엇을 원하지 않는지는 파악할 수 있습니다. 어떤 행동을 했을 때 부모가 화내는 것을 보고 깨닫습니다. 그렇지만 왜 그렇게 하면 안 되는지에 대한 이유는 알지 못합니다. 이는 게임일 수도 있고, 부모로부터 일종의 지나친 관심을 받기 위한 행동일 수도 있습니다. (이에 관해서는 3부 3장에서 자세히 다루었습니다.) 그렇지 않고서야 하면 안 된다는 것을 알면서도 부모를 쳐다보고 웃으며 계속할 이유가 있을까요?

엉덩이 때리기

부모는 어린아이의 엉덩이를 때릴 때 주로 찻길에 나가면 자동차 때문에 위험하다는 등의 이유를 댑니다. 아이의 생명이 달려 있고, 그러므로 아이가 즉각 따라야 하며, 이를 위해 엉덩이를 때리는 것은 아이의 관심을 끄는 데 효과적이기 때문이라고 설명합니다. 하지만 차가 얼마나 위험한지 모르는 어린아이에게는 화내고 소리치면서 엉덩이를 때리는 부모가 자동차보다 더 두렵습니다. 아이는 차를 조심하기보다 부모를 조심해야 한다고 느낄지도 모릅니다. 두 살배기 아이에게 찻길로 뛰어드는 것을 피해야 한다고 아무리 벌을 주며 가르쳤더라도 어린아이를 찻길에 혼자 두지는 않을 것입니다. 결국 부모 또한 아이를 때리든 때리지 않든 아이가 성숙한 행동을 하거나 책임감을 가지리라고는 생각하지 않는 것입니다.

부모가 어린아이에게 "잘못했다고 말해"라고 시키는 것도 비슷합니다. 베브 보스Bev Bos는 캘리포니아 유아협회California Association of Young Children에서 이렇게 말했습니다. "두세 살짜리 아이에게 '잘못했어요'라고 말하게 하는 것은 일본인 아이에게 '난 이탈리아 사람이야'라고 말하게 하는 것과 같습니다. 말은 할 수 있지만 진심이나 의미가 담기지는 않습니다." 유아기의 어린아이는 공감과 후회 같은 복잡한 개념을 이해할 준비가 되어 있지 않습니다.

'해' vs '하지 마'

곤란한 상황이 한 가지 있습니다. 안전과 관련된 상황이 되면 부모는 항상 좋은 의도를 품고 행동합니다. 어떤 부모는 아이가 위험한 물건(예를 들어 전기 코드 등)을 건드리지 않도록 가르칠 수 있다고 생각합니다. 이는 큰 실수이며 슬픈 일입니다. 만지고 탐색하고 실험하는 것은 유아기 발달 프로그램의 일부입니다. 아이가 발달하기 위해 그렇게 하도록 프로그램된 행동을 하는 것뿐인데 벌을 받는 것(혼나고, 손등을 맞고, 엉덩이를 맞는 것 등)은 가슴 아픈 일입니다. 더욱이 두뇌에 관한 연구 결과에 의하면, 아이가 탐색하고 만지고 실험하지 못하게 하면 아이의 두뇌 발달이 저해된다고 합니다.

어린아이가 "만지지 마"라는 말을 반복적으로 들어서 그렇게 배운다 하더라도, 이는 앵무새 수준의 이해에 불과합니다. 두 살배기 세이지는 아빠가 커피 테이블에 다리를 올려놓을 때마다 아빠 다리를 바닥에 내려놓으며 "안 돼"라고 말하는 것을 좋아했습니다. 이를 본 어른들은 모두 웃으며 귀엽다고 생각했습니다. 그러나 잠시 후 세이지는 탐색 모드가 되어 테이블 위로 올라가고 싶어졌습니다. 세이지가 테이블 위에 올라가자 어른들은 세이지가 반항한다고 생각해서 혼을 냈습니다. 실제로 세이지는 아빠의 다리를 테이블 아래로 내려놓으며 (훈련된 강아지처럼) 주위에 받아들여지는 법을 배웠습니다. 그러나 세이지는 혼자 찻길에 있으면 안 되는 이유를 모르는 것처럼 테이블 위에 올라가면 안 되는 이유를 알 수는 없었습니다.

인간의 두뇌는 "하지 마"라는 말을 한 번에 이해하기 어렵다는 점에 주의해야 합니다. 아이에게 "동생을 때리지 마"라고 말을 하면, 아이의 뇌는 하지 말라고 한 것(동생을 때리는 일)만을 그대로 처리하고 그 대신 무엇을 해야 할지를 생각하는 추가적인 단계를 거칩니다. 이는 어려울 뿐만 아니라 발로 차기, 깨물기 등 여러 가지 다른 선택지가 있어서 혼란스러울 수도 있습니다. 부모가 아이에게 가르치고 싶은 것은 아이가 손을 제자리에 두고 동생을 건드리지 않는 것인데 말입니다.

"하지 마"보다는 "해"라는 말을 사용하는 편이 훨씬 효과적입니다. "때리지 마" 대신에 이렇게 말할 수 있습니다. "말로 해." "서로 떨어져." 유아기 아이에게는 분명하게 지시해야 합니다. 또한 아이를 보호할 수 있는 처리를 해서 집을 안전한 공간으로 만드는 것이 중요합니다.

그러면 여러분이 알게 된 사실을 어떻게 하면 육아에 적용할 수 있을까요?

유아기 자녀를 위한 효과적인 육아 전략

시간을 들여 훈련하기

어린아이가 배운 것을 이해하게 하려면 반복적인 훈련이 필요합니다. 아이와 함께 걸으며 찻길을 건널 때 아이 손을 잡고 건넙니다. 양쪽 도로를 보고, 차가 오면 말해달라고 합니다. 차가 오면 무슨 일이 일어날지도 물어봅니다. (흥미로운 점은, 많은 부모가 차에 치이면 무슨 일이 일어나는지도 모르는 아이가 엉덩이를 때리는 체벌의 의미를 이해할 수 있을 거라 기대한다는 점입니다.) 이러한 단계를 계속 반복합니다. 부모와 같은 수준으로 이해할 수 있는 나이가 되기 전까지는 아이 혼자 찻길을 건너지 않도록 합니다. 훈련을 계속 실시하고, 부모가 가르치는 것을 이해할 만한 능력을 갖췄다고 해서 훈련을 멈추면 안 됩니다. 아이가 성장하여 완전히 자기 것으로 받아들일 때까지 계속 반복해야 합니다.

지켜보기, 주의 분산시키기, 방향 바꾸기

어린아이는 부모가 생각하는 만큼 성숙하지 않고 이해하는 능력도 부족하다는 점을 알게 되었으니, 부모의 역할은 아이를 지켜보는 것이라는 사실을 받아들여야 합니다. 지켜보다 적절한 타이밍에 주의를 분산시켜 방향을 바꾸는 편이 처벌하는 것보다 시간이 적게 걸린다는 사실을 알면 많은 부모가 놀랄 것입니다. 부모들은 대부분 반복적으로 엉덩이를 때리거나 아이에게 타임아웃을 줍니다. 효과가 없다는 것을 알면서도 계속하는데, 이는 아이가 '나쁜' 행동을 멈추지 않으면 자신이 좋은 부모가 아니게 될까 봐 두렵기 때문입니다.

여러분은 이제 아이의 행동이 '나쁜' 행동이 아니라는 것을 알게 되었습니다. 그러나 행동이 나쁘든 아니든, 테이블 위로 올라가거나 찻길로 다니는 것은 안전하지 않고 실용적인 배움의 기회가 되지도 않습니다. 그러므로 처벌로 아이가 그만두는 법을 배우기를 기대하기보다는 친절하면서 단호하게 지켜보다 주의를 분산시키고 방향을 바꾸어 멈추게 해야 합니다. 아이가 "만지지 마"라는 말을 이해하기를 기대하기보다는, 가까이서 지켜보다 만지지 말아야 할 것을 건드릴 때 관여하는 것입니다. 무엇을 만져도 되는지 친절하면서 단호하게 보여주면서 앞으로도 그렇게 해야 한다는 것을 깨닫게 합니다. 아이의 발달을 이해하면 같은 것을 여러 번 훈육하는 괴로움도 쉽게 참을 수 있습니다.

주의를 분산시키는 방법에는 다양한 형태가 있습니다. 어떤 엄마는 아이가 벽난로같이 위험한 곳에서 놀 때마다 극적으로 주의를 분산시켜 방향을 바꿔줍니다. "배트맨이 부르는 소리가 들리네. 거실로 가서 배트맨을 도와줄래?" 하는 식입니다. 또 다른 방법은 커피 테이블에 올라가려 하는 아이를 단순히 내려주는 것입니다. 이는 방향을 재설정하는 대신 아이가 무엇을 해야 하는지를 보여주는 방식입니다. "그러면 안 돼. 테이블에 올라가면 안 돼"라고 말하는 대신 아이를 내리면서 "빈백에 올라가야지?" 하고 말해줍니다. 나이를 더 먹을 때까지는 테이블에 올라가지 않을 것이라고 기대하지 않습니다. 어린아이의 부모라면 아이를 지켜보다 주의를 분산시켜 지속적으로 방향을 재설정해주어야 합니다.

어린아이를 위한 안전장치

어린아이를 위한 안전장치를 집에 갖추면, 아이를 지켜봐야 하는 시간이 크게 줄어들고 아이를 더 안전하게 키울 수 있습니다.

유아기는 집 안을 벼룩시장 스타일로 장식하기 좋은 시기입니다. 그러면 값비싼 가구가 손상될까 봐 걱정할 필요가 없습니다. 부서지기 쉬운 감상용 테이블 장식이나 소중한 물건은 치워버리고, 아이에게 "안 돼"라고 말하는 횟수를 줄여야 합니다. 마트에서 전기 콘센트를 막는 플라스틱 마개를 사고, 블라인드 끈이 아래로 내려오지 않게 하고, 비닐봉지가 아이 손에 닿지 않게 하며, 가스레인지 위의 냄비

손잡이는 안쪽에 두고, 위험한 물건(칼이나 약, 세정제 등)은 안전하게 잠가서 보관하여 아이 손에 닿지 않게 합니다. 소아과 의사에게 문의하거나 육아 잡지 등을 통해 아이를 위한 안전장치에 관한 정보를 더 얻을 수 있습니다.

"안 돼"가 여러분이 자녀에게 하는 유일한 말인 것 같지 않나요? 아이가 "안 돼"라는 말의 의미를 알기도 전에 "안 돼"라고 말하는 법을 배운다는 것이 놀랍지 않나요? 늘 지켜보다 주의를 분산시켜 방향을 바꿔주면 "안 돼"라고 말할 필요가 없습니다. 어떤 부모는 아이의 나이에 적합한 행동을 알게 되고 나서, 아이를 위한 안전장치로 집을 꾸미기로 결심했습니다. 두 살배기 아이가 자유롭게 탐색하고 만질 수 있는 환경을 만들고 싶었습니다. 이 부모는 아이에게 더 이상 "안 돼"라는 말을 하지 않기로 결심했습니다(친절하면서 단호한 원칙을 사용하였으므로 허용적인 육아법을 사용한 것은 아닙니다). 아이가 "안 돼"라는 말을 듣지 않으면 부정적인 경험을 하지 않을 것이라고 생각했기 때문입니다. 하지만 어느 날 아이가 하는 말을 듣고 깜짝 놀랐습니다. "안 돼, 나쁜 강아지야!" 부모는 자신이 강아지에게 한 말을 아이가 들었을 것이라고는 생각하지 못했습니다. 아이에게 직접적으로 하지 않더라도 아이는 자기가 보고 듣는 모든 것으로부터 배운다는 사실을 이 사건이 다시 한 번 알려주었습니다. 아이는 주변의 말, 행동, 태도, 경험, 환경의 모든 것으로부터 배웁니다. 아이가 탐색할 수 있는 안전한 공간, 부모가 지켜보고 방향을 바꿔줄 수 있도록 아이를 위한 안전장치가 준비된 곳에서 자랄 때, 아이는 자율성을 계발할 수 있습니다.

협력에 대한 기대감 조절하기

때로는 어린 자녀가 협력하고 도와주기를 좋아하는 모습을 볼 수 있습니다. 그러면서도 어떤 때에는 협력하기를 거부합니다. 어쩌면 '협력'이라는 단어 자체가 부적절할지도 모릅니다. 어른이 협력이라고 생각하는 아이의 행동은 사실 갓 태어난 동생을 위해 기저귀를 가져다주면서 자랑스러움을 느끼기 위한, 즐거운 게임의 일부일 수도 있습니다. 기저귀 심부름이 게임이라면 재미없는 날도 있을 수 있습니다.

일과표와 같은 긍정의 훈육 도구를 활용하면 아이의 협력을 얻을 가능성이 커집니다. 단, 아이가 모든 것을 도와줄 거라고 기대하면 부모가 먼저 미쳐버릴 것입니다. 부모가 아이와 게임을 함께하듯 즐기지 않는 이상은, 아이가 뭔가를 가져다줄 것이라는 기대를 하지 마세요. 어쩌다 한 번 말을 들을 때도 있을 것입니다. 아이가 심부름을 거부한다고 해서 무책임하거나 반항하는 것이 아닙니다. 무책임을 논하기에는 아직 너무 어립니다. 한 번 거부한다고 해서 영원히 거부하는 것도 아닙니다. 아마도 아이가 네 살 이상이 되면 협력을 구하기가 더 쉬워질 수도 있습니다. 그렇다 하더라도 계속 반복해야 합니다.

아이를 키우는 것은 결국 모든 일의 반복입니다. 계속해서 친절하면서 단호해야 합니다. 아이 손을 잡고 친절하면서 단호하게 말해야 합니다. "같이 장난감 치울까?" 아이가 거부하면 다른 장난감을 가지러 갈 때까지 그냥 둡니다. 그리고 나서 아이 손을 잡고 친절하면서 단호하게 말합니다. "바닥에 있는 장난감을 치우고 나면 그 장난감을 가지고 놀 수 있을 거야." 열 번, 백 번을 거부하고 난 다음에야 아이는 부모가 친절하면서 단호하다는 것을 알게 될 것입니다. 아이가 부모를 포기하게 만들거나 벌을 받는 일에 익숙해져 있다면, 자신에게 익숙한 결과를 끌어내려고 고집을 부릴 수도 있습니다. 그러면 부모가 친절하면서 단호하다는 것을 이해하고 협력하는 데까지 좀더 오랜 시간이 걸릴 것입니다.

공헌을 격려해주기

아이가 자라면 점점 주위에 공헌할 수 있게 됩니다. 두 살배기 아이가 "내가 할래"라는 말을 자주 하는 것을 본 적이 있을 것입니다. 이 나이에는 어느 아이나 남을 돕고 싶어 합니다. 그러나 많은 부모가 "넌 너무 어려서 안 돼. 가서 장난감 가지고 놀아" 하고 거절합니다. 그러고는 아이가 좀더 자라서 도와달라고 할 때 "안 돼, 나 노느라 바빠" 하고 거절하면 의아해합니다. 어린아이가 여러분을 돕게 하세요. 청소할 때 아이에게 쓰레받기를 주고, 부모가 먼지를 털 때 아이에게도 작은 먼지떨이를 주세요. 작은 의자 위에 올라서서 배추 다듬는 것을 돕게 하세요. 자잘한 집안일을 아이가 체험하도록 계속 훈련하세요. 유아기의 어린아이는 도와주면서 협력하는 방법을 습득합니다.

규칙적인 일상

두 살 아이는 규칙적으로 해야 할 일을 그림으로 그린 일과표를 좋아하기는 하지만, 이 나이에 더 중요한 것은 아이가 의지할 수 있는 규칙적인 일상입니다. 매일 같은 시간에 잠자리에 들고, 식사를 하고, 낮잠을 자는 등 앞으로 일어날 일이 무엇인지를 규칙적으로 알 때 어린아이는 안전하다고 느낍니다. 휴가를 가면 이런 모든 일상이 엉망진창이 되어버리기 십상입니다. 그러면 아이가 짜증을 내고 문제 행동을 할 수도 있습니다. 그러나 일상으로 돌아와 규칙적인 생활을 회복하면 진정하고 나이에 맞게 협력할 것입니다.

바쁜 부모는 규칙적인 일상을 지키기가 어렵습니다. 특히 아홉 시에 출근하고 여섯 시에 퇴근하는 전통적인 근무 환경에서 일하지 않는 부모의 경우는 더욱 그렇습니다. 그런 경우 타협할 수 없는 몇 가지 중요한 규칙을 가능한 한 많이 정해야 합니다. 예를 들어, 매일 저녁 온 가족이 저녁 식사를 함께하기는 어렵더라도 아침 식사는 가능할 것입니다. 잠자리에 드는 것도 마찬가지입니다. 또 다른 아이디어로 야외 활동이나 동물원에 가는 등의 놀이 약속처럼 가족이 함께 즐기는 활동을 주말마다 하면서 아이가 의지할 수 있는 몇 가지 규칙적인 일상을 정하는 방법이 있습니다.

유아기 자녀를 위한 또 다른 육아 도구 적용하기

이제 여러분은 어린 자녀의 발달 수준에 맞는 육아 도구를 적용하고, 도구가 너무 앞서갈 때 알아챌 수 있는 기초 지식을 지니게 되었습니다. 아이의 개성이 형성되는 유아기에 부모는 아이가 이런 믿음을 내면화 하기를 원할 것입니다. "나는 유능해. 나는 언제나 새로운 것을 시도하고, 실수하고, 실수에서 배울 수 있어. 나는 사랑받고 있어. 나는 좋은 사람이야." 부모가 친절하면서 단호한 도구를 나이에 맞게 사용하면, 아이가 좋은 특성을 계발할 수 있는 기반을 만들 수 있습니다. 몇 가지 육아 기술과 인내심은 부모와 아이 모두에게 좀더 원활하고 즐거운 여정을 만들어줄 것입니다.

청소년기

청소년기의 뇌는 성인에 비해 덜 발달해 있습니다. 뇌의 크기 자체는 여섯 살 무렵에 어른의 95퍼센트가 되므로, 과거에는 청소년기가되면 뇌가 완전히 성장한다고 생각했습니다. 하지만 최신 연구에 의해 인간의 뇌는 스물다섯 살 즈음까지 계속해서 성장한다는 사실이 밝혀졌습니다. 뇌는 사춘기 직전까지 급성장합니다. 또한 뇌는 후두엽에서 전두엽 방향으로 발달하기 때문에 마지막 부분인 전두엽은 청소년기에도 계속 발달합니다. 가족에게서 독립하고 싶어 하고, 부모의 사랑을 확인하려 하며, 비밀을 갖는 것은 청소년기 자녀에게 있어지극히 자연스러운 성장 과정입니다. 이는 개인화 과정이며, 발달의 중요한 한 부분입니다.

두뇌가 발달 도중에 있다는 것이 나쁜 선택을 하고 존중하지 않는태도를 보이는 것에 대한 변명이 되지는 않지만, 청소년에게 유대감, 인내심, 삶의 기술이 왜 필요한지 이해하는 데에는 도움이 될 수는 있습니다. 부모가 아이의 부정적인 행동에 개인적으로 반응하지 않게 하고, 자녀가 어떤 과정을 겪고 있는지 공감할 수 있게 합니다. 바쁜 부모가 청소년기 자녀를 존중하면서 가족의 책임에 관여시키는 일이 왜 중요한지 알려줌으로써 아이의 능력 학습과 두뇌 발달이 균형을 이루게 합니다.

청소년기 자녀에게 비효과적인 육아 전략

통제

부모들은 대부분 청소년 자녀를 두려워합니다. 다양한 정체성을 지닌 청소년기에는 아이들이 방황하여 심각한 결과를 초래하기도 하고, 도입부에 등장한 스테퍼니의 이야기처럼 부모와 자식 사이에 대화가 단절되는 경우도 발생하기 때문입니다.

그러나 부모가 노골적으로 두려워하는 반응을 보이고 청소년기 자녀의 모든 행동을 통제하려다 보면, 개인의 정체성을 찾기 위한 과정이 부모에 대한 전면적인 반항으로 바뀔 가능성이 높습니다. 청소년은 쉽게 통제할 수 없습니다. 따라서 통제하려 하는 대신 자녀가 가족회의와 특별한 시간에 참여하게 하도록 노력해야 합니다.

허용

어떤 부모는 청소년기 자녀의 행동에 겁을 먹고 지친 나머지 지나친 허용을 베풀기도 합니다. 청소년기 자녀는 여전히 아이이므로, 체계와 규칙적인 일상이 없으면 3부 3장에서 논의한 어긋난 목표로 빠지게 됩니다. 그러므로 청소년기 자녀를 둔 부모는 통제를 줄여 자녀가 개인의 정체성을 찾을 수 있도록 허용함과 동시에 부모로서 일관된 가르침을 주고, 정서적으로 안정된 분위기를 제공해야 합니다. 자녀가 안전하게 양육된다고 느끼도록 부모가 균형을 잡아야 합니다.

잔소리

부모는 보통 두려움 때문에 잔소리를 늘어놓습니다. 잔소리의 문제점 중 하나는, 아이가 아예 말을 듣지 않을 가능성이 높다는 점입니다. 부모의 입에서 나오는 단어는 듣지만, 자녀는 이미 오래전부터 잔소리에 어떻게 반응해야 하는지 알고 있을 가능성이 높습니다. 자녀는 부모의 말을 듣기보다는 가까이에서 관찰한 부모의 행동을 보고 배우는 경우가 다반사입니다.

청소년기 자녀를 위한 효과적인 육아 전략

친절하면서 단호한 태도

친절하면서 단호한 태도는 청소년기 자녀를 키울 때 절대적으로 중요한 요소입니다. 다음은 여러분이 명심해야 할 '친절하면서 단호한 도구'의 목록입니다.

1. 교정하기 전에 유대감 맺기: 청소년기 자녀는 어린아이에 비해 신체적인 접촉을 덜 좋아할 수도 있지만, 여전히 유대감을 증가시켜줍니다. 아이와 눈높이를 맞추고 감정을 확인하거나, 아이의 말을 경청하며 호기심을 가지고, 사랑이 담긴 메시지를 확실히

전하고, 청소년기 자녀의 세상으로 들어가면서 공감하려는 의지를 보여줍니다.

2. 실수를 환영하기: 실수는 성장과 학습을 위한 자연스러운 과정이라는 점을 기억해야 합니다. 잔소리하거나 비웃는 대신 실수를 축하해주는 법을 배웁니다.

3. 함께 문제 해결하기: 청소년기 자녀가 문제 해결 과정에 존중받으며 참여하게 되면, 약속을 지키려고 노력할 가능성이 커집니다.

4. 특별한 시간: 주말 아침 식사를 함께 하거나 자녀가 좋아하는 활동을 함께 하는 계획을 세웁니다.

공헌을 격려하기

일하는 바쁜 부모의 경우 보상 심리로 '완벽한 부모'가 되어야 한다는 생각을 모두 버려야 합니다. 아이는 필요한 만큼 누리며 삽니다. 아이가 청소년이라는 이유로 삶의 기술에 관해 가르치는 것을 멈추면 안 됩니다. 사실 청소년기는 아이가 부모와 협력하고 가족에게 공헌하는 시기입니다. 자녀가 가게에서 장을 보거나, 음식을 만들거나, 난이도 있는 청소 등의 경험을 아직까지 해보지 않았다면 교육이 필요한 시기입니다. 부모가 없을 때 동생 돌보기, 반려동물 돌보기, 집 지키기 등은 개인차가 있기는 하겠지만 청소년이 충분히 해낼 수 있습니다. 이런 일들을 맡기면 자녀의 자신감과 공헌감이 강화될 것입니다. 어떤 부모는 발이 부러졌을 때 '불행을 가장한 축복'을 경험했다고 말합니다. 청소년기인 세 딸이 한 달 동안 집안일을 나누어 맡은 것입니다. 딸들은 저녁 식사를 준비하고, 설거지를 하고, 그릇을 말리고, 각자 옷을 다림질했습니다. 큰딸과 둘째 딸은 교대로 셋째 딸을 학교와 방과 후 교실에 데려다주기도 했습니다. 엄마는 이 모습을 지켜보며 기쁘기도 하고 놀랍기도 했습니다. 깁스를 푼 후에도 딸들은 독립심을 발휘하여 각자 빨래를 하고 식사 준비를 도왔습니다. 엄마는 아이에게 공헌할 기회를 주면 자존감과 소속감을 갖는 데 큰 도움이 된다는 것을 다시금 느꼈습니다.

경청하기

청소년기 자녀는 부모가 먼저 자신의 의견에 귀 기울여주어야 부모의 말을 듣습니다. 여러분이 얼마나 자주 자녀의 말을 가로막고, 일방적으로 설명하고, 자신의 입장을 방어하거나 잔소리하는지 생각해보세요. 입을 닫고 자녀의 말을 들어보세요. 아이의 말을 듣기 가장 좋은 시간은 운전할 때라고 많은 부모들이 말합니다. 호기심을 유발하는 질문을 몇 가지만 던져주면 아이는 몇 시간이라도 이야기합니다. 어떤 부모는 아이를 데리고 학교에서 집으로 돌아올 때 일부러 먼 길로 돌아서 왔다고 고백하기도 했습니다. 그때가 유일하게 입을 열고 엄마에게 말을 하는 시간이었기 때문입니다.

유머 감각

청소년 육아가 힘들고 두려워야 한다고 누가 정했나요? 때로는 유머가 최선의 방법이 될 수 있습니다. 즐겁지 않은 일을 빨리 끝내기 위해 웃음을 유도하고 재미있는 분위기를 만드는 법을 배우세요.

청소년기에 관한 긍정적인 정보

청소년기는 부모와 자녀가 어른 대 어른으로 관계를 맺기 시작하는 시기입니다. 이때 직업적으로 왕성하게 활동하는 부모로서 진가를 발휘할 수 있습니다. 올바른 선택을 하거나, 자기만의 기술을 발견하고 계발하며, 직장 생활에서의 기복을 주제로 삼아 대화의 물꼬를 틀 수 있습니다. 청소년기 아이는 세상 속에서 자기가 있을 자리를 찾으려 하는데, 이때 바쁜 부모의 삶이 선택의 갈림길에 선 자녀에게 영감을 주기도 합니다. 청소년기 아이는 어른의 행동과 생활양식에 많은 관심을 보입니다. 따라서 인간관계와 사회적 성공에 필요한 삶의 기술을 논의하는 것이 많은 도움이 됩니다.

어떤 맞벌이 부부는 청소년기 자녀와의 관계에 큰 문제가 없다고 말하는데, 단순히 시간이 없어서 아이의 일거수일투족을 주시하며 관리할 수 없기 때문입니다. 이는 자녀에게 필요한 여유를 제공합니다. 또 다른 부모는 자녀와 자신의 삶을 공유하며 친밀한 관계를 유지한다고 말합니다. 도입부에서 언급한 열다섯 살 스테퍼니의 경우 지나치게 간섭하는 엄마와 함께 있을 때보다 빈집에 있을 때 긴장을 풀고 혼자만의 시간을 가질 수 있을 것입니다. 스테퍼니에게 그런 여유를 준다면 결국 엄마도 스테퍼니와 의미 있는 담소를 즐길 수 있게 될 것입니다. 아이의 기질을 미리 파악하세요. 자녀가 청소년기가 되면 아이를 내려놓기가 편해지고, 아이에게 필요한 여유를 줄 수 있습니다. 호기심을 유발하는 질문을 던지고, 특별한 시간을 함께 보내면서 유대를 강화하고, 아이에 대한 걱정을 조절할 수 있을 것입니다.

캐런은 출생 순서와 형제자매 간의 역학 관계 변화로 인해 조언을 구하게 되었다고 말하며 다음과 같이 설명합니다.

"우리 알렉사에 대해 어디서부터 이야기해야 할까요? 저는 알렉사 때문에 육아 도구가 필요하다고 느꼈어요.

저는 아이가 넷 있어요. 열 살인 장남 제이슨과 딸이 셋 있죠. 레베카는 여덟 살, 알렉사는 여섯 살, 케이티는 다섯 살입니다. 아들은 장남이라 가족의 든든한 기둥입니다. 레베카는 알렉사가 태어나기 전까지는 좋은 둘째였죠. 그러다 동생이 생기며 레베카는 정체성을 잃고 불안정해졌어요. 알렉사는 성격도 좋고 엄청나게 예쁜 아이였죠. 그러다 막내 케이티가 태어나면서 관계가 완전히 바뀌었어요. 알렉사가 신경쇠약에 걸린 거죠. 돌이 지나자 파티는 끝났고, 자신이 더 이상 모두가 예뻐하던 어린아이가 아니라는 사실을 깨달은 모양이에요. 반면 레베카는 몇 년을 거치며 확신을 얻었고, 어린 두 여동생의 큰언니로 변해갔어요.

케이티가 태어난 후로 알렉사는 예전 같지 않았어요. 첫해에는 계속 울기만 해서 1년 내내 끔찍했어요. 세 살이 되었을 때는 악몽 같았죠. 알렉사는 행복하지 않은 듯 보였어요. 전문적인 도움이 필요한 게 아닌가 걱정이 되었죠. 외부 전문가의 도움을 받을까 하는 생각도 했지만, 정답은 사랑이라는 결론을 내리고 어떻게든 사랑을 전하려고 노력했어요. 할 수 있을 것 같았죠. 저는 '슈퍼맘'이라고 생각했으니까요.

알렉사가 네 살이 되자 상황이 더 악화되었어요. 주변에 아무도 서

성거리지 않기를 원하는 아이가 되었죠. 또래와도 단절되어 늘 무언가를 '잃을까' 두려워하며 혼자 있기를 원했어요. 알렉사의 어긋난 목표가 무엇인지 모르겠더군요. 지나친 관심 끌기, 힘의 오용, 보복, 무기력이 모두 느껴졌거든요.

올해 들어 알렉사에게 쓸 수 있는 모든 도구를 사용해보니 진전이 보이기 시작했어요. 제가 약속이 있거나 다른 애들과 시간을 보내느라 알렉사와 단둘이 있을 수 없으면, 서로의 마음을 확인하기 위해 두 주먹으로 가슴을 펌프질하는 신호를 보냈어요. 말없이 보내는 신호는 알렉사를 편안하게 해주었죠. 알렉사는 계속 애들의 눈치를 살폈고, 관심을 끌려고 예쁜 짓을 하기 시작했어요. 애들이 웃지 않으면 종종 울기도 했어요. 알렉사의 감정을 살피려고 시간을 많이 들였고, 제가 알렉사를 이해한다는 것을 알렉사가 느끼게 했어요. 알렉사는 많은 감정을 느끼고 있었어요. 그래서 그런 감정이 어떻게 자신을 자기답게 만드는지, 열정을 갖고 노래하고 춤추게 하는지에 관해 많은 이야기를 나누었어요. 이제 알렉사는 규칙적인 일상을 잘 지키고, 집안일 돕는 것을 좋아해요. 알렉사는 그렇게 함으로써 자신이 가족 구성원이라고 느끼죠. 우리는 점점 좋아지고 있어요."

긍정의 훈육 도구

지금까지 시간을 들여 훈련하기, 지켜보기, 주의 분산시키기, 방향 바꾸기, 유대감 맺기, 실수를 학습의 기회로 여기기, 경청하기, 통제하지 않기 등 친절하면서 단호한 육아법의 중요성을 다루었습니다. 마지막으로 우리가 다룬 주제와 관련된 몇 가지 도구를 소개하고자 합니다.

아이를 같은 입장에서 보기

형제자매끼리 다툴 때 부모가 끼어들어 어느 한쪽 편을 들면, 부모가 한 번에 한 명만 사랑한다고 확신하게 되어 아이들의 경쟁이 치열해집니다. 그러므로 아이들을 같은 입장에서 보기를 권합니다. 실제로 누가 먼저 시작했는지는 알 길이 없습니다. 누가 먼저 건드려서 다툼을 시작했고 왜 다투었는지, 미묘한 사실까지 다 알 수는 없습니다. 그러므로 원인보다는 해결책에 집중하기 위해 양쪽을 같은 입장에서 봐야 합니다.

집중하기

여러분의 자녀가 자존감을 느끼지 못하는 것 같은가요? 하던 일을 다 내려놓고 마치 아이가 세상에서 가장 중요한 것처럼 아이에게 집중합니다. 특별한 시간을 갖는 것도 잊지 말아야 합니다.

무조건 경청하기

경청은 아이를 관찰하고 이해할 수 있게 해주는 탁월한 도구입니다. 아이와 같은 공간에 있되 참견하지 않고 다정하게 관찰하면서 아이의 말을 경청합니다. 아이가 말할 때 판단하거나 방어하거나 설명하지 않고 묵묵히 들어야 합니다. 아이가 말하지 않아도 함께 있는 순간 자체를 즐깁니다.

말꼬리 잡지 않기

말꼬리를 잡지 않는 것은 청소년 자녀를 대할 때 필수적인 도구입니다. 말꼬리를 잡아서 아이의 문제 행동을 유발하거나 힘겨루기로 끌어들이지 않도록 해야 합니다. "나는 너와 이야기를 나누고 싶지만 네가 나한테 소리 지르게 하고 싶지는 않아. 우리가 서로 존중할 수 있을 때까지 시간을 가져보자." 이처럼 부모가 할 일만을 차분하고 단호하게 말해줍니다.

★ 훈련하기

마음을 챙기는 양육법: 순간에 집중하는 연습

다음과 같은 장면을 상상해봅시다. 여러분은 지금 추운 겨울날 오후의 경기장에서 막 빠져나왔습니다. 주차 허용 시간이 끝나기 전에 빨리 차에 타고 집으로 가서 저녁을 먹고 싶은 생각이 간절합니다. 아직 걷기를 힘들어하는 두 살배기 딸아이를 한쪽 팔에 안고, 다른 팔에 축구 장비가 든 큰 가방을 멨습니다. 비까지 오기 시작하는데 여섯 살 아들은 살얼음이 낀 물웅덩이를 발로 탁탁 밟으며 느릿느릿 따라옵니다.

이 순간 '완벽한' 부모라면 어떻게 할까요? 아이가 액체가 고체로 변하는 현상의 위대함을 발견한 것을 알아채고 스스로 멈출 때까지 기다려야 할까요? 주차 요원이 내미는 위반 딱지를 받고, 추운 날씨에 비를 맞으면서도 기다려야 할까요? 상황에 직면해봅니다. 일상의 고된 일이 닥칠 때 부모들은 대부분 상황을 넘기는 데 필사적이어서, 마음을 챙기거나 그 순간에 집중하지 못합니다. 이런 상황에서 아무것도 놓치지 않고 여섯 살 아이의 손을 잡아끌어 주차 요원보다 빨리 차로 달려가지 않는 부모가 얼마나 될까요?

마음을 챙기는 부모는 천천히 움직이며, 아이에게 지시하지 않습니다. 아이의 세계로 들어가려고 노력하면서 아이가 자기만의 속도대로 가게 합니다. 마음껏 실험하고, 놀고, 지루해하고, 엉망진창으로 어지르면서 상상에 빠지게 합니다. 완벽을 꿈꾸며 자기 계발 활동으로 꽉 찬 일정으로 하루 종일 아이를 바쁘게 몰아치는 요즘 상황과는 다릅니다. 이 챕터 앞부분에서 다룬 '완벽한 아이' 이야기를 떠올려보세요. 물론 모든 부모는 사랑이라는 미명하에, 자녀가 매 순간 최선을 다하고 잠재력을 완전히 발휘하게 해야 한다는 부담을 가집니다. 이런 부담이 아이의 능력에 어떤 영향을 줄까요? 아동기는 짧고 소중합니다. 어른을 위한 교육을 아이에게 강요하지 말아야 합니다.

이번 훈련은 마음을 챙기는 부모로서 일주일을 보내는 것입니다. 여러분에게 도움이 될 만한 팁은 다음과 같습니다.

아무것도 하지 않기

활동을 줄이고, 하루 종일 아무것도 하지 않습니다. 아이가 공원이나 운동장에서 놀게 합니다. 특별한 목적지 없이 산책합니다. 아이가 진흙, 모래, 물을 가지고 놀게 합니다. 멈춰 서서 꽃향기를 맡아보세요. 곤충, 벌레, 동물을 바라보세요. 자연에서 찾아낸 것들로 미술 프로젝트를 할 수도 있습니다.

완벽을 추구하지 말고 즐기기

아이가 지저분하고 더럽더라도 그대로 둡니다. 어린 시절 물웅덩이에 뛰어들 때 얼마나 재미있었는지 기억해보세요. 주말에는 좀 꾀죄죄하더라도 그냥 놔두세요. 아이 스스로 입고 싶은 옷을 고르게 하고, 짝이 안 맞거나 안팎이 바뀌더라도 혼자 입게 두세요. 스스로 옷을 골라 입으니 기분이 어떤지 물어봅니다.

아이 관찰하기

관찰의 미학을 연습하고, 관여하지 말고, 꼼꼼하게 관리하지 말고, 대신 해주지 말고, 아이 스스로 놀게 하며, 먹는 것과 옷 입는 것을 지켜봅니다. 아이만의 속도에 맞추고, 아이가 보내는 신호를 받으면서, 아이를 고쳐주거나 지시하지 않습니다. 아이가 여러분을 쳐다보며 지시를 기다리면, 호기심을 유발하는 질문을 던져 아이가 상상력을 발휘해 새로운 방법을 찾거나 사물을 다른 각도로 볼 수 있도록 도와줍니다.

현재에 집중하기

아이와 함께 있을 때는 일, 저녁 식사, 장보기 등 그 어떤 것도 생각하지 마세요. 가장 중요한 것은 휴대폰을 사용하지 않는 것입니다. 아이가 무엇을 하고 느끼고 표현하는지, 그리고 여러분이 무엇을 하고 느끼고 표현하는지에 집중합니다.

아이에게 질문하기

아이에게 의미 있는 시간은 무엇일까요? 아이의 대답을 들으면 아마도 깜짝 놀랄 것입니다.

자녀의
성장 돕기

제인은 말합니다. "우리 집에는 '3주 집안일 증후군'이라는 게 있어요. 가족회의에서 집안일에 대한 규칙을 만들면 아이가 일주일 동안은 열심히 따르다 2주 차를 맞으면 열정이 사라집니다. 3주 차에는 투덜거리고 이를 갈며 집안일을 끝내죠. 그러면 다시 집안일에 대한 주제를 다룹니다. 다른 계획을 짜도 3주간의 패턴은 유사하게 일어나요."

이게 집안일 차트가 작동하지 않는다는 의미일까요? 전혀 그렇지 않습니다. 제인은 이렇게 말을 잇습니다. "3주 집안일 증후군은 제가 매일 치르던 전쟁에 비하면 훨씬 나아요. 가족회의가 아니었다면 어떻게 됐을까 싶어요."

가족회의

스트레스, 무질서, 좌절, 그리고 분노. 여러분이 맞이하는 아침의 일상적인 모습이 이러한가요? 잠이 덜 깨어 말도 안 듣는 아이를 지각하지 않도록 매일 아침 깨우다 보면 부모는 인내심의 한계를 경험합니다. 더군다나 맞벌이 부모의 경우 자신의 출근 준비도 동시에 해야 하니 더 힘들어집니다. 이렇게 못 일어나는 아이들은 왜 부모가 힘든 일과를 끝내고 퇴근했을 때나 잠자리에 들어야 할 시간에는 그토록 눈을 반짝이고 에너지가 넘치는 것일까요? 이렇게 혼잣말을 해본 적 없나요? "좋은 방법이 있을 거야." 네, 있습니다. 상상해보세요. 아이가 혼자 알아서 일어나 스스로 옷을 입고, 여러분과 번갈아가며 아침 준비를 하며, 냉장고에서 전날 저녁에 준비해둔 도시락을 챙깁니다. 미리 준비해둔 숙제와 운동복을 가방에 넣고 난 후 여유 있게 등굣길에 나서면서 인사를 합니다. 근사하지 않은가요? 여러분의 집에서도 가능한 일입니다. 거의 다가온 일일 수도 있습니다.

아침을 맞이할 때나 잠자리에 드는 시간의 문제 상황이 완전히 사라질 것이라고 장담은 못 합니다만, 여러분이 겪는 스트레스와 힘겨루기, 집안일의 부담은 분명 줄어들 거라고 약속할 수 있습니다.

가족회의에서 해야 할 것과 하지 말아야 할 것

정기적인 가족회의는 건강하고 긍정적인 가정환경을 만들기 위한 방법 중 하나입니다. 주 단위로 정해진 시간에 여는 가족회의를 가급적 자주 갖는 것이 좋습니다. 바쁜 일상 때문에 가족과 함께 보낼 시간을 빼앗기기 쉽지만, 가족 간의 유대를 맺고 서로를 이해하는 데 이보다 좋은 방법은 없습니다. 부모의 직업적, 사회적 약속만큼이나 가족회의가 중요하다는 것을 아이도 알아야 합니다. 그래야 소속감과 자존감이 향상되기 때문입니다.

가족회의의 구성

아이에게 일관성을 보여주고 안정감을 주어야 하므로, 매번 같은 구성으로 가족회의를 진행하는 것이 좋습니다. 다음은 일반적인 구성입니다.

1. 처음에는 칭찬으로 긍정적인 분위기를 조성합니다. 서로의 좋은 점을 찾고, 말로 표현하는 방법을 알려줍니다.
2. 비난하거나 창피를 주지 않고 지난 회의에서 정했던 해결책을 평가합니다.
3. 주제를 제시한 가족 구성원이 다음 방법 중 한 가지를 선택하게 하여 주제를 토의합니다.
   a. 간단하게 감정을 공유합니다.
   b. 해결책을 위한 브레인스토밍이 아닌, 주제를 정확하게 이해하기 위한 토의를 합니다.
   c. 해결책을 위해 브레인스토밍하고, 모두가 한 주 동안 따를 수 있을 만한 것에 동그라미를 칩니다.

해야 할 것	하지 말아야 할 것
유대감(소속감, 자존감, 유능감)의 관점을 계발하고, 힘을 긍정적으로 사용하고 모두가 책임을 가지고, 대화, 문제 해결, 의사 결정, 협력과 같은 긍정적인 특성을 위해 필요한 사회적 기술과 삶의 기술을 배운다는 장기적인 목적을 기억한다.	가족회의를 잔소리나 통제를 위한 도구로 이용하지 않는다.
눈에 보이는 곳에 주제를 붙여두고, 문제가 발생하거나 가족과 함께 토의가 필요한 일이 생길 때마다 쓰도록 한다.	아이나 부모중 한 쪽이 일방적으로 지배하거나 통제하지 않게 한다. 어디까지나 상호 존중이 핵심이다.
칭찬이나 토의한 내용, 브레인스토밍한 아이디어, 제안한 해결책과 선택한 방법 등을 기록하는 가족회의록을 작성한다. 나중에 사진첩과 함께 오래된 가족회의록을 보며 즐거운 시간을 가질 수도 있다.	가족회의는 완벽하도록 연습하는 게 아니라 사회적 기술과 삶의 기술을 가르치는 과정이라는 점을 명심한다. 부모든 아이든 기술을 배우는 데는 시간이 걸린다. 효과가 없는 해결책은 원점으로 돌아가 다시 시도해볼 계기를 마련해준다. 항상 존중과 해결책에 집중한다.
의장과 서기 역할을 번갈아 맡도록 한다. 물론 글쓰기를 배우지 않은 아이가 서기를 할 수는 없지만, 네 살배기 아이가 의장을 할 수는 있다. 사람들에게 칭찬하게 하고, 지난 해결책을 평가하게 하고, 토의해야 할 주제를 읽도록 부탁할 수 있다. 읽어야 할 게 있거나 다음에 무엇을 해야 할지 알려주는 데에는 도움이 필요할 수도 있다. 아이가 가족회의 의장을 맡으면 소속감, 자존감, 유능감을 강하게 느낄 수 있다.	가족회의를 건너뛰지 않는다. 부모가 아이의 롤모델이 된다는 점을 기억하자. 부모가 가족회의를 중요하게 생각하지 않으면 아이는 소속감과 자존감을 느끼지 못한다. 어쩔 수 없이 가족회의를 하지 못할 이유가 생긴다면, 그 이유와 다음 일정을 아이에게 분명하게 설명한다. 그래야 부모가 아이를 버린 게 아니라고 받아들이고 안전하다고 느낀다.
누구를 비난하기보다는 해결책에 집중하면서 실수는 학습을 위한 좋은 기회라고 가르친다.	네 살도 안 된 아이가 참여하기를 기대하지 않는다. 아이가 너무 산만하면 잠자리에 들 때까지 기다린다.
가족회의는 짧게, 아이 연령에 맞도록 20~30분 정도로 한다. 마지막에는 재미있는 가족 활동 또는 게임을 하거나 후식을 먹으며 끝낸다.	실수는 학습에 좋은 기회라는 점을 잊지 않는다.

4. 달력 확인 시간: 다가올 이벤트, 가족회의, 차가 필요한 날짜 등을 달력에 적습니다.

5. 주간 식사 계획을 세웁니다.

6. 재미있는 활동을 하고 후식을 먹습니다.

1. 칭찬하기

칭찬 나누기는 단순히 좋은 점을 말하고 듣는 것이 아닙니다. 더 심오한 의미가 있습니다. 좋은 점에 집중하고 추구하도록 도움을 주고, 가진 것에 감사하게 됩니다. 감사는 공감과 동정심을 가르쳐주고, 때로는 잠재력을 충분히 발휘하는 데 큰 장애 요소가 되는 질투와 좌절 같은 부정적인 감정을 줄여줍니다. 이는 아이가 나중에 어른으로 성장했을 때 문제가 생기거나 실망해서 상실감을 다루어야 할 때를 위해 키우고 적용해야 하는 중요한 삶의 기술입니다. 칭찬은 가족 전체의 소속감을 높여 협력을 이끌어내고 바른 행동을 유도합니다.

처음부터 칭찬을 주고받기는 쉽지 않습니다. 칭찬에도 훈련과 연습이 필요합니다. 아이와 함께 할 수 있는 간단한 감사 연습으로 매일 아침 일어날 때와 잠자리에 들 때 사랑을 느끼고 감사를 나눌 수 있습니다. 이는 이야기를 나누는 시간이나 아침 일상의 일부가 될 수도 있고, 개인적으로 일기에 쓰는 등 마음속에 조용히 새겨볼 수 있는 내용이 되기도 합니다. 가족회의에서 칭찬을 나누면 이런 연습을 확장하고 아이에게 긍정적인 감정을 나누는 게 중요하다는 가르침을 줄 수 있습니다.

칭찬을 주고받다 보면 칭찬을 받는 게 겸손하지 못하다는 고정 관념에서 벗어나 자신의 좋은 점을 인정해도 된다고 교육할 수 있습니다. "감사합니다"라는 말로 칭찬을 우아하게 받아들이는 법을 아이에게 알려줍니다. 아이는 "아무것도 아니에요"라고 말하는 데 익숙해져 있는 어른보다 빨리 배울 수 있습니다. 최종적인 결과나 신체적 특징이 아닌 개인의 노력, 도움, 공헌을 칭찬하고, 타인을 존중하는 칭찬만 허용하는 것이 중요합니다. 제인의 경우 첫 가족회의에서 네 살 소녀 메리가 동생에게 이렇게 말했습니다. "마크는 나에게 가끔 잘해줘. 하지만 다른 때는……." 그러자 아빠가 말을 막았습니다. "오, 메리, '하지만'은 안 돼."

칭찬하는 습관에 익숙해지도록 매일 연습할 수 있는 간단한 방법을 아이에게 알려줄 수 있습니다. 냉장고 문 등의 공간에 칭찬 종이를 붙여두고 매일 칭찬을 적습니다. 손이 안 닿거나 글씨를 쓸 수 없는 어린아이는 다른 가족 구성원에게 적어달라고 하면 됩니다. 저녁 식사 전에 매일 하는 의식으로 정할 수도 있습니다. 칭찬할 만한 일이라는 생각이 들면 뭐든지 적게 합니다. 누군가가 뭔가를 하는 것을 아이가 지켜봤다면 물어봅니다. "우리 칭찬 종이에 적으면 어떨까?" 아이가 칭찬할 점을 알아보는 습관을 갖게 되면 다시 알려줄 필요도 없습니다. 가족회의를 시작할 때 가족 구성원이 칭찬을 읽습니다. 쓰지는 않았지만 말로 칭찬할 사람이 있는지도 물어봅니다. 가족 구성원마다 적어도 한 가지씩 칭찬을 받게끔 합니다. 어떻게 하는지 시범을 보여주고 아이가 해보게 합니다. 모두가 골고루 칭찬받게 한 뒤 칭찬 종이를 보관함에 넣고, 새로운 종이를 냉장고에 붙여 그다음 주에 사용합니다.

또 다른 아이디어로, 가족회의가 끝날 때 제일 위에 "나는 이래서 감사합니다"라는 문장만 쓰여 있는 종이를 나누어 줍니다. 이것을 '감사 일기'라고 부르는데, 이 감사 일기를 손이 닿는 곳에 두고 감사할 일이 생길 때마다 적으라고 알려줍니다. 가족회의 때마다 감사 일기를 가져와서 보관함에 넣습니다. 언제 감사 일기를 공유할 것인지 협의합니다. 어떤 가족은 크리스마스 파티의 일부로 감사 일기를 읽고, 어떤 가족은 주말마다 가족끼리 함께 식사하면서 읽기도 합니다.

가족회의를 준비하고 실천하는 과정은 가족 간의 친밀감을 높여줍니다. 처음에는 칭찬하는 일이 어색하더라도 '프로 칭찬꾼'이 되는 것은 금방입니다. 완벽하길 기대하지 마세요! 아이들이 티격태격 다투는 것은 정상입니다. 아이와 부모가 칭찬을 주고받는 법을 배우면 가족 내의 부정적인 긴장이 극적으로 줄어듭니다.

2. 지난 해결책 평가하기

지난번 해결책을 평가하는 일에는 시간이 오래 걸리지 않지만, 가족회의의 과정을 평가하는 중요한 단계입니다. 지난 회의에서 동그라미를 쳤던 해결책을 읽고, 의장이 "어떻게 되었나요?"라고 묻습니다. 잘되었으면 좋고, 아니라면 그 주제에 대해 좀더 브레인스토밍하자고 제안할 수 있습니다. 다음 주의 주제로 넘기는 것도 한 가지 방법입니다. 주제가 너무 민감한 경우 효과적인 해결책을 찾을 때까지 시간이 필요할 수도 있습니다. 여기서 핵심은 해결책에 누가 책임을 졌든 비난하거나 창피 주지 않는 것입니다. 팀으로서 노력이 필요한 부분입니다.

3. 주제 논의하기

어떤 문제를 가족회의 주제로 다루기로 하면, 그 문제로 불평하는 가족 구성원을 진정시키고 그 걱정거리를 반드시 들어줄 것이라고 안심하게 합니다. 아이들끼리 다투는 상황을 상상해봅시다. 여러분은 이렇게 묻습니다. "너희 둘 중 누가 이 문제를 주제로 제안할 거니?" 때로는 이렇게 하는 것만으로도 주의가 분산되어 다툼이 충분히 가라앉기도 합니다. 만일 주제 내는 것으로 계속 다툰다면 동전 던지기로 결정하게 합니다.

집에 돌아왔더니 싱크대에 설거지하지 않은 그릇이 쌓여 있어 화가 났다고 상상해봅시다. 험악한 잔소리를 하느라 시간과 에너지를 낭비하기보다는, 이 문제를 주제로 정하면 됩니다. 문제를 협의하는 시점에서 가족 구성원끼리 간략하게 감정을 나누고, 서로 이해하기 위해 토의를 하거나 해결책을 브레인스토밍할 수 있습니다.

브레인스토밍을 잘하려면 문제를 명확하게 정의해야 합니다. 비난은 피해야 합니다. 여러분은 "우리는 해결책을 찾으려는 것이지 비난을 하려는 게 아니야"라거나 "문제가 뭐지? 해결책은 뭘까?"와 같은 슬로건으로 이를 알려줄 수 있습니다. 가능한 한 많은 아이디어를 적은 뒤 어떤 것이 서로를 존중하는 것이고 합리적이며, 주제와 관련이 있고 도움이 되는지 아이가 직접 분석하는 법을 연습하게 합니다. 가족 전체에 해당하는 문제라면, 모두에게 효과적인 해결책을 선택하여 동그라미를 칩니다. 만일 가족 구성원 중 한 명이 개인적인 문제로 도움을 구하는 경우라면, 그 구성원이 최선의 해결책을 선택하게 합니다. 문제가 가족 전체에 해당하는데 모두가 합의하지 못했다면 다음

회의로 문제를 넘겨도 됩니다. 해결책을 선택하면 일주일 동안 실행하기로 합의합니다. 해결책에 동그라미를 쳐두면 보기도 편하고 가족회의록에서 찾기도 쉽습니다. 다음 회의 때 효과가 있었는지 아닌지 평가합니다.

4. 달력 확인: 일정 짜기

많은 직장인이 업무상 출장을 갑니다. 출장을 가기 직전에 아이를 데려다줘야 할 상황이 생기거나 부모가 참석해야 하는 이벤트가 있으면 부모는 혼란에 빠집니다. 매주 가족회의에서 달력을 확인하는 시간을 가지면 이런 일은 거의 발생하지 않습니다. 구성원 각자가 가족회의에 참여할 때마다 다음 주에 열릴 중요한 이벤트를 미리 파악해두는 법을 배울 수 있습니다. 일정에 문제가 발생하면 다른 사람이 데려다주거나 이벤트에 대신 참여하는 등 대안을 모색합니다. 부모가 중요한 이벤트에 참여할 수 없는 상황이어도 아이가 크게 실망하지 않고 넘어갈 수 있습니다. 가족 구성원 각자의 욕구와 다른 사람의 욕구를 존중하는 법을 배울 수 있는 중요한 과정입니다.

5. 주간 식사 계획

부모가 바쁘기 때문에 발생하는 가장 큰 불평 중 하나는 식사 시간에 생기는 혼란입니다. 요리할 시간이 문제가 아니라 무엇을 만들어야 하는지, 필요한 재료가 남아 있는지 하는 문제입니다. 일주일에 한 번, 한 주 식사 계획을 세우거나 누가 저녁 준비를 맡을지 정해두면 좋지 않을까요?

식사 시간은 자녀에게 협력하는 방법과 가족에게 공헌하는 법을 가르칠 소중한 기회입니다. 어린아이라도 부모가 조금만 지켜보고 도와주면 수프나 그릴 치즈 샌드위치, 야채, 아이스크림과 같은 메뉴로 간단한 식사를 준비할 수 있습니다. 식사 준비와 요리 과정에 서로 존중하는 방식으로 아이를 참여시킬 때 아이가 얼마나 맛있게 먹는지를 보면 놀랄 것입니다. 가족회의에서 식사 계획을 세워두면 계획의 부재로 생기는 무질서와 그로 인한 스트레스를 줄일 수 있습니다. 일하는 부모라면 누구나 상상해봤을, 집에 도착했을 때 건강한 가정식이 이미 준비되어 있는 꿈같은 상황이 현실로 이루어질 수도 있습니다. 다음은 식사 계획의 예시입니다. 갑자기 먹고 싶은 음식이 생긴다거나 외식을 즐기고 싶다면 주말을 비워둘 수도 있습니다.

가족 식사 계획표

요리 담당	요일	주 메뉴	채소	샐러드	후식
	월				
	화				
	수				
	목				
	금				
	토				
	일				

가족회의를 할 때 식사 계획표 복사본을 놓고 가족 구성원 모두에게 도움을 구합니다. 각 가족 구성원이 돌아가면서 저녁 식사를 담당할 수 있습니다. 요리를 할 수 있는 큰아이가 한 명뿐이라면, 다른 날 저녁은 포장을 해오거나 남은 음식을 가져와 먹는 등의 방법을 찾아볼 수 있습니다. 가족회의 시간을 할애하여 각 구성원이 담당할 날짜와 요리를 정해 계획표에 기입합니다. 가족회의에 요리책이나 음식 잡지를 가져오거나, 온라인 사이트의 요리법을 출력해 가져오는 것도 좋습니다. 가족이 다 같이 기존의 요리법이나 새롭게 시도해보고 싶은 요리법 중에서 선택합니다. 우리 가족만의 요리책에 좋아하는 요리법을 기록해둘 방법을 찾을 수도 있습니다. 재미있는 가족 프로젝트를 위해 가족 홈페이지를 만들고, 사진을 찍어 업로드할 수도 있습니다.

이 시점에서 여러분은 이런 생각을 할 것입니다. "지금 장난하나요? 언제 가게에 가서 장을 보고, 아이와 배우자에게 요리하는 법을 가르치고, 아이가 요리하는 것을 지켜보나요? 가족 요리책까지 만들라고요? 헐, 일하는 게 더 쉽겠어요. 차라리 제가 다 하는 게 더 빠르겠어요." 단기적으로는 이 생각이 옳습니다. 그러나 긍정의 훈육은 단기적인 해결책이 아닙니다. 여러분의 자녀가 성장하여 행복한 인간이 되도록 하는 데 필요한 삶의 기술이며, 효과적인 육아에 관한 방법론입니다. 여러분이 직접 요리를 즐기면서도 아이에게 필수적인 삶의 기술을 알려주기를 원한다면, 한 달에 한 주 정도만 다 같이 공헌하게 하면 됩니다. 여러분과 여러분 가족에게 가장 적합한 해결책을 찾으세요. 완벽할 필요는 없습니다.

6. 재미있는 활동과 후식

마지막에는 재미있는 활동으로 마칩니다. 어린아이와는 숨바꼭질을 해도 좋고, 아이가 좀더 자랐다면 같이 보드게임을 하거나 팝콘을 먹으며 영화를 보는 등 간단한 활동을 즐깁니다. 재미있는 활동을 하는 동안 혹은 끝난 뒤에 후식을 제공합니다. 가족과 함께 재미있는 활동을 계획하고 즐긴다는 것이 중요합니다. 아이에게 우리 가족만의 전통을 만들어주면서도 친밀감을 느끼게 하고, 결과적으로 소속감과 자존감을 촉진합니다. 여기서 말하는 재미있는 활동은, 특별한 시간에 하는 계획된 가족 활동과는 다릅니다. 이 활동은 가족회의처럼 '필수적'인 것이 아니라 재미있는 요소로 가득한 유대의 시간이 되어야 합니다.

식사 계획하기, 일정 짜기, 활동하기 등의 요소를 포함한 가족회의를 진행하기에 적절한 역동이 생기는 순간이 반드시 있을 것입니다. 어떨 때에는 일이 너무 바빠서 아이가 잠들기 전에 귀가조차 하지 못하는 경우도 있을 것입니다. 자학하지 말고 창의적으로 생각하세요. 출장을 가야 한다면 화상 전화로 가족회의에 참여하거나 다른 날짜로 조정할 수 있습니다. 여러분이 하는 모든 대화는 아이에게 있어 삶의 교훈이 됩니다. 힘든 상황이라도 잘 대처한다면, 어떻게 우선순위를 정하고 위기의 순간에서 침착함을 잃지 않을 수 있는지 가르쳐줄 수 있습니다.

좌우명 만들기

　가족회의에서 할 수 있는, 재미있고 영감을 주는 활동 중 하나인 우리 가족의 좌우명 만들기는 아이의 소속감을 촉진합니다. 좌우명은 우리 가족에게 중요한 것을 구성원 모두에게 명확히 알려주는 이정표가 됩니다. 이러한 이정표는 서두르고 이기적으로 굴어서 이득을 얻는 것보다 동정이나 돌봄과 같은 가치를 이해하는 것이 더 중요하다는 사실을 아이에게 알려줍니다. 아이와 함께 좌우명을 만들면 아이가 주인 의식을 갖게 되고, 아이가 실수한 경우 대처할 때도 참고할 수 있습니다. 예를 들어 가족 모두가 동의한 좌우명이 "모두 하나가 되자"인 경우, 막내가 이미 합의한 집안일을 하기 싫어한다면 좌우명을 보여주는 것으로 대처할 수 있습니다.

추가적인 삶의 기술 훈련

　3부 2장에서는 아이의 행동과 결정이 어떤 결과를 가져오는지 아이 스스로 알게 하면 개인의 힘을 이해하는 데 도움을 줄 수 있다고 했습니다. 그렇다면 그 외에 어떤 것이 아이가 건전한 자율성을 느낄 수 있도록 도와줄까요?

의도적 무책임

아이가 책임감을 배우게 하는 최선의 방법 중 하나는, 부모가 의도적으로 무책임해지는 것입니다. 부모는 때때로 자녀를 책임지기 위해 많은 에너지와 시간을 소비합니다. 아이를 위해 알람을 맞추고, 아침에 침대에서 깨워 옷을 입으라고 끊임없이 말하고, 아침을 먹이고, 신발을 챙겨줍니다. 아이 가방을 대신 싸주고, 점심을 챙겨주고, 아이가 버스를 놓치면 차로 학교까지 데려다줍니다. 표면적으로 보면 아이에게 좋은 시스템입니다. 하지만 그러면 아이는 자기 규제와 스스로 동기부여하는 법을 배우지 못하고, 때로는 자신의 역량에 좌절합니다. 부모는 부모대로 짜증이 나고 좌절하고 후회합니다. 직장에서나 배우자와의 관계에서도 비슷한 역학 관계가 형성될 수도 있습니다. 여러분이 계속 일방적으로 통제하면 다른 사람은 무엇을 할 수 있을까요?

의도적으로 무책임해지려면 우선 아이가 스스로 할 수 있다는 것을 알게 하고, 더 이상 대신 해주지 말아야 합니다. 알람을 대신 맞춰주지 말고, 옷을 입으라거나 아침을 먹으라고 강요하지 않습니다. 이런 준비를 하지 않았을 때의 결과를 이미 경험했기 때문에 스스로 책임질 것입니다. 처음에는 불편하겠지만 이런 학습 단계를 거치면 아이는 자신의 기술이 늘고 확신이 커지는 것에 즐거움을 느끼기 시작할 것입니다. 개인의 힘을 긍정적으로 활용하는 좋은 방법입니다. 만약 그래도 행동이 개선되지 않는다면 어떻게 해야 할까요? 우선 아이에게 시간을 더 줘야 합니다. 지금까지 부모가 모든 것을 해줬기 때문에 비생산적인 행동을 버리는 데에는 시간이 필요합니다. 부모 역시 기존에 해오던 방식을 버릴 시간이 필요합니다. 그래도 개선되지 않는다면 아이의 내면 깊은 곳에 뭔가 이유가 있는 것입니다. 어긋난 목표행동 차트를 검토해서 아이가 왜 부모의 행동 변화에 반응하지 않는지 알아낼 실마리를 얻는 방법을 찾아봅니다.

돈 관리

돈 관리법을 배우는 것은 책임감을 기르고 개인의 힘을 탐색하게 해주는 중요한 부분입니다. 용돈은 돈이 얼마나 소중한지 그 가치를 학습하게 해줄 좋은 기회입니다. 용돈은 처벌이나 보상으로 사용되어서는 안 됩니다. 그렇게 하면 힘겨루기, 보복, 조종의 상황에 빠지게 됩니다. 집안일은 독립된 문제이므로 용돈과 연결하지 말아야 합니다. 아이가 용돈이 부족하다고 할 때 돈을 줘서 구제하면 안 됩니다. 위엄 있고 존중하는 태도로 안 된다고 말하는 법을 배워야 합니다. 또한 친절하면서 단호해야 하고, 고쳐주려 하지 말고 공감해야 합니다. 예를 들면 이렇게 말할 수 있습니다. "게임하러 갈 돈이 없어서 실망했다는 걸 알아." 상담가가 되어 도움을 제안할 수는 있지만, 부탁하지 않는 한 조언해주지 않도록 합니다. 대출을 제안하고 어떻게 갚아야 할지 알려줄 수도 있습니다. 이것은 구제와는 다릅니다. 지불 계획을 어떻게 세우는지 알려주고, 다음 달 용돈에서 얼마를 공제할지 합의합니다. 또 다른 방법으로는, 용돈을 조금 더 주거나 대출을 갚을 수 있도록 특별한 업무 목록을 만드는 것이 있습니다. 기존 대출을 갚기 전까지 새로운 대출은 해주지 않아야 합니다.

다음과 같은 가이드라인을 설정하고 싶어질 수도 있습니다. "용돈
은 매주 가족회의 시간에만 줄게. 만일 그 전에 돈이 바닥난다면 어떤
기분인지, 용돈 없이 어떻게 살아야 하는지, 추가로 돈을 벌 방법 등
을 배울 기회가 될 거야." 부모들은 대부분 주기적으로 1년에 한 번
혹은 6개월에 한 번씩 용돈 인상에 관해 의논하는 시간을 가집니다.
아이에게 용돈을 인상해주면 어떻게 사용할지 물어보거나, 왜 용돈이
더 필요한지 논의할 기회를 갖습니다. 어떤 가족은 1년에 한 번씩 아

나이별 용돈 가이드라인

나이	가이드라인
2~4세	아이에게 잔돈과 돼지 저금통을 줍니다. 매년 조금씩 더 주고, 이따금 지폐도 줍니다. 아이는 저금통에 돈 넣는 것을 좋아하고, 저금의 의미를 몰라도 저금을 시작할 수 있습니다.
4~6세	돼지 저금통을 들고 아이와 함께 은행에 가서 계좌를 개설합니다. 1~3개월마다 아이를 은행에 데려가 입금하게 합니다. 잔고가 늘어나는 것을 보면 아이도 좋아합니다. 돼지 저금통을 두 개 만들어서 하나는 은행 입금용, 나머지 하나는 사고 싶은 것을 사는 용도로 구분하는 것도 좋습니다.
6~14세	아이에게 돈이 얼마나 필요한지, 저금은 얼마나 할 것인지, 점심이나 친구와 놀 때 쓰는 금액이 매주 얼마인지 등을 아이와 함께 의논하여 계획을 세웁니다. 아이가 지역 공동체나 도움이 필요한 곳에 기부할 돈을 저금하도록 격려할 수도 있습니다.
14~18세	옷 살 용돈을 주면 아이는 계획 짜는 법을 배울 수 있습니다. 어려서부터 돈 관리법을 배운 아이는 용돈을 아무 데나 쉽게 쓰지 않습니다. 처음에는 돈을 주는 대신 옷을 사는 데 필요한 예산을 알려줍니다. 옷을 살 때마다 금액을 공제하면서 부모가 전체 금액을 관리합니다. 특정 품목에 돈을 많이 쓰면 다른 옷을 살 수 없다는 사실을 아이가 빨리 깨닫게 됩니다.

이의 생일마다 용돈을 올려주기도 합니다.

가족회의는 용돈에 관해 주기적으로 논의할 좋은 기회가 됩니다. 잔소리나 훈계 없이 실수한 점이나 아이가 배운 점에만 집중하며 부모와 아이가 이야기를 나눌 수 있습니다. 다른 구성원도 그렇게 하도록 격려합니다. 배우는 동안 재미있는 이야기로 모두가 웃을 수 있도록 이끄는 게 좋습니다. 호기심을 유발하는 질문을 던져서 무슨 일이 있었는지, 왜 그런 일이 생겼는지, 거기서 무엇을 배웠는지, 이 정보를 다음에 어떻게 활용할 것인지 고민하도록 도와줍니다. 주의할 점은, 부모가 아이의 관점을 진심으로 궁금해하고 아이가 탐색하기를 원할 때에만 효과를 발휘할 수 있다는 점입니다. 설명을 가장한 잔소리는 효과를 기대하기 어렵습니다.

집안일 차트

부모가 직장이 있든 없든 어느 가정이나 집안일 때문에 난리입니다. 가족이 함께 분담하지 않거나 집안일에 대한 반발 등으로 부모는 온갖 실수를 저지릅니다. 집안일 목록을 만들어둔 부모라면 퇴근하기 전에 아이가 맡은 집안일을 말끔하게 끝내두길 기대할 수도 있습니다. 그리고 아이가 제대로 해두지 않으면 잔소리하고 꾸짖습니다. 때로는 권리를 박탈하거나 용돈을 깎는 등 벌을 주기도 합니다. 단기간에 원하는 바를 얻을 수 있는 뇌물을 제안하기도 합니다. 하지만 이 모든 방법은 장기적인 전략으로 적절하지 않고, 아이의 책임감을 기르는 데 도움이 되지 않습니다.

가족회의는 온 가족이 참여하는 집안일 차트를 만들 좋은 기회입니다. 집안일 차트는 앞서 설명한 일과표와 비슷합니다. 가족회의에서 집안일을 계획하는 것이 만병통치약이라는 건 아니지만, 처벌보다는 장기적인 효과가 있고, 책임감을 길러주며, 의사 결정이나 문제 해결 등의 기술을 가르쳐줍니다. 어떤 부모는 이렇게 말합니다. "가족회의에서 집안일 차트를 만들고 나니 아이들이 일주일 동안 집안일을 맡아서 했어요. 그러고 나서는 다시 예전의 나태한 습관으로 돌아가더라고요." 우리는 이 부모에게 이런 질문을 했습니다. "일주일 내내 집안일을 맡는 것 외에 아이들이 관심을 기울일 만한 다른 일을 찾아보셨나요?" 부모는 그렇지 않다고 인정했습니다. 우리는 잘하는 것은 계속하도록 제안했습니다. 도입부에서 이야기한 제인의 경우처럼, 일주일에 한 번씩 새로 집안일을 계획하는 것이 매일 잔소리하는 것보다는 낫습니다.

아이를 존중하면 아이는 창의적인 발상을 보여줍니다. 집안일을 구상하고 마무리할 해결책에 관한 아이디어를 아이에게 구하세요. 계속해서 물어보고 아이가 문제 해결을 위해 학습하고 연습할 시간을 준다면, 여러분은 놀라운 결과를 볼 수 있을 것입니다. 아이는 자기 자신과 가족을 위해 무언가를 공헌한다는 사실에 기분이 좋아지며, 이는 여러분도 마찬가지입니다. 더욱 좋은 점은, 여러분의 집안일 또한 줄어든다는 것입니다. 집안일을 일방적으로 나누어주기보다는 먼저 가족의 원칙을 정한 후 함께 협의하는 것이 중요합니다. 집안일을 어떻게 하면 효과적으로 마칠 수 있을지 묻고, 서로의 문제점을 비난하는 대신 해결책이나 대안에 집중해야 합니다. 완벽한 결론이 아니라 개선점을 찾는 것이 중요합니다. 예를 들어, 제인의 아이들이 만든 집안일에 관한 규칙적인 일상은 다음과 같습니다.

집안일에 관한 규칙적인 일상
1. 집안일 상자에서 일주일에 두 가지 집안일을 꺼냅니다.
2. 집안일을 적은 원반을 만들어 가운데에 회전 핀을 꽂습니다. 일주일 동안 해야 할 두 가지 집안일 맡을 사람을 선정하기 위해 원반을 돌립니다.
3. '해야 할 일'과 '완료한 일' 칸이 있는 집안일 차트를 각자 만듭니다. 아이들이 해야 할 집안일을 적은 카드를 만들어, 아이가 맡은 일을 마치기 전에는 '해야 할 일' 칸에 카드를 두었다가 마무리하고 나면 '완료한 일' 칸으로 옮깁니다.

★ 긍정의 훈육 실천하기

싱글대디인 마크의 집에는 늘 빨래가 끔찍할 정도로 쌓여 있습니다. 열 살짜리 딸 그웬은 빨래를 좀처럼 빨래 바구니에 담지 않습니다. 마크가 일일이 옷장 안이나 침대 밑에서 빨랫감을 찾아냅니다. 그웬은 운동을 자주 하는데, 땀에 젖은 양말을 뒤집어 내놓는 걸 볼 때마다 마크는 짜증이 치솟습니다. 마크는 자기가 할 만큼 했다고 생각했습니다. 잔소리도 해보고, 협박도 하고, 그웬의 더러운 빨래 더미를 침실 바닥에 그대로 내버려두기도 했습니다. 그러나 어떻게 해도 그웬은 당황하지 않았습니다. 옷과 양말 뭉치를 원하는 대로 내버려두고 다녔습니다. 결국 마크가 전부 수거해서 빨래를 해야 했습니다.

어느 날 저녁, 마크는 그웬의 습관을 친구에게 하소연했습니다. 그러자 친구가 물었습니다. "왜 그웬을 따라다니며 챙겨주는 거야?" 마크는 대답할 말이 없다는 사실을 깨달았습니다. 그웬의 행동은 분명 자신에게는 아무 해가 없었습니다. 만일 딸이 나중에 혼자 살게 된다면 빨래를 어떻게 다뤄야 할지 저절로 알게 될 것입니다.

마크는 이 내용을 가족회의 주제로 올리기로 했습니다. "그웬, 나는 빨랫감을 챙길 때마다 네가 뒤집어놓은 양말을 펼치는 게 너무 힘들단다. 이 문제를 어떻게 해결할 수 있을지 의견이 있니?"

그웬은 여전히 관심이 없어 보였습니다. 마크는 친절하게 말했습니다. "지금부터 빨래 바구니에 있는 것만 세탁할 거다. 양말이 제대로 바구니에 들어 있으면 빨 거야. 빨래가 안 되는 건 네 책임이야. 세탁기 사용법은 내가 알려줄게." 아빠를 쳐다보는 그웬의 동공이 흔들렸지만, 어깨를 으쓱하며 "마음대로 하세요"라고 말했습니다.

마크는 자신이 말한 대로 고수했고, 생각한 대로 월요일 아침에 문제가 발생했습니다. "내 애버크롬비 스웨터 어디 있어, 아빠? 나 그거 입고 싶은데." 그웬이 마크에게 와서 물었습니다. 마크는 침착하게 대답했습니다.

"난 모르지. 빨래 바구니에 있었니?"

"몰라. 난 어떻게 해야 할지 모른단 말이야. 아빠가 항상 다 해줬잖아." 그웬은 울먹이며 방으로 돌아가 책상 밑에서 널브러져 있는 스웨터를 찾아냈습니다.

"그대로 입고 가든지, 아니면 저녁에 세탁을 해야겠네." 마크는 동정의 한마디를 던지고는 그웬의 방을 나왔습니다. 그웬의 혼잣말이 들려왔지만 구해주거나 문제를 대신 해결해주지 않았습니다.

그날 저녁 마크가 저녁을 준비하는 동안 그웬이 와서 말했습니다. "아침에 죄송했어요. 세탁기 사용하는 법 좀 알려줘요, 아빠. 내가 제일 좋아하는 청바지가 침대 밑에 있더라고."

마크는 미소를 지었습니다. "물론이지. 일단 이리 좀 와볼래? 파스타 만드는 법을 보여줄 테니 오늘 있었던 일 좀 말해봐. 저녁 먹고 나면 세탁기 돌리는 법 알려줄게."

마크와 그웬은 여전히 집안일로 다투긴 하지만, 세탁기 다루는 법을 알려주고 나서부터는 점점 그웬을 신뢰하게 되었습니다. 그웬이 스스로 집안일을 하도록 놔두는 것이 서로에게 도움이 된다는 사실을 마크는 깨달았습니다. 마음에 쏙 들지는 않았지만, 그웬은 매일 하는 집안일에 점점 능숙해진다는 사실에 스스로 자부심을 갖기 시작했습니다. 이런 과정은 두 사람에게 에너지와 인내심을 요구하지만, 장기적으로 봤을 때 노력할 만한 가치가 있습니다.

긍정의 훈육 도구

이 챕터에서는 가장 기본적이면서도 영향력 있는 긍정의 훈육 도구 중 하나인 가족회의를 다루었습니다. 하지만 이제 시작입니다. 회의 중에도 지속해서 학습을 강화시켜줄 수 있는 핵심적인 도구가 아직 많이 있습니다.

해결책에 집중하기

가족회의에서뿐 아니라 어느 때에나 해당하는 것이지만, 비난하기보다는 해결책에 집중하는 것이 중요합니다. 아이에게 해결책을 찾게 했을 때 얼마나 잘해내는지 보면 아마 깜짝 놀랄 것입니다. 항상 그렇듯 문제를 명확하게 정의하는 것부터 시작합니다. 그러고 나서 가능한 한 충분히 브레인스토밍하고, 모두에게 효과적인 해결책 하나를 선택합니다. 일주일 동안 해결하려고 노력합니다. 다음 주 회의 시간에 평가하고, 잘 풀리지 않았다면 처음부터 다시 해봅니다.

유머 감각

유머는 부모와 아이 모두를 기쁘게 합니다. 웃으며 즐겁게 하는 것이 중요합니다. "장난감을 제자리에 두지 않는 아이 잡으러 간지럼 괴물이 오네"와 같은 말로 집안일에 재미있는 게임을 끌어들입니다. 아이들이 서로 다투면, "귀여운 용의자들"이라고 말하며 부드럽게 간지럽히는 것도 좋습니다. 이 도구는 조심스럽게 사용해야 하며 비꼬지 말아야 합니다. 아이가 흥분하거나 화내는 등 부적절한 경우에는 사용하지 않도록 조심해야 합니다.

첫 가족회의를 진행해봅니다.

개인의 삶

1장

두뇌
이해

고등학교에서 아이들을 가르치는 루이스는 퇴근하자마자 부엌으로 달려가 저녁 식사를 준비합니다. 바쁜 하루를 어떻게 보냈는지를 두고 아이들, 남편과 대화를 나눌 생각에 기대에 부풀어 즐겁게 요리를 합니다. 하지만 식탁에 앉자마자 불평과 언쟁이 시작됩니다. 아홉 살 켈리는 음식 투정을 합니다. 이건 맛있고 저건 맛없다면서 "왜 맨날 닭고기만 먹어?"라며 불평합니다. 열세 살 에마는 켈리가 까다롭고 항상 징징거린다고 툴툴댑니다. 남편 프랭크는 법원에서 종일 스트레스 받았다며 모두 조용히 하라고 말합니다. 루이스는 인정받지 못하는 기분이 들었습니다. 불평과 언쟁이 반복될 때마다 피가 거꾸로 솟는 기분입니다. 루이스는 참지 못하고 소리칩니다. "내 요리가 맛없으면 너희들 방으로 가. 후식은 꿈도 꾸지 마! 여보, 당신도 애들에게 뭐라고 말 좀 해봐요." 그러나 프랭크는 화가 난 듯 마지막 한 숟갈을 삼키고 평화와 적막으로 가득한 서재에 틀어박혀버립니다. 켈리는 울음을 터뜨리고, 에마는 그런 켈리를 아기라고 놀립니다. 루이스는 설거지라도 하며 마음을 진정시키려고 딸들을 방으로 보냅니다.

거울 뉴런: 본보기의 중요성

모든 것이 여러분에게 달려 있습니다. 아이를 키우는 것은 부모인 여러분이므로, 아이들 못지않게 여러분의 역할이 중요합니다. 이 사실을 숙지하고 힘을 얻기 바랍니다. 스트레스를 받으면 누구나 실수하고 지나치게 행동합니다. 배우자나 아이가 당황스러운 행동을 하더라도 대부분의 경우 여러분이 상황을 통제할 수 있습니다. 다만 노력이 필요합니다. 여러분의 관심을 아이로부터 여러분 자신에게 옮기고, 자신의 행동을 객관적으로 살펴야 합니다. 아이가 생각하고 느끼고 결정하는 것을 모두 통제할 수 없다는 사실을 받아들여야 합니다. 그렇다 하더라도 아이가 현명한 선택을 하도록 분위기를 조성할 수는 있습니다. 가장 좋은 방법은 아이가 현명한 선택을 하도록 여러분이 본보기가 되어주는 것입니다. 육아는 아이뿐 아니라 부모도 함께 성장하는 과정입니다.

보고 따라 하면서 배우기

　사람은 어릴 때부터 보고 따라 하면서 배웁니다. 이를 담당하는 기관이 뇌의 거울 뉴런입니다. 거울 뉴런은 비교적 최근에 발견되었지만, 과학적으로 증명되기 전에도 이미 부모들은 아이가 어른을 보고 배운다는 사실을 잘 알았습니다.

　거울 뉴런은 어떻게 작동할까요? 점심 식사 중 친구가 물컵에 있는 레몬 조각을 집어서 한입 깨문다고 상상해봅니다. 레몬의 신맛에 친구가 얼굴을 찡그릴 것입니다. 자, 입안에 침이 고이나요? 어떤 사람이 길을 가다 넘어져 무릎이 까지는 것을 볼 때는 어떨까요? 다친 사람의 고통에 공감하면서 자기도 모르게 움찔할 것입니다. 회의실에 들어갔는데 동료 모두가 배꼽을 잡고 웃고 있다고 생각해봅니다. 아마 그들을 따라 미소 짓게 될 것입니다. 감정은 전염됩니다. 행동을 직접 할 때가 아니라 다른 사람의 행동을 보는 것만으로도 뇌세포가 반응합니다. 거울 뉴런이 이런 행동을 유발합니다.[24] 거울 뉴런은 관찰 학습과 밀접하게 연관되어 있습니다. 아이의 뇌는 다른 사람을 관찰하면서 새로운 행동을 연습하고, 나아가 스스로 시도합니다.

　이런 현상은 육아에도 상당한 영향을 미칩니다. 아이가 무엇을 원하든 여러분이 먼저 본보기를 보여주는 편이 좋습니다. 힘든 하루를 보내고 스트레스가 잔뜩 쌓인 채 허둥지둥 집으로 와서 나중에 후회할 말을 한다고 가정해볼까요? '뚜껑이 열렸다'라고도 표현하는 이런 상황에서 여러분은 이성적인 사고가 멈춘 원초적인 상태로 돌아가게 됩니다. 그러면 아이는 어떻게 반응할까요? 여러분의 감정을 따라 하면서 짜증을 내고 징징댈 것입니다. 아이도 뚜껑이 열리는 것입니다.

부모와 자녀가 이런 상황을 서로 주고받습니다. 아이가 학교에서 힘든 하루를 보낸 후 뚜껑이 열렸다면 여러분에게 무슨 일이 생길까요? 도입부 이야기로 돌아가보면, 뚜껑이 열리는 상황이 연쇄적으로 일어나 딸에서 엄마와 아빠로 옮겨갔다가 다시 딸에게 돌아옵니다. 이때 부모가 차분함을 유지한다면 아이에게 어떤 영향을 줄까요? 부모와 자녀 모두 자신을 통제하고 이성적으로 접근할 수 있을 것입니다.

거울 뉴런과 자기만의 논리

부모는 종종 말과 행동을 다르게 하곤 합니다. "내 조언은 따르되 행동은 따르지 마라"라는 속담을 기억하세요. 부모는 아이가 부모의 행동을 보고 배운다는 것을 머리로는 알고 있어도 종종 아이의 관찰력이 얼마나 뛰어난지 망각하기도 합니다. 아이가 완전히 성숙하지 않은 인지능력과 자신의 경험에 기초하여 결정을 내린다는 사실을 고려하면, 아이가 자기만의 잘못된 논리를 얼마나 쉽게 만들어내는지 알 수 있을 것입니다. 퇴근 후 집에 돌아오자마자 소파에 몸을 던지며 이렇게 소리친 적이 있나요? "아, 술 한잔 마시고 싶다." 어른들은 술을 적당히 마시면 별 문제 없다고 생각할 것입니다. 하지만 이 상황을 지켜보는 아이는 스트레스 받았을 때 술을 마시면 도움이 된다는 뜻으로 받아들입니다. 굳이 아이에게 알려주지 않아도 되는 태도입니다. 부모들은 대부분 아이에게 이렇게 말하겠죠. "담배는 절대 피우지 마라. 건강에 정말 나쁘단다." 그러고는 저녁 모임에서 담배를 피우며 웃는 모습을 아이에게 보입니다. 그러면 아이가 '사교 모임에서 사람들과 잘 지내려면 흡연을 해야 하는구나'라는 결론을 내리는 게 당연합니다. 사소하지만 극단적인 경우도 있습니다. "얘들아, 엄마는 다이어트 중이야. 너희는 고기와 감자를 먹어야 한단다. 엄마는 수프만 먹을게." 이는 건강한 식습관에 대해 아이에게 모순된 메시지를 줄 수 있습니다. 부모가 스스로를 통제하지 못하면서 아이에게 행동을 통제하라고 말하는 것은 큰 모순입니다.

인지능력과 시간이 필요한 자기 조절

뇌가 어떻게 행동의 우선순위를 정하는지 이해하면 자신의 뇌를 효과적으로 조절할 수 있습니다.

파충류의 뇌

여러분에게는 몇 가지 버튼이 있어서 거기를 건드리면 당황할 것입니다. 그리고 여러분의 자녀는 그게 무엇인지, 어떻게 누르는지를 정확하게 압니다. 아이가 의도적으로 파악한 것은 아니고, 자신의 세상에서 다양한 가능성을 시도해가며 알게 된 사실입니다. '공정' 또한 그중 하나입니다. 아이가 "공정하지 않아"라고 말하는 순간 여러분은 당황해서 모든 것을 공정하게 처리하려고 분주해질 것입니다. 그런데 아무것도 하지 않는 것이 가장 공정하다는 사실을 알고 있나요? 아이들에게 정확하게 같은 양의 케이크를 나눠 주려고 정밀한 저울을 사용할 수도 있습니다. 그러나 아무리 정확하게 나눠도 아이는 칭얼댈 것입니다. "저게 더 커 보여"라고요. 아이는 '공정' 버튼을 눌러서 부모의 관심과 반응을 얻고 싶을 뿐, 실제로 공정한지 아닌지에는 관심이 없습니다. 적어도 무의식 수준에서는 그렇습니다.

도입부에 소개한 루이스의 이야기로 돌아가 살펴보겠습니다. 버튼이 눌리자 루이스는 뚜껑이 열렸고 파충류의 뇌가 활성화되었습니다. 파충류의 뇌는 생존과 연관되어 있으며 싸움, 회피, 숨기, 세 가지 중 하나의 반응을 결정합니다. 여러분이 싸우고 싶거나 도망치고 싶거나 생각이 멈춰버리는 상태 중 한 가지에 해당한다면, 여러분의 자녀가 버튼을 누르고 있을 가능성이 높습니다. 그런 상태에서는 자녀가 긍정적인 행동을 할 가능성이 없습니다.

'열린 뚜껑' 설명하기: 손바닥 뇌 이론

대니얼 시겔Daniel Siegel과 메리 하트젤Mary Hartzell은 『내면을 드러내는 육아법Parenting from the inside out』에서 버튼이 눌리거나 스트레스 받을 때 뇌에서 어떤 반응이 일어나는지를 설명합니다. 부모, 교사, 아이를 대상으로 진행한 강의에서 '손바닥 뇌'라는 명칭으로 설명한 이 이론은 매우 유용하고 기억에 남는 도구입니다. 다음은 시겔과 하트젤의 모델을 간략하게 설명한 것입니다.[25]

손을 들어봅니다. 여기서 손의 각 부분을 뇌의 각기 다른 부분으로 설명합니다. 손목과 손바닥은 뇌간(파충류의 뇌)을 의미합니다. 싸우거나 도망가거나 멈추는 등 생존 본능과 관련된 반응 및 호흡과 소화 같은 자율신경 기능을 담당합니다.

정상적으로
기능하는 상태의 뇌

이제 엄지손가락을 접어봅니다. 엄지손가락은 중뇌를 나타냅니다. 중뇌에는 기억과 감정을 저장하는 편도체가 있습니다.

엄지손가락 위로 나머지 손가락을 접습니다. 엄지손가락을 덮는 나머지 손가락은 피질을 나타내는데 인식, 운동 동작, 말, 정보 처리 등의 고차원적 '사고'를 담당합니다.

통제할 수 없는
스트레스 상태의 뇌

손톱은 전전두엽피질을 나타내는데, 받은 메시지를 어디로 보내야 할지 판단하는 '배전반' 같은 역할을 합니다. 밝혀진 바에 따르면 전전두엽피질은 감정 조절, 대인 관계 능력, 계획과 조직, 문제 해결, 자기 이해, 도덕성 등의 기능과 관련이 있다고 합니다.

화가 난 채로 마주한
뇌의 상태

스트레스 받고 버튼을 눌려 당황하고 지쳐 있을 때, 아이가 말을 듣지 않을 때, 혹은 트라우마나 고통스러운 기억을 떠올릴 때 무슨 일이 생길까요? 우선 전전두엽피질이 제 기능을 하지 못하고 멈춰버립니다. 다행히도 잠시 동안 마비될 뿐이지만, 손가락을 활짝 펴서 엄지손가락과 손목이 보이게 됩니다. 이게 '뚜껑이 열린' 상태입니다. 전전두엽피질이 제 기능을 못 하니 학습도 불가능합니다. 아이에게 옳고 그름을 가르칠 수 있는 상태가 아닙니다. 무슨 말을 하든 듣지 않습니다. 아이를 집중하게 하고 제대로 가르치려면 아이의 전전두엽피질이

제 기능을 회복하도록 평정심을 찾게 해야 합니다.

스트레스를 받을 때 뇌에서 어떤 일이 일어나는지 아이에게 설명해주는 것이 좋습니다. 손바닥 뇌 이론을 사용하면 아이들이 이해할 수 있도록 설명할 수 있습니다. 아이들은 즐거워할 것입니다. 그러면 이렇게 말해줍니다. "기분이 안 좋을 때는 문제를 해결할 수 없어. 먼저 마음을 안정시키고, 문제는 나중에 생각하면 돼. 기분이 좋아지면 아이디어가 더 많이 떠오르고 해결책을 찾을 수 있어. 당장 진정하기가 힘들다면 기분이 좋아질 때까지 쉬는 시간을 가져보자." 긍정의 훈육에서는 이를 '긍정적 타임아웃'이라고 부릅니다. 많은 부모가 화가 난 상태에서 아이에게 인생의 교훈을 가르치려 하는 실수를 저지릅니다. 이런 가르침 뒤에 담긴 감정은 친절이 아니라 좌절에 가깝습니다. 여러분은 이렇게 생각할 것입니다. '지금 당장 내가 뭐라도 하지 않으면 아이가 나쁜 행동을 하게 내버려두는 셈이야.' 사실은 그렇지 않습니다. 여러분이 더 차분해지고 이성을 찾을 때까지 기다리는 자기 통제를 연습하면, 여러분은 화에 대처하는 방법을 아이 스스로 터득하도록 가르칠 수 있습니다.

타임아웃에 관해서는 추가로 언급할 필요가 있습니다. 징벌적 타임아웃이라는 잘못된 훈육법이 널리 알려져 사용되고, 때로는 전문가들조차 징벌적 타임아웃을 추천하기 때문입니다. 긍정적 타임아웃과 징벌적 타임아웃은 매우 큰 차이가 있습니다.

징벌적 타임아웃이 효과적이지 않은 이유

아이의 문제 행동을 고쳐주려는 부모는 이렇게 말하곤 합니다. "방에 가서 네가 뭘 잘못했는지 생각해봐!" 부모는 아이의 생각을 통제할 수 없기 때문에 이런 말은 아무 소용이 없습니다. 부모는 아이가 '내가 잘못한 것에 대해 생각해보고 앞으로는 제대로 행동해야겠다고 깨달을 기회를 주셔서 고맙습니다' 하고 생각할 거라 믿습니다. 하지만 아이는 오히려 이렇게 생각할 것입니다. '두고 봐. 나를 여기 앉힐 수는 있지만, 내 생각을 바꿀 수는 없을 거야.' 좀더 비극적인 경우 '나는 정말 나쁜 사람이야' 같은 생각을 할 수도 있습니다.

정신없고 바쁘게 돌아가는 세상 속에서 살다 보면 아이의 잘못된 행동, 위기, 문제가 발생할 때마다 긴급하게 다루어야 한다는 조바심이 생깁니다. 아이는 기가 막히게 부모를 좌절시키고, 부모에게 도전하고 화를 돋우지만, 부모는 화나고 좌절한 상태에서 제대로 대응할 수 없습니다. 그래서 많은 부모가 장기적인 결과를 사려 깊게 생각하고 행동하는 대신, 그 순간 단기적이고 즉각적인 효과를 발휘하는 방법으로 대응하곤 합니다. 많은 부모가 체벌을 사용하지 않겠다고 결심하면서도 징벌적 타임아웃을 그 대안으로 여깁니다.

우리는 부모들을 초대해서 이런 질문을 했습니다. 배우자, 동료, 친구가 "방에 가서 네가 뭘 잘못했는지 생각해봐!"라고 말하면 어떻게 느낄지, 어떻게 반응할지 생각해보라고 말입니다. 그러면 그들은 웃으면서 "뭐라고?" 혹은 "그러고 싶지 않아"라고 반응합니다. 만약 아이가 부모에게 이런 대답을 하면 말대답한다고 혼날 것입니다. 바람직하지 않은 상황에서 왜 아이만 우호적으로 반응해야 하나요?

긍정적 타임아웃의 이점

어른도 마찬가지이지만, 아이는 기분이 좋을수록 행동을 바르게 합니다. 긍정적 타임아웃은 아이를 기분 좋게 하고, 결과적으로 바른 행동을 유발하도록 설계되었습니다. 자기 조절을 배우려는 아이와 부모에게 매우 효과적인 도구입니다. "시간이 약이다"라는 속담처럼, 좋아하는 것을 하면서 시간을 보내다 보면 원시적인 뇌(파충류의 뇌)로 반응하는 상태를 유지하기 어렵습니다. 스트레스 요인이 사라지면 생리적으로 스트레스 호르몬이 줄어들고 이성적인 뇌가 다시 활성화됩니다. 일부 사람이 생각하는 문제 행동에 대한 보상과는 다릅니다.

타임아웃을 어떻게 가질지 아이와 사전에 합의해두면 도움이 됩니다. 어떤 종류의 타임아웃이 효과적인지 미리 시험해보는 것도 보탬이 됩니다. 타임아웃을 위해 재미있는 수신호를 만드세요. 정해진 신호를 보냈을 때 아이들은 여러분이 호흡을 가다듬고, 차분함을 되찾고, 기분이 좋아진 상태에서 새로운 전략이나 계획을 제안할 것을 알 수 있습니다. 긍정적 타임아웃은 네 살 미만의 어린아이에게는 효과가 없습니다. 아이가 타임아웃의 원칙을 세우는 일에 참여할 수 없다면 긍정적 타임아웃을 적용하기에 발달상 너무 이른 것입니다. 긍정적 타임아웃을 위한 일곱 가지 원칙을 지키며 사용하면, 아이들도 징벌적 타임아웃과 긍정적 타임아웃의 차이를 이해할 것입니다.

1. 갈등의 시간은 가르치거나 배우기에 적절한 시간이 아니라는 점을 인식한다.

여러분이 보다 차분하고 이성적인 상태가 될 때까지 기다리는 연습을 하면, 분노에 대처하는 방법을 아이 스스로 터득하도록 가르칠 수 있습니다. 아이의 행동을 멈추는 데 긍정적 타임아웃만으로 충분한 경우도 있습니다. 그렇지 않다면 서로 안정을 되찾은 후 갈등이 사라졌을 때 해결하면 됩니다. 7번을 참고하세요.

2. 갈등이 없는 시간을 골라 이성적 뇌의 기능을 회복할 시간을 갖는 것이 중요함을 알려준다.

타임아웃과 이성적 뇌의 가치를 아이에게 가르치는 방법에는 여러 가지가 있습니다. 첫 번째 방법은, 부모의 비이성적인 뇌(파충류의 뇌)가 활성화되었을 때 타임아웃을 가져 본보기를 보여주는 것입니다. 아이에게 '손바닥 뇌' 이론과 파충류의 뇌에 관한 이야기를 해주는 것도 좋습니다. 조금 더 자란 아이에게는 안정을 위한 다음 세 단계를 알려주는 것도 좋습니다.

하나, 무슨 일이 일어나는지 알아차립니다. 사고하는 뇌를 활용해 스스로 말해줍니다. "나 지금 뚜껑 열리려고 해."

둘, 하고 있던 일을 멈추고 심호흡을 합니다.

셋, 그래도 진정이 되지 않거나 이성적인 사고가 회복되지 않는다면 긍정적 타임아웃 공간으로 가는 것이 최선입니다.

3. 아이 스스로 긍정적 타임아웃 공간을 설계하도록 격려한다.

진정할 시간을 갖는 일의 중요성을 알려준 후, 아이가 기분을 풀고 바른 행동을 할 수 있도록 해줄 긍정적 타임아웃 공간을 스스로 설계하도록 격려합니다. 이에 관한 대화는 갈등이 없을 때 진행하여 아이를 참여시키는 것이 중요합니다. 아이의 기분을 좋아지게 하는 데 도움을 줄 만한 것들을 브레인스토밍합니다. 단, 부모는 아이가 시작하도록 질문을 던지기만 할 뿐 아이 대신 정해주면 안 됩니다. "잔잔한 음악을 들으면 기분이 좋아질까? 책을 읽거나, 폭신폭신한 동물 인형에 기대거나, 밖에 나가서 노는 건 어때? 트램펄린에서 뛰거나, 친구와 이야기하거나, 샤워하는 건 어떨까?" 타임아웃을 할 '기분 좋은 공간'은 푹신한 쿠션, 책, 음악을 들을 헤드폰이 놓인 작은 공간일 수도 있고, 운동 등의 활동을 할 수 있는 장소일 수도 있습니다. 기분을 좋게 만드는 데 무엇이 도움이 될지 미리 생각해보고, 필요할 때를 대비하도록 계획을 세우는 방법은 아이에게 좋은 훈련이 됩니다. 긍정적 타임아웃을 갖는 것을 넘어 자기 계발을 연습함으로써, 앞으로 살아가는 데 필요한 삶의 기술을 배웁니다. 스크린을 들여다보는 것은 긍정적 타임아웃을 계획할 때 고려하지 말아야 합니다. 아이가 자신의 감정을 탐색하기보다는 감정적으로 격리되기 때문입니다.

4. '타임아웃'이 아닌 다른 이름을 아이가 직접 짓도록 제안한다.

가정에서 이미 징벌적 타임아웃을 사용하고 있는 경우, 부모에게나 아이에게나 타임아웃이 긍정적인 삶의 기술로 받아들여지기 어렵습니다. 이럴 경우 긍정적 타임아웃을 위한 공간에 '타임아웃'이 아닌 긍정적인 이름을 달리 붙이도록 권해보세요. 이렇게 하면 타임아웃이라는 부정적인 개념에서 긍정적인 개념으로 옮겨갑니다. 타임아웃 공간의 새 이름을 찾기 위한 브레인스토밍으로 재미를 찾을 수도 있습니다. '행복한 공간', '진정하는 장소', '(판지로 만든 행성과 별이 달린)우주' 혹은 '(벽에 하와이 포스터가 붙은)하와이'라고 부르기도 합니다. 긍정적 타임아웃 공간의 고유한 이름을 아이가 지어주면 그곳은 아이에게 특별한 공간이 되고, 아이는 주인 의식을 갖게 됩니다.

5. 자신의 타임아웃 공간을 설계한다.

여러분이 보여주는 예시가 아이들에게는 최고의 선생님입니다. 긍정적 타임아웃은 아이뿐만 아니라 부모에게도 도움이 됩니다. 여러분에게 진정할 시간이 필요할 경우 어떤 행동을 할 것인지 아이가 알게 할 수 있습니다. 아이가 어느 정도 자라서 혼자 있을 수 있다면 동네 한 바퀴를 뛰거나 걷고 오는 것도 효과적입니다. 소설을 읽거나 명상하거나 목욕하면 기분이 좋아질 것입니다. 여러분의 타임아웃을 어떻게 계획하든 그것은 부모로서 제대로 행동하기 위해 잠시 특별한 장소로 가는 것이지 아이를 내버려두거나 벌주는 게 아니라는 것을 아이가 미리 알게 해야 합니다. 때로는 냉장고에 각자의 긍정적 타임아웃 아이디어를 붙여둠으로써 잘못한 사람을 비난하는 일을 줄일 수도 있습니다. 스스로 진정할 시간이 필요한 가족 모두를 위한 도구로 활용할 수 있습니다.

6. 갈등이 생겼을 때 아이가 긍정적 타임아웃을 가지면 도움이 될지 묻거나 부모가 같이 가도 될지 물어본다.

긍정적 타임아웃에 관해 미리 합의해두면 이렇게 묻는 것이 효과적입니다. "긍정적 타임아웃 공간에 가는 게 도움이 되겠니?" 도움이 되느냐고 묻는 표현이 중요합니다. 아이가 원하지 않는 타임아웃은 벌이지 격려가 아닙니다. 아이가 아니라고 하면 이렇게 물어봅니다. "같이 가줬으면 좋겠니?" 아이들은 대부분 이 제안을 거절하지 못합니다. 물론 부모가 아이만큼 화가 났다면 현명한 제안이 아닙니다. 하지만 타임아웃을 이렇게 긍정적인 관점으로 보는 것만으로도 어떤 부모에게는 자신의 화에서 벗어나 아이를 격려하려는 열망을 품는 계기가 됩니다. 분위기를 바꾸어 격려하는 것이 목적이지 벌을 주려는 게 아니라는 점을 기억해야 합니다. 부모에게도 아이만큼이나 타임아웃이 필요합니다. 만일 아이가 계속 싫다고 하면 이렇게 대답하세요. "좋아, 내가 특별한 공간으로 갈게." 아이에게 긍정적인 방식으로 분리라는 충격을 주는 동시에 탁월한 본보기가 됩니다. 아이는 부모를 보고 배우기 때문에 부모가 먼저 타임아웃을 가지는 것이 때로는 최상의 출발이 될 수도 있습니다.

7. 가르칠 것이 있다면 나중에, 모두가 기분이 풀렸을 때 이야기한다.

때로는 긍정적 타임아웃만으로도 충분하므로 추가적인 후속 조치가 필요하지 않을 수도 있지만, 어떤 경우에는 교정이나 변화가 필요할 수도 있습니다. 모두가 안정을 찾으면 아이가 창의적인 해결책을 찾는 데 도움 줄 수 있습니다. 실수는 학습의 기회이지 비난하거나 창피를 주거나 고통스러운 것이 아니라는 것을 기억해야 합니다. 후속 조치로는 여러 가지가 있습니다. 문제를 가족회의 주제로 정해서 해결책을 위해 모두가 브레인스토밍할 수도 있고, 아이와 둘이서 문제 해결을 위해 궁리할 수도 있습니다. 아이가 선택의 결과를 탐색하는 데 호기심을 유발하는 질문으로 도움을 줄 수도 있습니다.

긍정적 타임아웃은 갈등을 관리하는 강력한 도구이며, 시간이 갈수록 논쟁이 줄어들게 합니다. 하지만 모든 갈등을 피할 수는 없고, 싸움, 회피, 숨기 등 본능적인 반응을 없애주지도 않습니다. 긍정의 훈육을 실천하는, 사랑이 넘치고 사려 깊은 부모들조차도 때로는 감정적으로 반응하고 습관에서 벗어난 충동적인 행동을 합니다. 우리 또한 이런 방식으로 상당한 수의 육아 '연구'를 했습니다. 반항하는 아이와 정면으로 맞서면서 부모의 행동이 아이에게 미칠 장기적인 영향을 고려하기란 쉽지 않습니다. 때로는 부모가 명백한 잘못을 저지르기도 합니다. 그러나 실수를 회복하고 기회로 돌릴 수 있는 방법도 많습니다.

실수를 기회로 돌리는 방법: 회복을 위한 4R

토머스 에디슨은 전구를 만드는 과정에서 수많은 실패를 겪고도 어째서 굴복하지 않았는지 묻는 말에, 다음과 같은 유명한 대답을 남겼습니다. "저는 실패하지 않았습니다. 다만 작동하지 않는 1만 가지 방법을 찾았을 뿐입니다." 얼마나 멋진 태도입니까! 오늘날의 사회는 실수는 창피한 것이라고 가르칩니다. 하지만 우리 모두 완벽하지 않습니다. 실수를 성장을 위한 기회로 보도록 우리 자신을 바꿔야 합니다. 직업이 있는 부모의 경우 더욱 받아들이기 어렵겠지만, 이는 긍정의 훈육 개념 중에서도 가장 중요하고 강력한 개념입니다. 우리는 종종 자신과 다른 사람에게 완벽을 요구하지만 세상에 완벽한 부모, 완벽한 인간은 한 명도 없습니다.

부모는 대개 좋은 의도로 아이에게 실수하면 보상을 해야 한다는 메시지를 전합니다. 아이가 다음에는 더 잘하도록 동기를 부여하려고 합니다. 하지만 이런 부모는 그런 메시지가 아이에게 줄 장기적인 영향, 좌절과 부적응, 잘못된 믿음을 심어줌으로써 미치는 영향은 고려하지 못합니다. 이를 위한 대안은 확실합니다. 실수를 학습의 기회로 보고, 부끄러워하지 않도록 가르치는 것입니다. 아이에게 이런 말을 하는 부모를 상상해보세요. "실수했구나. 장하다. 여기서 우리가 뭘 배울 수 있을까?" 이런 전환은 아이가 실수를 편안하게 받아들이고 극복하게 만듭니다. 여러분 자신이 실수했을 때 그에 대한 태도도 마찬가지입니다.

먼저 여러분이 아이에게 어떤 반응을 한 것을 두고 한 번이라도 후회한 적이 있다면, 그것이 정상이라고 말하고 싶습니다. 모든 부모는 적어도 한 번은 아이에게 도움이 되는 방식으로 대응하고 협력과 학습을 끌어내는 대신 '이성을 잃고' 화를 낸 적이 있을 것입니다. 중요한 것은 뚜껑이 열리거나 후회할 행동 또는 말을 한 다음에 무엇을 해야 하는지를 아이에게 가르쳐야 한다는 것입니다. 실수로부터 회복하기 위해 부모와 아이에게 가르치는, '회복의 4R'이라 불리는 네 단계가 있습니다. 회복의 4R은 긍정적 타임아웃을 보완하는 도구로 봐야 합니다. 때로는 두 가지를 함께 사용하기도 하고, 때로는 타임아웃 없이 즉시 회복에 들어갈 수도 있습니다.

- **1단계 인정하기** Recognize "아, 실수했네."
- **2단계 다시 연결하기** Reconnect "나 때문에 네가 상처받은 것 같구나" 같은, 아이의 감정을 확인하는 말을 합니다. 어깨에 손을 올리거나 눈높이를 맞추거나 손을 잡아주는 것과 같은 비언어적인 방식으로도 가능합니다.
- **3단계 사과하기** Reconcile "미안해."
- **4단계 해결하기** Resolve "어떻게 하면 우리가 더 잘할 수 있을까? 함께 해결책을 찾아보자."

★ 긍정의 훈육 실천하기

다섯 살 조너선은 동생을 깨물었습니다. 엄마 제나는 매우 화가 났습니다. 다른 사람에게 상처 주지 않고 조너선을 훈육하기 위해 제나는 조너선을 깨물었고, 조너선이 남에게 물리는 게 어떤 느낌인지 알게 될 것이라 여겼습니다. 그러나 제나는 자신이 조너선에게 남을 깨물어도 좋다는 것만 가르쳤다는 것을 금세 깨달았습니다. 제나는 자신이 바뀌어야 한다는 것을 이해했고, 회복의 4R 모델을 따랐습니다.

"조너선, 엄마가 실수했어. 엄마는 너를 깨물었어. 네가 동생을 깨물어서 화가 난 나머지 너와 똑같은 행동을 했네. 엄마가 잘못했어."

조녀선은 발을 내려다보면서 동의하는 의미로 고개를 끄덕였습니다. 제나는 재연결을 위해 무릎을 꿇고 조녀선과 눈높이를 맞추며 양손을 잡았습니다. 조녀선은 제나의 행동에 유대감을 느껴 안전하다고 판단하고, 몸이 안정되자 고개를 들어 엄마를 쳐다볼 수 있었습니다. 제나가 말을 계속합니다.

"조녀선, 깨물어서 미안해. 다른 사람에게 상처 주지 않고 동생과의 문제를 풀 수 있는 해결책을 함께 찾아보면 어떻겠니? 지금 이야기할까? 아니면 가족회의 주제로 정해서 아빠도 도와주길 원하니?"

조녀선은 가족회의 주제로 정하기를 원했습니다.

제나 가족은 다음 가족회의에서 이 일을 토의했습니다. 엄마와 아빠는 호기심을 유발하는 질문을 사용하여, 조녀선이 깨물었을 때 동생이 얼마나 아팠을지를 알려줬습니다. 그리고 조녀선이 그런 행동을 한 이유를 찾으려 했습니다. 조녀선은 엄마가 자기보다 동생에게 더 관심을 가져서 질투를 느꼈다는 사실을 깨달았습니다. 제나와 조녀선은 나중에 단둘이 특별한 시간을 보내기 위해 천문관에 가기로 약속했습니다. 화가 난 사람에게 미안하다는 말을 듣는 것은 기쁜 일이라고 가족이 합의했습니다. 엄마와 아빠는 조녀선이 다음에 실수했을 때 이 유용한 기술을 가지고 어떤 방식으로 대처할지 기대하게 되었습니다.

긍정의 훈육 도구

이 챕터에서는 다음과 같은 긍정의 훈육 도구와 개념을 다루었습니다.

자신의 행동 통제하기

예시를 보여주는 것이 아이에게는 최고의 선생님이 됩니다. 여러분 자신의 행동을 통제하지 못하면서 아이가 스스로 행동을 통제할 것이라고 기대해서는 안 됩니다.

긍정적 타임아웃

모든 사람은 기분이 좋을수록 보다 긍정적으로 행동합니다. 긍정적 타임아웃은 자기 돌봄의 기술을 쌓게 해줄 뿐 아니라 스트레스 상황에서 감정을 관리하게 해주는 효과적인 도구입니다.

실수는 학습을 위한 기회

실수를 비난하고 수치심을 주거나 잔소리하는 대신 공감하고 친절하게 반응하는 것이 중요합니다. 필요하다면 호기심을 유발하는 질문을 사용하여 아이가 실수의 결과를 탐색하게 합니다. 저녁 식사나 가족회의에서 각자의 실수를 공유하고, 거기서 무엇을 배웠는지 나눕니다.

회복을 위한 4R

실수 자체보다는 실수에 어떻게 대처하는지가 더 중요합니다. 실수가 학습의 기회라는 본보기를 보여주는 것부터 시작합니다. 실수를 저지르면 회복의 4R을 적용하여 어떤 추가 피해도 일어나지 않도록 예방해야 합니다.

★ **훈련하기**

긍정적 타임아웃 공간 만들기

긍정적 타임아웃은 이성적인 뇌가 다시 작동할 때까지 진정할 시간을 갖는 것이 얼마나 중요한지 깨닫도록 이끌어, 아이에게 자기 규율의 중요성과 자기 통제 방법을 가르칩니다. '손바닥 뇌' 모델을 가르치는 것으로 시작해서 이상적인 타임아웃 공간을 설계하는 것으로 옮겨갑니다. 타임아웃 공간에 관한 아이디어를 브레인스토밍합니다. 아이 스스로 재미있는 이름을 떠올리게 합니다. 아이디어를 분석하여 책, 푹신푹신한 동물 인형, 색칠하기 책, 음악 등이 있는 기분 좋은 공간을 만들고 사용할 계획을 세웁니다. 이후 아이가 낙담하여 문제 행동을 하면 이렇게 물어봅니다. "긍정적 타임아웃 공간(혹은 아이가 직접 지은 이름을 사용하여)에 가는 게 도움이 될까?"

강점과 약점
발견하기

피오나의 케이터링 사업은 번창하고 있습니다. 친한 친구인 미란다가 부모님의 금혼식에 할인된 가격으로 케이터링을 제공해줄 수 있는지 부탁했을 때도 피오나는 기쁘게 수락했습니다. 피오나는 미란다 가족이 그리 부유하지 않다는 것을 압니다. 피오나와 미란다 양쪽과 알고 지내는 필리파는 이 사실을 알고, 똑같이 할인된 금액으로 자신의 결혼식에 케이터링을 해줄 수 있는지 물었습니다. 필리파가 미란다에 비해 형편이 낫다는 것을 알면서도, 피오나는 마지못해 동의할 수밖에 없었습니다. 문제는 그 뒤에 일어났습니다. 필리파는 마감 직전에 메뉴를 변경해달라고 요구할 정도로 까다로웠고, 직원이나 서비스에 대한 불만 등 요구가 끝이 없었습니다. 피오나는 미란다 부모님의 금혼식 파티와 필리파의 결혼식을 모두 감당하기 힘들 것 같다는 생각이 들었습니다. 더구나 두 행사 모두 피오나가 가장 바쁜 시기인 여름에 잡혀 있었습니다. 평소 탁월한 서비스를 제공하고 싶어 하는 피오나는 필리파에게 자신이 할 수 있는 범위를 설명하는 데 어려움을 겪었습니다. 점점 필리파에게 다 맞추어야 할 것 같은데, 그러면 친한 친구인 미란다의 행사를 제대로 지원하지 못할 것 같아 걱정이 됩니다.

맥락과 톱 카드 개발

자신의 모든 인간관계를 돌아보는 것, 특히 불안정하고 스트레스 받을 때 자신이 어떻게 행동하는지를 들여다보면 개인이 성장할 영역을 발견하게 됩니다. 아이가 갖는 자기만의 논리와 행동은 어긋난 목표의 카테고리에 해당하지만, 어른의 경우 이런 행동은 '톱 카드'의 카테고리에 속합니다. 톱 카드는 처음 사용하는 카드라는 의미로, 무방비 상태에서 나타나는 첫 반응을 의미합니다. 소속감과 자존감이 불안정하거나 위협받는다고 느낄 때에는 '약점이 되는 톱 카드'를 사용합니다. 약점이 되는 톱 카드를 사용할 경우 여러분은 이성적이지 못한 행동이나 '뚜껑이 열리는' 반응을 보이기 쉽습니다. '내가 옳으니까 난 괜찮아' 혹은 '내가 통제하고 있으니까', '내가 다른 사람을 만족시키니까', '안전지대로 돌아간다면' 같은 '조건부 사고'를 적용합니다. 즉 문제 행동을 합니다. 소속감과 자존감에 위협을 느껴 생겨나는 불안감과 잘못된 믿음 때문에 반사적으로 행동합니다. 어릴 때 형성된 믿음이 현재의 행동에도 영향을 주므로, 여러분의 반응을 이해하려면 자기만의 논리를 살펴봐야 합니다. 이런 믿음은 논리와 높은 수준의 사고를 이해하기 전에 형성되기 때문에 올바르게 자리 잡지 못하는 경우가 많습니다. 따라서 자기만의 논리를 검토해볼 필요가 있으며, 그 출발점인 톱 카드를 확인해봄으로써 실마리를 찾을 수 있습니다.

믿음 체계의 기원

앞서 아이는 끊임없이 판단하며 그 판단을 잠재의식에 저장한다고 했습니다. 여러분은 인간이 때로는 말로 표현하기 전에 판단부터 내린다는 사실을 인지하지 못합니다. 지금도 그 말을 믿지 못하겠지만, 여러분의 잠재의식은 이미 판단하고 있습니다. 살면서 겪어온 경험이나 부모에게 대우받는 방식에 따라 형성된 자기만의 관점으로 판단하는 것입니다. 그 결과 여러분은 가족 관계를 비롯해 모든 사회적 관계에 소속되는 방법을 스스로 고안합니다. 그것을 '핵심 신념' 혹은 '핵심 관점'이라고 말합니다.

자기만의 논리는 경험을 해석, 통제하고('좁은 시야'를 형성), 예측하는 (예상대로 행동하는) 틀입니다. 효과적인 학습 메커니즘이지만, 능력 계발이라는 측면에서는 문제가 있습니다. 사람은 한번 특정한 믿음을 가지면 그 믿음을 지지하는 증거만을 받아들이고 반대되는 증거는 무시하는 경향이 있기 때문입니다. 만일 '난 이건 잘 못해'라는 믿음을 갖고 있다면 능력 계발에 치명적입니다. 이런 믿음을 바탕으로 행동하는 방식은 사람에 따라 다양하게 나타납니다. 어떤 사람은 높은 성취도로 이런 믿음을 숨기려 하고, 또 어떤 사람은 극단으로 치달아 포기합니다. 어떤 사람은 파괴적인 방식으로 자신을 보상합니다. 톱 카드를 이해하면 이런 행동을 파악할 수 있습니다. 이는 아들러가 제시한 두 가지 중요한 개념을 이해하는 데 도움이 됩니다. 첫째, 우리는 사고에 의미를 부여한다는 것으로, 이는 자신의 가치를 찾는 데 어려움을 느낄 때 기억해야 할 중요한 사실입니다. 둘째, 아이가 스스로를 유능하고 자신감 있고 사회에 공헌하는 구성원이라고 판단할 수 있는 기회를 제공해야 한다는 것입니다.

톱 카드란

모든 톱 카드는 강점과 약점이 있습니다. 약점에 따라 비효과적인 행동이 나타나기는 하지만, 이것이 그 사람의 모든 것을 대변하지는 않습니다. 많은 사람이 그 사실을 목격합니다. 톱 카드의 강점은 그 사람이 누구인지를 실제와 비슷하게 설명합니다. 약점은 우리가 불안하다고 느낄 때 나타나는 행동을 설명합니다. 여러분이 불안하거나 도전받는다고 느낄 때, 혹은 조건부 사고를 할 때를 떠올려봅시다. 그때는 이성적인 상태가 아니었으므로 그건 여러분 자신이 아니라고 느낄 것입니다. 반면 강점을 떠올릴 때는 미소를 지을 것입니다. 톱 카드의 단점은 여러분이 누구인지 가르쳐주지 않는다는 것입니다. 하지만 여러분이 불안과 두려움을 느낄 때 무엇을 할 수 있는지는 알려줍니다.

톱 카드의 강점 역시 불안과 두려움에서 온다는 점을 기억해야 합니다. 이 역시 우리의 잘못된 믿음 혹은 조건부 사고에 기초하기 때문입니다. 기대 이상의 성과를 낼 때 소속감을 느끼는 사람은 '우월성'이라는 톱 카드를 가진 것입니다. 이런 행동은 겉으로는 성공한 것처럼 보이고, 따라서 강점으로 보이기도 합니다. 우월성 톱 카드를 가진 사람은 다양한 성취를 이루고 평범하게 행동하지만 내면에서는 여전히 불안해합니다. '내가 잘해야만 소속감을 느낄 수 있는데……'라고 생각하면서 말입니다.

행동을 분류하는 것은 매우 복잡한 일입니다. 톱 카드는 크게 네 가지로 구분되지만, 자신의 톱 카드를 결정하는 것은 어렵다는 사실을 이 책을 읽으면서 알게 될 것입니다. 인간은 다면적이고, 행동하면서 적응합니다. 톱 카드는 자신과 타인을 이해하기 위한 도구일 뿐 분류 체계가 아닙니다. 톱 카드는 여러분이 자신의 강점에 집중하도록 도움을 주며, 여러분의 행동이 다른 사람에게 어떤 영향을 미칠지를 알게 하고, 문제가 되는 행동을 다루고 극복하는 전략을 개발하도록 장려합니다. 불안하다고 느낄 때는 비이성적이고 부정적인 행동에 빠지지 말고 자신의 강점에 집중하는 편이 효과적입니다.

독자 중 대다수는 MBTI와 같은 성격 유형 검사를 접해본 적이 있을 것입니다. 톱 카드도 행동의 선호를 나타내므로 같은 방식이라고 생각해도 됩니다. 지금부터 톱 카드의 네 가지 유형을 자세히 설명할 텐데, 스트레스 받는 상황과 편안한 상황에서 사용하는 톱 카드를 각각 살펴보면 해당 유형의 사람이 행동하는 패턴을 이해할 수 있습니다. 스트레스에 따라 각기 다르게 발생하는 여러분의 강점과 약점을 분석할 수도 있습니다. 톱 카드는 여러분의 약점으로 인해 나타나는 행동을 살펴보고 개선할 여지를 제공합니다. 캐럴 드웩이 말하는 성장 마인드셋과 같은 교육 트렌드나 갤럽 리서치에 따른 강점에 집중해야 한다는 조직 이론 트렌드와 아주 유사합니다. 여러분의 톱 카드와 자녀의 어긋난 목표를 이해하면 여러분과 아이 모두 윤택한 삶을 누리게 될 것입니다.

자신의 톱 카드 확인하기

모두 마음에 들지 않겠지만, 다음 네 가지 선물 중 하나를 선택해야 한다고 상상해봅시다.

| 무의미함 | 창피 | 거부 | 스트레스 |

할 수만 있다면 삶에서 절대 받고 싶지 않은 선물에 체크 표시를 합니다. 깊이 생각하지 마세요. 직감에 따라 선택합니다. 그것이 여러분의 톱 카드입니다. 다음은 각 선물이 나타내는 의미입니다.

무의미함은 '우월성' 톱 카드입니다.

창피는 '통제' 톱 카드입니다.

거부는 '만족감' 톱 카드입니다.

스트레스는 '편안함' 톱 카드입니다.

우월성

우월성 톱 카드를 가진 사람은 대부분 다른 사람보다 뛰어나고 싶다는 생각을 하지 않습니다. 열등감을 증명하거나 반대로 숨기기 위해 기대 이상의 성과를 내야 한다는 잘못된 믿음을 품을 수도 있습니다. 이런 열등감은 모든 톱 카드에 비슷한 수준으로 존재하지만, 우월성 톱 카드를 가진 사람은 자신이 항상 옳아야 한다고 생각합니다. 잘못된 것을 참기 어려워한다고 표현하는 게 더 정확할 수도 있습니다. 우월성 톱 카드로 인해 생겨나는 조건부 사고는 다음과 같습니다.

'내가 뭔가 의미 있는 일을 할 때 소속감을 느껴. 내가 중요한 일을 하지 않고, 내가 결정한 의미 있는 의견에 다른 사람이 동의하지 않을 때 불안하게 느끼고 반응해.'

이들은 무의미한 느낌을 피하고 싶어서 옳은 일을 하거나, 삶을 보다 의미 있고 중요하게 느끼기 위해 무엇이든지 최선을 다합니다. 이런 생각은 부담감으로 작용해 비효과적인 대응 기제로 돌아가게 합니다. 즉, 점점 더 열심히 일해서 계속되는 부담감의 악순환을 되풀이하거나, 포기하고 죄책감을 느끼며 자책합니다. 때로는 주변 모든 사람이 무능력하다고 느낄 수도 있습니다.

타인에게 주는 영향

여러분의 강점이 관계를 어떻게 강화하고, 약점이 어떻게 문제를 만드는지 생각해봅니다. 강점 측면에서, 우월성 톱 카드를 가진 성인은 타인에게 성공과 성취의 본보기가 되고 탁월함을 장려합니다. 하지만 다른 사람은 이를 '완벽을 구걸한다'고 보고, 기대치가 너무 높아서 충족시키기 어렵다고 느낍니다. 과도한 우월성은 자녀가 스스로를 무능력하다고 느끼게 합니다. 부모의 기대치에 부합하지 못한다고 생각하면서 스스로가 매우 실망스럽다고 느낍니다. 우월성 톱 카드를 가진 사람은 만사를 옳고 그름으로 판단하고, 사고의 유연성이 부족합니다. 그러므로 대안을 모색하는 브레인스토밍에 참여할 여유가 없습니다.

약점을 강점으로 바꾸는 법

긍정의 훈육은 아이가 원만한 성격과 삶의 기술을 계발하도록 하기위해 불안 대신 강점을 사용하도록 도와줍니다. 모든 도구가 효과적이지만 여러분의 톱 카드에 따라 특정 도구가 더 유용할 수 있습니다.

우월성을 추구하는 성인에게는 올바름과 최선을 다하는 것에 대한 욕구를 내려놓고 타인의 세계에 들어가 무엇이 중요한지 발견하도록 노력하고, 타인의 욕구와 목표를 지원하며, 조건 없는 사랑을 연습하고, 과정을 즐기고, 유머 감각을 키우고, 의도적으로 무책임함을 배우고, 불가능한 요구 사항은 거절하는 법을 배우고, 모든 아이디어를 존중하는 가족회의를 여는 등의 방법이 효과적입니다.

통제

통제 톱 카드를 가진 사람은, 다른 사람을 통제하기보다 상황 또는 자신을 통제하고 싶어 합니다. 통제할 수 없다는 것을 제대로 못 한다는 의미로 해석하는 잘못된 믿음을 갖기 때문입니다. 안전하다고 느낄 때까지 모든 상황에 관여하고, 통제하거나 미룰 것입니다.

통제로 인해 생겨나는 조건부 사고는 다음과 같습니다.

'나는 상황을, 때로는 타인을 통제할 때 소속감을 느껴. 내가 비난받을 때, 타인이 나에게 무엇을 하라고 지시하고 내 노력에 분개하며 반항할 때 불안하게 느끼고 반응해.'

이들은 비난이나 거부를 피하고 싶어 하기 때문에 상황, 자신, 때로는 자녀를 비롯한 타인을 통제할 때 안전하다고 느끼는데, 이는 잘못된 믿음입니다. 모든 것을 통제하는 건 불가능하므로, 이들은 미루는 것을 피하거나, 더 지배하려 하거나, 다른 사람이 반항할 때 이들이 피하고 싶어 하는 비난을 가할 수 있습니다.

타인에게 주는 영향

강점 측면에서, 통제 톱 카드를 가진 성인은 아이와 다른 사람이 조직 기술, 리더십 기술, 당당함, 끈기, 타인 존중을 학습하는 데 큰 도움을 줄 수 있습니다. 다만 통제를 선호하는 성인은 종종 양육과 리더십에 엄격한 성향을 보이기 때문에 아이와 타인을 융통성 없이 통제하려는 경향이 있으며, 이로 인해 반항, 저항, 혹은 해로운 만족감을 유발하기도 합니다.

약점을 강점으로 바꾸는 법

통제를 추구하는 성인은 과도한 통제 욕구를 내려놓도록 노력해야 합니다. 선택권을 주고, 호기심을 유발하는 질문을 던지고, 결정을 내릴 때 아이와 타인을 포함시키고, 가족회의를 열면 유용합니다.

만족감

만족감 톱 카드를 가진 사람은 다른 사람을 기쁘게 할 기회를 놓치지 않으려 합니다. 그들이 멈추는 것은 아무도 그들에게 감사하지 않아서 후회할 때뿐입니다. 그들은 다른 사람을 기쁘게 해주려고 노력하는 마음을 아무도 알아주지 않을 때 상처받습니다. 일일이 다 말하면 특별하지 않기 때문에 말하지 않아도 알아주기를 바랍니다. 다른 사람이 감사하지 않으면 자신의 노력이 부족하다는 의미로 받아들이는 잘못된 믿음을 가집니다. 만족감으로 인해 생기는 조건부 사고는 다음과 같습니다.

'다른 사람이 나를 좋게 평가할 때 소속감을 느껴. 내가 다른 사람을 위해 노력한 것에 그들이 감사하지 않고, 내가 노력한 것을 몰라주고, 나를 기쁘게 하지 않으면 상처받고 불안해.'

이들은 거부하거나 따지는 것을 피하고 싶어 하기 때문에, 다른 사람의 욕구를 가치 있게 생각해주면 자신도 가치 있게 여겨질 것이라는 잘못된 믿음을 가집니다.

타인에게 주는 영향

강점 측면에서, 만족감 톱 카드를 가진 성인은 아이가 친절하고 배려심 있고, 공격적이지 않은 행동을 하는 데 큰 도움이 됩니다. 하지만 만족감을 추구하는 성인은 허용적 양육 방식이나 리더십을 선택하기 때문에, 당하고도 가만있거나 자녀에게 이용당한다는 느낌을 받기도 합니다. 그들은 사랑이라는 미명하에 아이에게 많은 것을 제공하지만, 지나친 관심 끌기나 조종, 억울함, 우울 혹은 보복까지 초래하기도 합니다. 자신과 타인을 존중하는 데 필요한 것이 무엇인지 모색하도록 아이에게 본보기를 보여줄 수 없으며, 만족감이 채워지지 않을 때 찾아오는 불안은 다른 사람을 성가시게 할 수 있습니다. 특히 이들이 만족감을 돌려받기를 바라고 선행을 베푼다고 사람들이 느끼면 다른 사람들은 이들을 피할 것이며, 이들은 자신이 거부당했다고 느끼게 됩니다.

약점을 강점으로 바꾸는 법

만족감을 추구하는 성인은 타인의 욕구를 과도하게 신경 쓰지 말고 자신의 욕구부터 먼저 챙겨야 합니다. 자녀를 비롯해 타인에게 스스로 만족감을 찾을 수 있는 능력이 있다고 믿을 필요가 있습니다. 감정적으로 정직한 방법을 배우고 연습하며 함께 문제를 해결하고, 어떻게 주고받는지 배우고, 경계를 설정하고, 가족회의를 활용할 필요가 있습니다.

편안함

사람들은 대부분 자신의 톱 카드 명칭과 그 명칭이 나타내는 것을 싫어하지만, 편안함 톱 카드를 가진 사람은 예외입니다. 그들은 왜 다른 사람이 편안함 이외의 것을 선택하는지 이해하지 못하는데, 이 점이 문제가 되기도 합니다. 그들은 스스로 배우거나 성장하려 하지 않고, 다른 사람은 그들을 둔감하고 예상대로만 행동하는 사람이라고 생각합니다.

편안함으로 인해 생겨나는 조건부 사고는 다음과 같습니다.

'나는 안전하고 친근한 범위 내에 있을 때 소속감을 느끼고, 스트레스 받는 일은 아무것도 하고 싶지 않아. 다른 사람이 나를 불편하게 하거나 다른 일에 참여하라고 강요할 때 불안하게 느끼고 반응해.'

이들은 감정적, 육체적인 스트레스를 피하고 싶어 하고, 문제가 없어져야 균형감을 느낄 수 있다는 잘못된 믿음을 가집니다.

타인에게 주는 영향

강점 측면에서, 편안함 톱 카드를 가진 성인은 편안하고 충성심이 강하고, 사교적이거나 계획대로 행동하는 사람의 본보기가 됩니다. 하지만 편안함을 추구하는 성인은 허용적 양육 방식이나 리더십을 선택하기 때문에, 아이가 버릇이 없어지거나 다른 사람이 요구만 하게 만드는 등 타인에게 특권 의식을 심어주는 경향이 있습니다. 이런 단점을 회피하면 개인이 성장하지 못하고 타인에게 지루한 사람으로 보일 수도 있고, 다른 사람을 너무 편안하게 대하다 자신이 스트레스를 받을 수 있습니다.

약점을 강점으로 바꾸는 법

편안함을 추구하는 성인은 자기만의 굴레에서 탈출하여 아이와 타인이 자기만의 규칙적인 일상을 만들고, 목표를 세우고, 함께 문제를 해결하는 데 관여할 수 있도록 해주어야 합니다. 때로는 아이를 구제해주어서는 안 된다는 것이 힘들 수도 있지만, 아이가 선택에 의한 결과를 자연스럽게 경험하게 하고 가족회의에 참여하게 할 필요가 있습니다.

도입부에 소개한 이야기에서 피오나는 어떤 톱 카드를 가지고 있다고 생각하나요? 피오나가 자신의 비즈니스와 친구 관계를 관리하는 데 어떤 조언을 해줄 건가요? 성장은 강점을 극대화하고 약점을 강점으로 전환할 때 생겨납니다. 만족감 톱 카드를 가진 피오나는, 고객에게 최상의 서비스를 제공하는 능력이 비즈니스에서 성공하는 지름길이라고 생각할 것입니다. 하지만 그녀가 스트레스를 받으면 다른 사람에게만 만족감을 주려고 애쓰게 될 위험이 있습니다. 거부당하는 상황을 피하기 위해서는 다른 사람을 만족시켜줘야만 한다는 조건부 사고를 갖고 있기 때문입니다. 그 결과 필리파가 피오나를 마음대로 조종하는 결과를 초래했습니다. 피오나는 상호 문제 해결로 건전한 경계를 정하고, 자신의 감정에 솔직해져서 아니라고 말하는 법을 연습해야 할 것입니다.

통찰과 인지를 갖추면 성장이 흥미롭고 뿌듯한 과정으로 다가옵니다. 여러분 자신의 톱 카드를 알고 아이, 다른 가족 구성원, 동료와의 관계에 영향을 주는 방식을 이해하면, 시간을 투자하고 연습해서 '최고의 자신'이 되는 법을 학습할 수 있을 것입니다.

★ 긍정의 훈육 실천하기

저자 중 한 명인 크리스티나가 부부를 위한 긍정의 훈육 워크숍에 참여한 후 한 말입니다.

"톱 카드를 배운 뒤 저 자신을 드러낼 수 있었어요. 제 톱 카드는 우월성이고, 남편은 의심할 여지없이 편안함입니다.

저에게 있어 저 자신과 다른 사람에 대해 가장 주요한 이슈는 비현실적인 요구 사항입니다. 완벽에 대한 강박이라고 할 수 있죠. 저나 남편, 혹은 다른 사람이 완벽하게 해내지 못하면, 뭐 항상 그럴 수밖에 없지만, 실망하고 낙담하죠. 그러면 일방적인 판단과 비난으로 대응합니다. 예전에는 타인에 대한 비현실적인 요구 때문에 친구를 잃기도 했어요.

남편이 조금이라도 '약점'을 보이면 냉담하고 거세게 몰아붙였어요. 저의 가장 큰 걱정은, 남편이 상황에 책임을 지지 않고 스스로 일하거나 성장하려는 의지가 부족하다는 거였어요. 그런 모습이 너무 낯설어서 관계를 끝내야 할지도 모르겠다는 생각을 여러 번 했어요.

그런데 톱 카드를 알고 나서 저에게도 문제가 있다는 것을 알게 되었어요. 제가 비난하고 요구할수록 남편은 후퇴하고 있었던 거죠. 우월성 톱 카드를 가진 사람으로서 받아들이기는 어려웠지만, 그래도 내가 다른 사람을 바꿀 수 없다는 사실을 받아들이고 스스로를 바꾸는 데 집중했어요. 판단하기를 멈추고, 그 대신 남편이 핑계를 대고 빠른 길을 찾는 것처럼 보여도 그냥 두거나 작은 단계를 실천하도록 격려했어요.

그랬더니 신기하게도 남편이 스스로 일하게 되었고, 변화에 개방적인 자세로 바뀌었어요. 제가 일방적으로 판단하지 않으니 남편은 저를 편안하게 생각하고 고마움을 느끼게 되어, 혼자만의 세상에 틀어박힐 필요가 없어졌죠. 저 또한 불안을 다루는 데 도움이 되는 수용과 용서를 어떻게 다뤄야 하는지 남편에게서 배울 수 있었어요."

긍정의 훈육 도구

누구나 불안을 느낄 때 처음으로 반응하는 톱 카드를 갖고 있습니다. 자기 자신과 다른 사람의 톱 카드를 알면, 문제라고 느끼는 행동을 다루는 데 큰 도움을 받을 수 있습니다. 이 챕터에서 살펴본 것처럼 어떤 도구는 톱 카드에 따라 더욱 유용할 수 있습니다. 여기서는 여러분의 톱 카드를 다루는 방법뿐만 아니라 개인적인 영역에서도 도움이 될 만한, 보다 일반적인 도구를 소개하려 합니다.

인식

모든 것이 보는 사람에 따라 달라지고, 우리는 어린 시절에 형성된 믿음 체계의 필터로 세상을 인식합니다. 똑같은 필터를 가진 사람은 없습니다. 그렇기 때문에 우리는 같은 경험이라도 조금씩 다르게 해석합니다. 이런 점을 이해하면, 변화하는 세상과 그 환경이 사람에게 미치는 영향을 해석하는 데 큰 도움이 됩니다. 스트레스, 갈등, 혹은 의견 불일치 상황에서 잠시 멈추고 여러분의 해석에 어떤 믿음이 숨어 있는지 생각해봅니다. 그리고 나서 상대의 행동에 숨어 있는 본질을 질문해보고, 상황을 경험하면서 변화하는지 관찰하며 갈등의 감정을 그대로 둘 수 있을지 살펴봅니다. 그리고 자기 자신과 상대를 어떻게 격려할지에 집중합니다.

책임

여러분은 스스로 만든 것에 책임을 져야 합니다. 어떻게 여러분이 불평불만을 표시하는지 깊게 파고들어서 살펴봅니다. 책임은 비난이나 창피를 의미하지 않습니다. 개인의 책임을 인지하면 원하는 바를 성취할 힘과 선택할 수 있는 권한이 있음을 알게 됩니다. 비난이나 다른 사람의 기대 없이 원하는 바를 성취할 계획을 세웁니다.

차이

다르다는 것은 매력적인 일입니다. 때때로 여러분을 괴롭히는 배우자의 성격에 관해 생각해봅시다. 배우자의 특성은 타고난 것인데, 처음에는 그것을 어떻게 받아들였나요? 사랑스럽다고 생각했나요? 혹은 상관이 없었나요? 배우자가 바뀐 걸까요, 아니면 여러분이 변한 걸까요? 다름에 감사하고 차이를 존중해야 합니다. 배우자의 강점을 목록으로 작성해두고 정기적으로 읽어보면 어떨까요? 매일매일 감사를 말로 표현하는 시간을 가집니다.

자신의 톱 카드 이해하기

톱 카드를 처음 배웠을 때는 자신의 톱 카드를 받아들이기 어렵습니다. 톱 카드는 '계속 만들어가는' 과정에 있으므로, 시간이 갈수록 조건부 사고를 이해하고 언제 이런 사고를 사용하는지 깨닫기 시작합니다. 다음의 자기 성찰 활동은 여러분이 자기만의 논리를 발견하는 데 도움을 주며, 톱 카드를 만들어가는 과정에 유용할 것입니다.

1. 자신의 톱 카드를 검토합니다. 앞서 이야기한 톱 카드 상자 중 무엇을 골랐는지 떠올려보거나 문제를 경험한 상황을 생각해봅니다. 무슨 일이 있었나요? 적어봅니다.
2. 그 일이 언제 일어났고, 그때 무슨 생각을 했나요?
3. 당시에 어떤 느낌이었나요? 여러분의 톱 카드 상자에 있는 것과는 다른 감정 단어를 사용해 표현해봅니다. 감정 단어는 '화', '죄책감', '걱정' 등 한 단어로 된 낱말을 사용합니다.
4. 그 상황에서 여러분은 무엇을 했나요?
5. 어떤 결과가 있었나요?
6. 다르게 행동할 수 있다면 어떻게 하면 좋을지, 스스로에게 해줄 조언이 있나요?

3장

더 나은
삶을 위하여

두 아이의 아버지인 조시는 말합니다. "아이가 생기기 전에는 지금보다 몸이 좋았죠. 마라톤을 뛰었고, 일주일에 세 번은 근력 운동도 했거든요. 하지만 육아와 일을 병행하면서 모든 게 바뀌었어요. 지금의 몸이 마음에 안 들고, 육체적으로나 감정적으로나 건강했던 과거의 나 자신이 그리워요."

바쁜 부모는 대부분 일과 삶에서 말 그대로 다람쥐 쳇바퀴 돌듯 최선을 다해 달려야 한다고 느낍니다. 이들은 끝없는 의무와 책임의 고리에 갇혀 있다는 느낌을 받습니다. 그렇지만 개인의 행복 추구는 충분히 가치 있고 존중받을 만한 목표입니다. 어쩌면 여러분이 다 아는 이야기일 수도 있습니다. 개인이 추구하는 행복의 결과가 아이에게 어떤 영향을 미칠지를 이해한다면 또 다른 동기부여가 될 것입니다.

일그러짐 발견하기

모든 영역에서 골고루 힘들다고 느끼나요? 현대의 삶은 이전보다 훨씬 빠른 속도로 우리를 몰아붙입니다. 하지만 중요한 것은, 자신이 행복하지 않으면 주변의 그 누구도 행복하게 할 수 없다는 점입니다. 불행한 상태는 여러분이 마음 쓰는 자녀, 배우자, 동료, 친구에게 영향을 줍니다. 행복하지 않은 사람은 자녀에게 본보기를 보여주지 못하고, 직장에서도 사람들과 잘 어울리지 못합니다. 여러분이 부모로서 인생을 즐기고 행복해하면 아이는 직관적으로 그것을 알아챕니다. 한 엄마는 과도한 일정에 쫓기듯 일하는 자신의 삶이 아들에게 일하는 부모가 된다는 건 비참한 일이라는 영향을 미친다는 사실을 알고 깜짝 놀랐습니다. 아들이 친구에게 "난 절대 아이를 낳지 않을 거야. 일이 너무 많아지거든. 육아는 정말 고통스러운 일이야"라고 말하는 것을 들은 것입니다. 여러분이 만일 바쁜 부모, 일하는 부모라면 일상의 긴장과 압박에서 벗어날 수 있는 도피처를 찾아야 합니다. 넓고 트인 시각을 가지려면 정기적으로 일상의 삶에서 벗어나 자신을 돌봐야 합니다. 이는 영적, 개인적 성장을 추구하는 삶을 의미합니다. 우리는 종종 삶이라는 사다리를 오르는 데 정신이 팔려, 정작 중요한 사다리가 엉뚱한 곳에 걸쳐져 있다는 사실을 알아채지 못하기도 합니다.

삶의 기쁨을 찾기 위한 첫 번째 단계는 실제로 문제가 있는 곳이 어디인지 정확하게 진단하는 것입니다. 잘 알려진 도구인 '삶의 수레바퀴wheel of life'를 사용하면 삶의 여덟 가지 주요 영역 중에서 문제가 있는 영역을 확인할 수 있습니다.

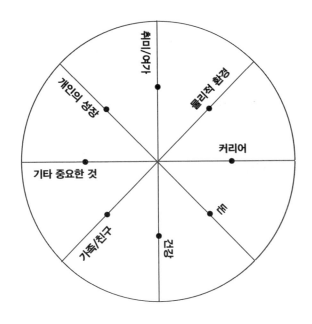

각 영역에서 현재 자신이 어느 수준인지를 0에서 10점 사이로 점수를 매겨봅니다. 수레바퀴의 중심을 0, 테두리를 10이라고 두고 자신의 점수를 표시한 뒤 다음 예시와 같이 표시한 부분끼리 연결하여 선을 그립니다. 완성하고 나면 균형이 가장 일그러진 곳을 시각적으로 확인할 수 있습니다. 타이어 균형이 맞지 않거나 공기가 부족한 채로 차를 몰다 보면 차가 덜컹거리고 힘이 들고 승차감이 나쁘다는 것을 쉽게 알 수 있습니다. 마찬가지로, 점수가 가장 낮은 영역은 여러분이 행복하다고 느끼지 못하는 원인일 가능성이 큽니다. 모든 영역에서 10점을 얻는 것이 이 활동의 목적은 아닙니다. 그것은 현실적으로 불가능합니다. 인생은 어느 정도 기복이 있다고 받아들이는 편이 현실

적입니다. 다만 현시점에서 가장 큰 문제가 발생하고 있는 영역이 어디인지 확인하고, 어디에 집중해야 할지 알아야 합니다. 문제가 되는 영역이 다른 영역으로 이동할 수도 있습니다. 이는 평생에 걸쳐 지속되는 과정입니다.

개인의 윤택한 삶을 우선시하라

행복하고 화목한 가정을 만들기 위한 첫 단계는, 여러분 자신이 먼저 행복하고 만족스러워져야 한다는 것입니다. 그러려면 신체적으로 건강하고, 스트레스 관리를 포함해 정신적으로 건강하며, 의미 있는 관계를 맺을 수 있어야 합니다. 이러한 부분은 개인의 윤택한 삶에서 필수적인 요소입니다. 자기 돌봄에 가장 큰 영향을 미치는 영역에 집중해볼까요? 삶의 수레바퀴에서 커리어와 돈을 제외한 여섯 가지 영역을 봅니다. 이 중 5점 이하인 영역이 있다면 자신의 삶을 먼저 돌봐야 합니다. 지금부터 소개할, 각 영역의 점수를 올릴 수 있는 방법을 실천해봅니다. 먼저 자기 돌봄과 관련된 영역에서 높은 점수를 얻은 후 커리어와 돈에 신경 써야 합니다.

육체적 건강부터 시작하여 개인의 윤택한 삶에 영향을 미치는 세 가지 중요한 영역을 자세히 살펴보겠습니다.

육체적 건강

육체적 건강은 지속적인 운동 계획, 건강한 식습관 유지, 충분한 수면 등에 집중하는 것을 포함합니다. 스트레스 또한 육체적 건강에 지대한 영향을 미칩니다. 자세한 내용은 정신적 건강에서 다룰 것입니다. 자기 자신의 건강 관리는 일이나 가족의 압박으로 부담을 느낄 때 가장 소홀해지기 쉬운 부분입니다. 여러분은 이런 생각을 얼마나 자주 하나요?

'이 일만 끝나면 달리기 모임에 참여할 거야.'

'설탕과 카페인이 없으면 졸려서 일을 할 수 없어. 아이가 좀더 크면 건강한 식습관으로 돌아가야지.'

이런 전략은 단기적으로는 효과적입니다. 하지만 금세 건강하지 않게 되고, 우울해지고, 지치고, 무관심해지기 쉽습니다.

규칙적인 운동으로 건강 유지하기

운동은 언제나 좋은 해결책입니다. 삶의 유해함으로부터 우리를 보호해주는 예방주사인 셈입니다. 운동은 비만, 심장병, 설사, 뇌졸중, 스트레스를 예방하게 해주며, 근심을 덜어주는 천연 항우울제인 '엔도르핀 화합물'을 분비시켜, 아무리 끔찍한 기분이 들더라도 약 20분 만에 나아지게 해줍니다. 운동은 신체 이미지를 증진하고, 정력을 향상시키며, 전반적으로 행복감을 느끼게 합니다. 어떤 엄마는 이렇게 말합니다. "제가 투덜거릴 때면 아이들이 달리기를 하러 가자고 졸랐어요. 아이들은 달리기를 하고 나면 제가 인내심 있고 참을성 있는 엄마로 돌아올 것을 알고 있던 거죠."

다양한 매체에서 건강의 중요성을 끝없이 홍보하고, 지금도 우리는 그것을 접하고 있습니다. 그런데도 왜 규칙적으로 운동하지 않을까요? 부담을 느끼는 부모들은 이렇게 한탄합니다. "그건 불가능해요. 할 게 너무 많아서 운동할 시간이 없어요." 바쁜 부모가 죄책감을 느끼지 않으면서도 자기 자신을 위해 운동할 시간을 내려면 보다 창의적으로 생각해야 합니다. 가족, 친구, 혹은 동료와 함께 운동할 수도 있습니다. 기대치를 관리할 필요도 있습니다. 여러분은 아이언맨이 될 정도로 오랫동안 운동하지 않아도 됩니다. 그런 것은 다른 시간에 해도 됩니다. 일주일에 세 번, 30분 정도 걷는 시간을 짬짬이 내면 됩니다. 중요한 것은 시간과 장소를 정해두고 규칙적으로 운동하는 것입니다.

어떤 운동을 하든 여러분이 즐겁게 할 수 있는, 하고 싶은 것을 찾으세요. 하기 싫은 운동을 억지로 할 필요는 없습니다. 그 운동이 여러분의 의무나 목적에 적합한지 생각하세요. 자녀가 너무 어리다면 아이를 유모차에 태우고 퇴근 후나 주말에 걷거나 달리세요. 아이가 충분히 자랐다면 여러분이 걷거나 조깅하는 동안 옆에서 자전거나 스쿠터를 타게 하면 됩니다. 아이와 함께하면 여러분은 여러분대로 운동을 할 수 있고 아이는 아이대로 운동과 행복의 중요성을 배우게 됩니다. 또 다른 방법은 러닝머신 등의 운동 기구를 구입해서 아이가 자거나 텔레비전을 볼 때 집에서 운동하는 것입니다. 맞벌이를 하면서 교대로 육아를 해야 한다면 이 방법이 효과적일 것입니다. 여러분이 운동을 하는 동안 배우자가 아이의 숙제를 도와주거나, 배우자가 운동을 하는 동안 여러분은 저녁 식사를 준비하는 식입니다. 아이가 태어나기 전에 부부가 함께 하던 활동과 같이 배우자와 함께 즐길 수 있는 운동을 찾으면 더욱 좋습니다. 서로 강한 유대감을 맺으면서 건강도 챙길 수 있습니다. 인터넷으로 정보를 찾는 것도 잊지 마세요. 최근에는 다양한 운동 강의가 많고, 집에서 개인 트레이너에게 수업을 받을 수도 있습니다.

헬스장이나 수영장 같은 시설에 다닌다면 집이나 직장에서 가까운 곳이 좋습니다. 동선이 너무 길면 바쁜 일정에 맞추기가 어렵습니다. 귀가한 후에도 직장에서 받은 스트레스가 이어지는 타입이라면 귀가하기 전에 30분 정도 운동을 해서 땀으로 스트레스를 날려버리세요.

어떤 엄마는 스트레스가 극에 달한 날이면 돌보미에게 전화를 걸어 운동복을 전해달라고 부탁합니다. 그리고 운동복을 챙겨 헬스장에서 운동을 한 뒤, 한결 나아진 기분으로 집에 돌아가 아이를 만납니다. 운동을 하면서 스트레스도 관리하고 싶다면 요가를 추천합니다. 운동과 사회적 관계라는 목표를 모두 달성하고 싶다면 점심시간에 동료와 함께 걷거나 헬스장에 가는 것으로 두 가지 욕구를 모두 충족할 수 있습니다. 남은 오후 시간에 더 많은 에너지를 느끼게 될 것입니다. 아침형 인간이라면 30분씩 일찍 일어나 아이가 깨기 전에 헬스장에 다녀옵니다.

식습관에 집중하기

잘 먹는 것은 건강과 행복을 유지하는 데 중요한 일입니다. 하지만 여러분 중 대다수는 손드라의 다음 이야기에 공감할 것입니다.

"저희 어머니는 전업주부였어요. 매일 밤 집에서 음식을 만들어주셨죠. 그런데 저는 일주일에 반 이상을 직장 일로 지쳐 있어서 요리하기가 쉽지 않아요. 아이 축구 연습과 피아노 레슨 사이에 시간을 내기도 힘들죠. 피자를 주문하거나 드라이브 스루를 이용하는 날이 더 많아요. 아이들 먹이는 것에 죄책감을 느끼고, 늘어나는 허리둘레가 걱정돼요."

직장 일로 바쁜 부모라면 현실적으로 매일 저녁 요리할 시간이 없을 것입니다. 패스트푸드를 먹었다는 죄책감은 잠시 내려두고, 지치고 힘든 날에도 집에서 빠르고 간단하게 먹을 수 있는 음식을 만들 계획을 세워봅니다. 최신 기술을 활용해보세요. 압력솥을 사용하면 요리하기가 쉽고 시간도 줄일 수 있습니다. 어떤 부모는 시간이 날 때 음식을 두 배로 만들어 냉장고에 보관해두었다가 바쁠 때 꺼내 먹기도 합니다. 때로는 음식 만들 시간이 아니라 요리 재료가 없는 게 문제일 수도 있습니다. 간단하면서도 건강한 음식을 30분 이내에 만들 수 있게 해주는 요리책을 참고하거나 매일 아침 문 앞에 신선한 재료와 음식을 배달해주는 서비스를 이용해도 좋습니다. 이미 반쯤 조리된 음식을 데워 먹기만 할 수도 있습니다. 좀더 창의적으로 생각할 필요가 있습니다.

3부 5장에서 식사 시간은 협동하는 방법과 가족에게 공헌하는 법을 가르칠 수 있는 소중한 기회라고 언급했습니다. 어린아이라도 부모가 조금만 지켜보고 도와준다면 수프나 샐러드, 샌드위치, 후식을 준비할 수 있습니다. 아이와 함께 요리하면 특별하고 의미 있는 시간을 보낼 수 있고, 소속감과 공헌감을 느끼게 할 수 있습니다. 집안일을 분담하면 아이는 부모를 도와줄 수 있다는 사실에 유능감을 느끼고, 부모는 모든 집안일을 떠안아야 한다는 부담에서 벗어날 수 있습니다. 아이와 여러분이 건강식을 먹기 위한 좋은 방법 중 하나는, 냉장고에 다듬은 채소, 후무스(hummus, 병아리콩 으깬 것과 오일, 마늘을 섞은 중동 지방 음식―옮긴이), 과일, 견과류 등 몸에 좋은 간식을 모아두는 '건강한 간식 선반'을 만드는 것입니다. 직장에도 비슷한 공간을 만들어두면 좋습니다. 또한 물을 많이 마시는 게 좋습니다. 종종 목마름을 배고픔이나 탈수로 오인하여 피로를 더 심하게 느낄 수도 있기 때문입니다.

충분한 수면 취하기

우리가 실시한 설문 조사에 따르면, 설문에 응답한 성인 중 50퍼센트는 저녁에 숙면을 취한다고 답했고, 80퍼센트는 그들의 자녀가 숙면한다고 답했습니다.

유명한 의료 기관인 메이요 의료원Mayo Clinic에서는 성인의 경우 하루 7~8시간의 수면이 필요하다고 권고합니다. 사실 오늘날 미국인은 역사상 그 어느 때보다 잠이 부족한 상태입니다. 1850년까지만 해도 미국인의 평균 수면 시간은 9시간 반 정도였습니다. 1950년에는 8시간으로 줄었고 현재는 7시간으로, 계속 줄어들고 있습니다. 2009년 발표된 질병관리예방센터Center for Disease Control and Prevention의 연구에 따르면 미국인의 35.3퍼센트가 하루 7시간 이하의 수면 시간을 가진다고 합니다.[27] 수면 부족은 집중력 감소와 피로로 직결되고, 만성 피로는 무기력하고 과민하게 만들고 면역력을 약화시킵니다. 탈진과 번아웃은 우울과 불안의 원인이 됩니다. 결국 피곤하면 삶의 모든 영역에서 대처 능력이 떨어진다는 뜻입니다. 그리고 잘 대처하지 못할수록 비효과적인 부모, 배우자, 전문가가 됩니다.

어떤 엄마는 지칠 때마다 아이에게 '순교자 테이프'처럼 잔소리하던 때를 떠올리며 이야기했습니다. 그녀는 아이에게 "엄마는 정말 열심히 일하고 있어. 일주일에 40시간을 일하고 지친 몸으로 집에 온단다. 내가 원하는 건 단 하나, 깨끗한 부엌뿐인데 너희는 그것도 해주지 않으니 결국 내가 다 정리해야 하지. 너희가 어질러놓은 건 알아서 좀 치워주렴. 가정부 노릇은 이제 진저리가 나는구나." 그러자 열다섯 살 아들이 그녀의 장황한 연설을 가로채고 끼어들었다는 겁니다. "엄마, 잠시 잠을 좀 자고 오면 상황이 나아질 것 같아요." 그녀는 아들의 말을 인정했습니다. "아들의 말에 화가 나긴 했지만, 지친 자신이 주변의 골칫거리가 되었다는 사실에 더 화가 났어요."

여러분이 가장 먼저 버려야 할 문화적 편견 중 하나가 '잠을 덜 자면 강한 사람'이라는 생각입니다. 8시간을 자면 최고의 컨디션을 유지할 수 있는데 왜 6시간만 잔다는 것에 자부심을 느끼나요? 여러분의 몸이 하는 말에 귀를 기울이고, 잠자리에 들 때가 되면 스스로 말하세요. 여러분이 최고의 컨디션을 유지하는 데 필요한 적절한 수면 시간을 확보하는 것을 우선시하세요. 여러분의 동료나 배우자 또한 감사하게 느낄 것입니다. 아이에게 좋은 수면 습관을 보여주는 것도 중요합니다. 여러분이 지쳐서 한계에 부딪히고 주변 사람과 어울리기 힘들 때에는 아이에게 솔직히 말하세요. 낮잠을 자야 할 것 같거나 8시 30분에 잠자리에 들어야 한다면 아이와 배우자에게 도와달라고 부탁하세요. 여러분이 느끼는 부정적인 감정 때문에 가족에게 부담을 주지 않도록 하는 것이 여러분이 할 일입니다. 때로는 탈진 상태로 인해 더 심각한 문제 상황이 생깁니다.

잠을 보다 쉽게, 효과적으로 잘 수 있는 방법이 몇 가지 있습니다. 평소 쉽게 잠들지 못한다면 카페인이나 술은 피하세요. 술은 긴장을 완화시켜 짧은 숙면을 유도하기는 하지만 수면 패턴을 망가뜨립니다. 카페인은 여러모로 숙면을 방해합니다. 그 대신 조깅을 하세요. 규칙적인 운동은 불면증을 완화시키고 숙면을 도와줍니다. 단, 너무 늦은 밤에 운동하지 않도록 주의하세요. 이 또한 수면에 영향을 미칩니다.

적어도 잠들기 한 시간 전에는 두뇌 활동이 요구되는 독서나 전화 통화 등 모든 활동을 멈추고, 편안한 잠자리를 위한 규칙적인 일상을 만들어야 합니다. 잔잔한 음악을 듣고, 가벼운 독서를 하거나 허브티 또는 따뜻한 우유를 마시며 내일을 준비하세요. 몸과 마음의 불을 끄고 스스로 조용히 해야 할 때라는 신호를 보내는 것입니다. 적어도 잠들기 한 시간 전에는 모든 디지털 기기의 전원을 끄세요. 전자 기기는 수면 호르몬인 멜라토닌의 생성을 멈추거나 지연시켜 잠들기 어렵게 만듭니다.

만성적인 불면증에 시달린다면 병원에 가거나 근처 수면 장애 클리닉에서 진단을 받아보는 것이 좋습니다. 매년 5,000만 명 이상의 미국인이 만성 수면 장애로 고통받는다고 합니다.[28] 저자의 친구 한 명 또한 만성피로와 우울증에 시달렸는데, 수면무호흡증을 앓고 있었다는 것을 알고 수술을 받아 수면의 질뿐만 아니라 삶의 에너지와 열정 또한 회복했습니다.

바쁜 일정 때문에 도저히 7~8시간 이상 수면을 취할 수 없다면, 짧은 시간에 수면을 취할 수 있는 방안을 활용하세요. 잠깐의 완화가 실질적인 회복력을 제공합니다. 일과 중 매일 15분에서 20분 정도, 조용하고 아무에게도 방해받지 않을 수 있는 편안한 시간을 확보하세요. 눈가리개를 사용하거나 눈을 감고 심호흡을 연습합니다. 눕는 게 좋지만 근무 중이라 어렵다면 빈 회의실이나 차 안에서 편안하게 앉아도 좋습니다. 휴대폰이나 시계로 알람을 설정해두어서 일어날 시간을 놓치지 않도록 합니다. 깊게 잠들지 않고 기분 전환을 하거나 마음을 다잡기 위한 용도로 활용합니다.

정신 건강

정신 건강의 중요성이 사회적으로도 인식되고 있는 것은 다행이지만, 불행히도 최근에는 청년들의 정신 건강 문제가 수면 위로 떠오르고 있습니다. 오늘날 우리 사회는 아이의 행동을 고치려 할 때 육아와 교육 혁신만으로 충분히 교정할 수 있는데도 불구하고 정신과 치료 약물을 유행처럼 사용합니다. 우리는 정신 건강에 관한 문제를 심각하게 받아들여 아이에게 건강한 습관의 본보기를 보여주어야 합니다.

이 챕터에서는 스트레스 관리와 건전한 내부 독백의 개발이라는, 정신 건강상의 두 가지 기초적인 측면을 다룰 것입니다. 우리는 영적 건강을 가꾸는 것과 코칭, 치료의 효과를 믿습니다.

스트레스 관리

일하는 부모를 대상으로 한 설문조사에 따르면, 전체의 41퍼센트가 일상생활을 보내는 시간의 반 이상에서 스트레스를 느낀다고 응답했고, 거의 3분의 1인 27퍼센트는 생활의 대부분이 스트레스라고 답했습니다. 스트레스는 우리가 위협이라고 인식한 대상에 신체적, 정신적으로 반응하는 과정입니다. 4부 1장에서 다루었듯이, 신체가 생존 모드로 들어가면 원초적 뇌가 활성화되어 투쟁, 도주, 정지 중 하나의 반응을 보이게 됩니다. 이때 우리 몸은 생존을 위해 아드레날린과 코르티솔이라는 호르몬을 생성합니다. 고대 인류는 호랑이에게 쫓기는 것처럼 실제로 신체적 위협을 받는 삶을 살았습니다. 이때 이런 호르몬은 인류가 보다 빨리 달리게 하거나 근력을 강화시켜 위협에 맞서 생존할 수 있게 했습니다. 이런 반응은 즉각적이고 원초적인 위협을 받을 때는 매우 유용했습니다. 하지만 이는 이상적인 사고가 아닌 '뚜껑이 열린' 사고입니다. 예전에는 스트레스가 생명을 위협했지만, 현대 사회에서 생명을 위협하는 경우는 거의 없습니다. 이를 비유해서 오늘날 겪는 스트레스의 원인을 '종이호랑이'라고 부르기도 합니다. 모든 인간에게 생존은 여전히 중요하고 비이성적이고 본능적인 문제이기 때문에, 우리는 스트레스에 대해 이전과 동일한 생물학적 반응을 보입니다. 호랑이든 종이호랑이든 결과는 동일합니다. 그렇다고 행동까지 조상들과 동일해야 할까요?

만약 우리가 실제로 호랑이에게 쫓긴다면 당연히 도주할 것이고 스트레스 호르몬은 몸 안에서 소진될 것입니다. 반면 종이호랑이는 주로 정신적인 문제, 인간관계나 업무상의 압박과 같은 양상으로 나타나기 때문에 도주나 투쟁 등의 신체적 반응을 나타내지 않습니다. 그 대신 말로 대응하거나 억누르거나 무시합니다. 그렇다면 소비되지 않은 스트레스 호르몬은 어떻게 될까요? 우리 몸 안에 남아 면역 기능, 소화 기능, 생식 기능에 혼란을 일으킬 뿐만 아니라 전반적인 정신 건강에 악영향을 미칩니다. 이는 만성 스트레스가 되는데, 스트레스를 줄이거나 진정할 기회가 없어 체내의 코르티솔 및 아드레날린 수치가 계속 높은 수준으로 유지됩니다.

적당한 스트레스는 오히려 이로우며 정신적, 육체적으로 원하는 성과를 얻을 수 있도록 도와준다는 사실에 주목해야 합니다. 이러한 스트레스는 '긍정적 스트레스'라고 불리며, 뇌가 완전히 작동하면서 뇌의 성장 및 학습과 관련된 DHEA라는 호르몬을 생성하도록 유도합니다. 단, 이는 우리가 상황에 맞설 의욕을 느끼되 위협을 느끼지 않을 때에만 유효합니다. 위협을 느끼면 투쟁, 도주, 정지 등의 반응을 보이며 스트레스 호르몬이 분비됩니다. 스트레스가 신체에 긍정적인 영향을 미치는 순간은 언제일까요? 예를 들어 스포츠에서 경쟁은 운동 능력을 증진시키고 기술을 향상시킵니다. 그러나 동시에 스트레스에서 회복하기 위해 팀 재편성, 전략 수립을 위한 타임아웃이라는 도구를 사용하기도 합니다.

그렇다면 가정 및 직장에서 스트레스를 다루고 회복하는 방법을 어떻게 배울 수 있을까요? 첫 단계는 긍정적인 대응 전략입니다. 단기적으로 증상을 완화시킬 뿐인 뒤로 미루기, 폭식, 음주, 흡연과 같은 부정적인 대응 전략 대신 스트레스 호르몬을 소진시킬 수 있는 운동이나 다른 사람과의 대화, 글쓰기, 그림 그리기 혹은 심호흡과 같은 긍정적인 대응 전략에 집중합니다. 누구나 실수합니다. 너무 자책하지 말고, 내일 열심히 할 것이라고 다짐하세요. 일하는 부모들을 대상으로 한 설문조사에 따르면, 스트레스를 해소하기 위해 가장 즐겨 하는 활동은 수면과 운동, 요가, 텔레비전 시청이었습니다. 다음은 스트레스를 다루는 데 도움을 주는 아이디어입니다.

내버려두기

어떤 사람들은 통제할 수 없는 것을 걱정하거나 바꾸려고 노력하느라 에너지를 과도하게 소비합니다. 통제가 불가능한 것은 내버려두고, 통제할 수 있는 것에만 집중하세요. "어떻게요? 어떻게 그렇게 할 수 있죠?" 여러분의 질문이 들리는 것 같습니다. 사실 쉽지 않은 것은 맞습니다. 다만 이 책에서 소개하는 도구와 실천은 여러분이 삶의 균형을 되찾고 지나친 행동을 자제할 수 있도록 도움을 줄 것입니다. 여러분은 더 좋은 부모, 배우자, 동료가 될 수 있습니다. 첫걸음은 언제나 자각하는 것입니다. 여러분이 무엇을, 왜 통제하려 하는지 파악하기 위해 시간을 보내는 것입니다. 차분함을 되찾고 현재 상황에만 집중하게 해주는 마음챙김 기법은 이를 도와줄 강력한 도구입니다. 마음챙김에 대해서는 5부 3장에서 보다 자세히 다룰 것입니다.

도움 청하기

사람들은 대부분 도움을 청하면 약점이 잡힐까 봐 두려워 도움을 구하거나 받아들이지 못합니다. 우리는 이에 반대합니다. 언제 어떤 도움이 필요한지 생각하여 실제로 타인에게 도움을 요청하는 것은 강점이며, 자기 이해의 바탕이 됩니다. 여러분의 주변 사람, 특히 자녀를 격려할 수 있는 좋은 방법은, 도움을 청해 아이로 하여금 유능감을 느끼게 하는 것입니다. 여러분의 짐을 아이에게 떠넘기라는 의미가 아닙니다. 어디까지나 부담을 경감시키기 위해 도와달라고 요청하는 것입니다. 치료사나 코치와 상담하는 것은 도움 청하기의 좋은 예시입니다.

심호흡/빠른 명상

위안을 얻기 위해 미래를 기대하거나('이런 일이 일어나면 행복할 거야') 과거를 탓하고('이런 일이 일어났기 때문에 행복할 수 없었어') 있지는 않나요? 이런 사고는 여러분을 현재에 머무르지 못하게 하고 계속 걱정하게 만듭니다. 집중해서 숨을 들이쉬고 내쉬며 깊게 호흡하는 법을 배우면 여러분의 마음이 몸으로 다가와 현재에 머물 수 있게 됩니다. 그러면 긴장이 해소됩니다. 매일 5분에서 10분씩 심호흡과 마음챙김을 연습하면, 강렬한 감정이나 스트레스가 쌓이는 상황이 닥치더라도 호흡을 통해 자연스럽게 본래의 자신으로 돌아갈 수 있습니다. 이는 스트레스를 받아 이성을 잃고 투쟁이나 도주, 정지 등의 반응에 빠질 위험이 발생했을 때 즉각적으로 효과를 거둘 수 있는 해결책입니다. 심호흡은 혈압을 낮추고, 스트레스 호르몬의 생성 및 순환을 억제해줍니다.

내적 통제 소재 찾기

여러분은 다른 사람이 뭔가 지시하기를 기다리나요? 여러분 자신이나 배우자, 상사, 자녀에 대한 결정을 내리는 사람이 다른 사람인가요? 인간은 다른 사람을 통제할 수 없기 때문에, 이런 사고는 높은 스트레스를 유발합니다. 다른 사람의 의견을 구하기보다는 주어진 순간에 자신의 직관과 경험에 따라 결정을 내리는 것이 좋습니다. 자신의 결정에 책임을 진다는 마음으로 조심스럽게 결정을 내리고, 잘못된 결정을 내리더라도 자신을 용서하면 됩니다.

자연 속을 걷기

자연에는 놀라운 회복 효과가 있습니다. 자연환경 속에 있을 때 인간의 뇌가 평소와 다르게 활동한다는 사실은 이미 과학적으로 증명되었습니다. 자연은 여러분을 차분하게 하고, 뇌를 부드럽게 만들어줍니다. 자연 속에 있으면 스트레스가 감소하고, 우울감이 억제되며, 편안한 수면을 취할 수 있게 되고, 면역력이 향상됩니다. 도시에 살더라도 최대한 편안하게 앉아서 호흡할 수 있는 공원이나 강 같은 자연을 찾아보세요.

반려동물 키우기

사랑스러운 반려동물을 돌보고 껴안으면 '포옹 호르몬'인 옥시토신이 생성된다고 합니다. 엄마가 아이에게 젖을 물릴 때에도 같은 호르몬이 분비되고, 이 호르몬은 유대감으로 연결해주는 과정에 기여합니다. 인생에서 반려동물을 키우는 경험은 삶을 윤택하게 해주고 스트레스를 완화시킵니다. 아이에게 누군가를 돌보는 일의 중요성과 자연의 세계를 즐기는 방법을 알려줍니다. 하지만 누군가에게는 반려동물을 키우는 일이 훈련시키고 먹이고 매일 산책시켜야 하는 책임감 때문에 스트레스를 줄 수도 있으니 여러분의 생활 방식에 맞는지 확인해보세요.

마사지/스파

금전적인 여유가 있을 때의 얘기지만, 규칙적으로 마사지를 받으면 신체적, 정신적으로 탁월한 치유 효과가 있으며 스트레스 해소에도 효과적입니다. 근육의 긴장을 완화시키고, 질병이나 우울증의 원인이 될 수 있는 독소를 제거해줍니다.

독백: 내면의 진실 개발하기

건전한 정신 건강을 위해서는 자신과의 대화가 필수적입니다. 많은 사람들이 자기가 스스로에게 무슨 말을 하는지 모른 채 부정적인 독백을 계속합니다. 요가를 하러 갈 시간이 없다고 말하거나, 마사지는 너무 비싸서 자신은 받을 형편이 안 된다고 말하는 것 등이 부정적인 독백에 해당합니다.

부정적인 독백은 환경이 바뀌어 안전지대를 벗어나는 상황에서 주로 발생합니다. 여러분이 엄청나게 중요한 일을 하는데도 아무도 알아주지 않는다면 어떻게 느낄까요? 타인의 인생과 윤택한 삶을 위해 노력하고 매일 과로하는데도 그에 대한 보상을 받지 못한다면 어떨까요? 사실 여러분이 하는 일을 전혀 인정받지 못하고, 자신의 기술이 뛰어나지 못하며, 사회에 그다지 공헌하지 못하고 있다는 기분이 들 때도 있습니다. 하루 종일 집에 있는 부모라면 더욱 그렇게 느낄 수도 있습니다. 육아를 처음 시작한 부모는 누구나 완전히 초심자이기 때문에, 육아에 관해 조금 이해했다 싶으면 다시 원점으로 돌아가기도 합니다. 이런 상황은 스트레스를 유발하고, '난 제대로 하고 있지 못해', '난 아무것도 할 수 없어', '내가 잘 하고 있나?'와 같은 자기 의심과 비난을 하게 됩니다. 이런 상황에서 공통적으로 발생하는 부정적인 독백은 다음과 같습니다. '난 누구지? 내 삶의 목적은 뭘까? 나에게 가치 있는 것은 무엇이지? 내가 가족과 사회를 위해 공헌할 수 있을까?'

여러분은 스스로에게 어떤 이야기를 들려주고 있나요? 여러분이 일을 훌륭히 마쳤을 때 자신을 깎아내리나요, 아니면 말로 칭찬해주나요? 여러분 자신만을 위한 일을 할 때 마음속으로 어떤 독백을 하는지 생각해보세요. 자기 돌봄은 여러분 자신에 관해, 자기 돌봄의 행동에 관해 말하는 것으로 시작합니다. 여러분이 자신에게 하는 말을 친한 친구에게도 할 수 있나요? 아이에게도 같은 말을 할 수 있나요? 그럴 수 있다면 잘하고 있는 것입니다. 그렇지 않다면 여러분의 독백을 바꿔야 합니다. 자기 돌봄을 우선시하는 사람을 보고 여러분은 스스로에게 어떤 말을 할까요? 자신을 돌보는 사람을 지지할 건가요? 아니면 그들이 가족과 일에 헌신하는 것에 대해 질문하고 판단할 건가요?

이런 독백은 어디서 나오는 것일까요? 여러분의 믿음 혹은 습관적 사고 패턴은 어릴 적에 형성됩니다. 한 엄마는 이렇게 말합니다. "저희 엄마는 정말 열심히 일하셨어요. 언제나 제일 먼저 일하러 나가고, 밖에서 하루 종일 일했어요. 엄마는 저에게 많은 부분에서 롤모델이 되었지만, 자기 돌봄은 하지 못했던 것 같아요. 항상 다른 사람이 먼저였어요." 자신을 돌보지 않으면 일을 지속하기 힘들 뿐만 아니라 후회나 자기 연민, 번아웃이 일어날 수도 있습니다. 아이에게 자기 돌봄의 본보기를 보여주어야 합니다. 그러지 않으면 아이가 중요한 삶의 기술을 어떻게 배울까요?

자기 돌봄을 머리로만 이해하는 것과 실천하는 것은 전혀 다릅니다. 여러분 자신을 돌보는 것은 필수적인 일이지 사치가 아닙니다. 5부 3장에서는 여러분의 강점에서 에너지를 끌어내고, 약점을 긍정적으로 바꾸는 일의 중요성에 관해 다룰 것입니다. 이를 위해서는 뇌를 다시 프로그래밍해야 합니다. 잘못된 믿음 체계를 바꾸려면 자기만의 논리를 바꾸어야 합니다. 건강한 내부 독백을 개발하는 데 도움이 되는 몇 가지 아이디어를 살펴보겠습니다.

자신에게 휴식 주기

완벽주의는 자기 돌봄의 적입니다. 달성하기 힘든, 불가능한 목표를 포기하면 스트레스가 해소될 뿐만 아니라 자유 또한 얻을 수 있습니다. 여러분이 친구에게 하듯 자기 자신에게도 공감을 보여주세요. 여러분을 지지하는 그룹에 참여해 어려운 점을 나누세요. 어려움을 겪는 사람이 자기만이 아니라는 것을 알게 되고, 적어도 자신의 감정을 파악할 수 있을 것입니다.

가족에게 자기 돌봄 계획 알리기

배우자가 각자 자기 돌봄을 할 여유가 있어야 합니다. 왜 그래야 하는지 이해시키려고 노력하거나 굳이 설명할 필요는 없습니다. 자기 자신의 욕구를 지지하면 내면이 강해집니다. 부부가 서로 자기만의 기준을 정하고, 어떤 활동이 가장 적합할지 선택하는 것이 중요합니다. 다름을 인정하는 태도는 필수적입니다.

긍정적인 태도 유지하기

여러분 자신의 이야기에 맞서 싸우세요. 부정적인 생각을 막고 긍정적인 언어로 바꿔보세요. 예를 들어 스스로에게 '난 체계적이지 않아. 뭐 하나 제대로 하는 게 없어'라고 말하기보다는 '어떻게 하면 이걸 끝낼 수 있을까?'라거나 '오늘은 다 못 할 것 같지만 괜찮아. 내일

다 할 수 있어'라고 말하는 것입니다. 이는 문제를 덮어두고 무시하는 게 아니라 여러분의 뇌를 다시 훈련시키고 스스로 묻는 과정입니다. '어떻게 하면 다르게 볼 수 있을까?'

선언과 시각화

즐거움을 가꾸고 삶을 풍족하게 하기 위해 자기만의 긍정적인 선언, 혹은 주문을 만들어보세요. 판단을 내리거나 비난하는 부정적인 말을 여러분의 머릿속에서 지워줄 것입니다. 여러분에게는 자신의 생각을 선택할 힘이 있고, 두려움과 부정보다는 사랑으로 채우는 편이 건강에 좋습니다. 명상 중에 큰 소리로 말해봅니다. "난 충분히 잘하고 있어." "내가 나답게 있는 게 옳아." 아침에 일어나거나 잠자리에 들기 전에 마음속으로 감사할 일의 목록을 만들어보는 것은 부정적인 마음을 몰아내고 불면증을 해소하는 데에도 도움이 됩니다. 인간관계와 미래에 관한 일을 긍정적으로 시각화해보는 것도 뇌를 훈련시키는 좋은 방법입니다.

삶의 목적 찾기

이 주제는 매우 중요하며, 다음 챕터에서 자세히 다룰 예정입니다. 올바른 사다리를 찾아 제대로 된 벽에 사다리를 걸치는 방법을 다루고, 삶에서 성찰하고 질문하고 탐색할 수 있는 여유를 만드는 법에 관해 이야기할 것입니다. 그 전에 우선 의미 있는 인간관계를 가꾸어야 할 필요성에 대해 이야기하겠습니다.

의미 있는 인간관계 가꾸기

　우정과 개인의 윤택한 삶이 연관 있다는 연구는 계속 등장하고 있습니다. 동료와 원만한 관계를 유지하면 일이 즐거워지고, 이는 성공으로 이어집니다. 게리는 일하는 부모들이 공통적으로 안고 있는 문제에 대해 이야기합니다. "결혼하고 아이를 갖기 전에는 친구가 많았죠. 스포츠 경기 관람을 가고, 친구들과 포커도 치고, 가끔 다른 부부와 같이 여행을 가기도 했어요. 그런데 이제는 일 아니면 육아밖에 없네요." 이것이 일상이고 가슴 아픈 현실입니다.

　우울증과 사회적 고립 사이에는 긴밀한 상관 관계가 있고, 현대 사회에서 외로움과 소외는 늘어만 가고 있으며, 특히 디지털 스크린 세대에게는 '유대감'이라는 감각이 극심하게 줄어들고 있습니다. 인간에게 유대감은 필수적이고 기본적인 요소입니다. 사회적으로 풍족한 인간관계는 개인의 윤택한 삶과 행복의 기초가 됩니다. 배우자와 자녀, 업무상의 관계만으로 충분하다는 말은 거짓입니다.

일정에 우정 통합하기

　"아이를 동반하지 않고 얼마나 자주 친구와 만납니까?"라는 설문조사에 40퍼센트의 부모가 몇 개월에 한 번이라고 답했습니다. 우리에게는 삶에 기복이 있을 때 도움을 줄 친구와 친척이 필요합니다. 친구 혹은 형제자매와 만나는 것은 조깅과 같습니다. 여러분의 영혼을 새롭게 하고, 삶을 새로운 관점에서 보게 해줍니다. 적극적으로 경청하고 공감하면서 치유받기도 합니다.

습관이 중요하므로, 친한 친구와 정기적으로 모임을 만드는 게 좋습니다. 게리는 매달 포커 게임 모임과 다른 부부와 같이 떠나는 여행을 할 일 목록에 올려둡니다. 자녀의 친구네 가족과 알고 지낸다면 함께 가족 여행을 갈 수도 있습니다. 이런 가족 여행은 연례행사가 될 수 있습니다. 미술관, 박물관, 쇼핑, 스포츠 행사 등 관심사를 함께 나눌 사람을 찾아보세요. 일정이 끝날 즈음 다음 모임을 위한 계획을 세우는 것도 좋습니다. 점심이나 행사 예약을 쉽게 할 수 있도록 친한 친구와 SNS 그룹을 만드는 등 디지털 세상을 활용하세요. 매주 커피를 마시며 대화를 나눌 수 있는 동네 친구도 좋습니다. 친한 친구와는 연말 파티나 생일 파티와 같이 꾸준히 만나는 규칙을 정할 수도 있습니다.

부정적인 사람 피하기

민감한 얘기가 될 수도 있지만, 여러분은 부정적인 사람과 시간을 보내고 싶지는 않을 것입니다. 그들은 여러분의 건강한 감정에 독이 되고, 긍정적인 내면을 개발하기 위한 독백을 어렵게 합니다. 부정적이고 비난으로 여러분을 침체시키는 사람과 시간을 보내고 있다면, 여러분이 할 수 있는 최선의 지원을 하고 난 후 개선될 때까지 거리를 두는 편이 현명합니다.

육아 네트워크 만들기

4부 4장에서는 직업적 네트워크를 개발하고 가꾸는 방법을 다룰 예정입니다. 여기서는 일단 처음 부모가 된 시절을 생각해보시기 바랍니다. 외롭고 소외되었다고 느꼈나요? 초보 부모는 이런 감정을 매우 흔하게 느끼고, 부모에게 강한 소속감이 필요한 이유이기도 합니다.

부모가 되고 아이를 안정적으로 돌보게 되어도 친구와 친척만이 관계를 형성할 수 있는 유일한 사람은 아닙니다. 에너지를 유지하기 위해서는 우리를 격려하고 지지해주는 사람과 만나야 합니다. 비슷한 관심사를 가진 사람들과 공동체를 형성하면 사회적 건강을 유지할 수 있습니다. 흥미롭다고 생각하는 것이 있다면 적극적으로 주도하여 사람들을 초대하세요. 공동체를 홍보하세요. 주변에 있는 보육 시설, 장난감 가게, 키즈 카페, 서점, 종교 단체 등을 조사하고 어떤 활동을 제공하는지 알아보세요. 도움을 제안하거나 자원봉사에 참여하는 방법도 있습니다. 봉사는 여러분이 필요할 때 도움을 받을 수 있는 최고의 방법이기도 합니다. 이웃도 마찬가지입니다. 여러분이 참여할 수 있는 모자 운동 모임 혹은 온라인 육아 공동체 등 부모-자녀 모임이 있을 것입니다. 지인이나 직장 동료에게도 연락해보세요. 특히 비슷한 시기에 부모가 된 경우, 그저 알고만 지내던 사람이라도 비슷한 처지 덕에 가까운 친구가 되기도 합니다.

자기 돌봄은 진지하게 고려해야 할 주제입니다. 다음에 소개하는 얼리샤의 이야기처럼 많은 초보 부모들이 정신적, 신체적 건강의 균형 유지를 어려워합니다.

★ 긍정의 훈육 실천하기

"이기적이지 않으면 좋은 엄마가 될 거라 생각했어요. 저는 자연분만에 실패했어요. 제 삶이 무너지고 번아웃 증상이 나타나기 전까지는 딸에게 헌신적인 엄마였죠. 제왕절개를 한 후 검진을 받다 보니 어느새 진료를 받고 있는 자신을 발견했어요. 저는 의사에게 '저 자신과 분리된 것 같아요'라고 말했고, 의사는 저에게 상담사를 소개해줬어요. 상담사는 이렇게 질문했습니다. '자신을 돌보기 위해 무엇을 하나요?' 저는 대답했어요. '글쎄요. 아무것도 안 하는데요. 아이 돌보느라 너무 바빠서요.' 저는 적어도 자신을 위해 산책하거나 커피를 한잔 마시는 여유를 가지라는 처방을 받았어요. 그 후 저는 짧은 순간들의 자기 돌봄을 가졌고, 치유되기 시작했습니다.

넷째 아이까지 가지게 되면서, 저는 현실적인 목표를 세우고 자기 돌봄을 우선시하게 되었어요. 그러지 않았다면 제 삶은 완전히 부담스러워졌을 거예요. 소리 지르고, 땍땍거리고, 아주 불행해졌겠죠. 자기 돌봄은 타임아웃처럼 간단하게 할 수 있습니다. 지친다는 느낌이 들면 한 아이는 재우고 다른 아이는 텔레비전을 보게 한 다음, 아무것도 하지 않고 조용히 앉아서 커피를 한잔 마시죠. 제 하루는 명상을 포함한 짧은 자기 돌봄(5분만으로도 큰 변화가 나타납니다), 음식(전 자연 식품을 먹어요. 아무리 바빠도 아침을 거르는 일은 절대 없죠), 운동(아이를 자전거에 태워주거나 아이 주변에서 요가 자세를 취하는 정도로도 좋아요), 영감과 몰입(꾸준히 독서를 하고, 아침에 일찍 일어나 글을 쓰죠), 미용 관리(하루에 두 번 세안하고 수분을 공급하죠. 밖에서 더 강하게 보이려고 외출할 때는 재빨리 화장을 해요), 휴식

(매주 두 시간이라도 돌보미를 고용해서 남편과 야간 데이트를 해요) 등으로 가득
합니다."

— 얼리샤 아사드(www.aliciaassad.com)

긍정의 훈육 도구

지금까지 자신의 신체적, 정신적 건강과 인간관계를 증진시키고 가
꾸는 전략을 다루었습니다. 다음은 추가로 활용할 수 있는 몇 가지 일
반적인 도구입니다.

행복

행복은 우리 안에 있습니다. 누군가가 여러분을 행복하게 해주기를
기다리기만 한다면 행복을 얻지 못할 것입니다. 때로는 행복의 가능
성이 눈앞에 있는데도 보지 못하기도 합니다. 행복하려면 어떻게 해
야 할까요? 내면의 행복을 어떻게 인지할까요? 행복해지는 지름길
중 하나는 감사하는 것입니다.

유머 감각

웃음은 최고의 보약이며, 유머 감각은 긴장된 관계를 허무는 마술
이 될 수 있습니다. 웃고 즐기는 것은 중요합니다. 분위기가 너무 심

각하다고 느껴지면 그 상황에서 유머를 찾아보세요. 아이나 배우자와 함께 있을 때 분위기를 띄우는 수신호를 만들 수도 있습니다. 단, 오해가 생길 수 있거나 상대에게 상처를 주는 풍자는 하지 않도록 조심해야 합니다.

기대치 공유하기

배우자나 아이가 여러분의 마음을 알 거라 기대하지 마세요. 여러분이 원하는 것과 그게 왜 중요한지를 표현하고 공유하세요. 매주 주제를 정하고 개인적인 즐거움, 부부의 즐거움, 가족의 즐거움, 이 세 가지 카테고리를 포함하도록 합니다. 원하는 것을 얻었을 때 감사를 표현하고, 그러지 못해도 용서합니다.

집중하기

사랑은 가꿀수록 커집니다. 자기애나 인간관계에서도 마찬가지입니다. 자신과 상대의 욕구에만 집중하고 우선순위를 정합니다. 하던 일을 멈추고 경청합니다. 여러분 주변에 있는 모든 신비를 경험하세요. 배우자나 직업, 자녀, 자기 자신에 관해 당연하게 여기던 것은 없나요? 상대에게 집중할 것을 약속하고, 다른 사람의 욕구를 충족시키기 전에 여러분 자신의 욕구부터 충족시키세요.

★ 훈련하기

　삶의 수레바퀴에서 가장 낮은 점수를 매긴 영역부터 시작해서 만족
도를 높이기 위해 할 수 있는 모든 것을 적어봅니다. 그중에서 적어도
하나는 매주 실천하겠다고 약속합니다. 그 과정에서 성찰하는 것도
잊지 마세요!

꿈의
중요성

지하는 집에서 온라인 카드와 선물을 제공하는 사업을 운영합니다. 아이가 태어난 후 아이가 자는 동안 집에서 일할 수 있을 것이라는 안일한 생각을 했습니다. 신생아는 많으면 하루에 18시간까지 잠을 자니 가능할 거라 여겼습니다. 그러나 금세 일의 진행이 지지부진해졌다는 것을 알아차렸습니다. 하루가 어떻게 지나가는지도 모를 정도로 짧게 느껴졌습니다. 아기의 식사를 챙기고, 기저귀를 갈아주고, 집안일을 하고 나면 다시 식사를 챙기는 일을 반복해야 합니다. 그러다 보면 퇴근한 남편 라비가 집에 올 시간이 됩니다. 그동안에도 그녀가 처리해야 할 주문이 점점 쌓입니다. 몹시 지치고 짜증이 난 지하는 이건 그녀가 원한 삶이 아니라고 느꼈습니다.

삶의 비전대로 살기

먼저 여러분이 받아들여야 할 사실이 몇 가지 있습니다. 첫째, 임신은 혼자만의 힘으로 버티고 극복할 수 있는 일이 아닙니다. 아기를 낳고 키우는 일에는 엄청난 에너지와 자원이 필요한데, 이런 에너지는 외부에서 가져와야 합니다. 그러므로 여러분의 책임과 의무, 관계를 현실적으로 살펴보고, 어떤 변화가 필요한지 검토해야 합니다. 둘째, 아기가 태어나면 부모의 삶은 완전히 바뀝니다. 책임, 도전, 걱정, 기쁨 등 새로운 경험으로 가득한 부모가 되는 것입니다. 출산이 처음이라면 여러분은 초보 부모가 될 것입니다. 어떤 부모는 자신이 해야 할 역할을 잘 준비하고 육아가 적성에 맞는다고 느끼는 반면, 어떤 부모는 그렇지 않을 수도 있습니다. "아기가 태어난 후 가장 크게 놀란 점은 무엇입니까?"라는 질문에 부모들 중 46.5퍼센트가 이렇게 대답했습니다. "아기의 끊임없는 욕구입니다."

아기가 태어나기 전까지 여러분은 자신의 삶에만 집중했을 것입니다. 그런데 어느 날부터 갑자기 아기가 여러분에게 의지하고, 엄청난 시간과 에너지를 요구합니다. 이때 일하는 부모가 삶의 비전을 잃지 않기 위해 해야 할 행동은 일과 삶의 계획을 마련하는 것입니다. 새로운 환경이 부담스럽게 느껴질 때 즉시 통제할 수 있는 삶의 대안을 미리 준비해두면 큰 도움이 됩니다.

일과 삶의 계획 세우기

2부 2장에서 여러분의 비전 선언문을 적어보라고 했습니다. 이제는 그 비전 선언문을 검토하고, 실제로 관리할 수 있는 목표로 나누어볼 때입니다. 여러분이 필요한 곳에 노력을 쏟고 있는지 확인하기 위해 스스로에게 질문해보세요. "앞으로 2년 후에 나는 어떻게 될까? 5년 후에는 어떻게 될까? 10년 후에는 어떻게 될까?" 여러분의 미래는 단기적으로는 분명하지만 장기적인 관점에서는 상당히 모호합니다. 당연합니다. 이렇게 급변하는 세상에서 10년 후에 어떻게 될지 정확하게 알기는 매우 어렵습니다. 장기적인 목표를 위해서는 단기적인 희생이 필요한 것도 사실입니다. 여러분이 장기적인 목표를 어떻게 세워야 할지 안다면 큰 문제가 없겠지만, 만일 장기적인 목표가 없다면 당장 눈앞에 보이는 단기적인 반응을 선택할 것이고, 여러분이 진심으로 가치 있게 생각하는 바에 어긋나는 선택을 하게 될 수도 있습니다. 외부 영향에 좌지우지되기 쉽고, 여러분만의 길을 가기가 어려워집니다.

목표를 검토할 때 마음·신체·정신 개념을 사용하는 것이 좋습니다. 마음은 지적이고 전문적인 성취, 미래 학습, 품질에 기여합니다. 신체는 건강 목표, 활동적인 휴일 같은 신체 활동, 마라톤 같은 개인적인 성취에 기여합니다. 정신은 더 큰 삶의 지향점, 영적 혹은 종교적 목표, 봉사 활동과 공헌 등을 포함합니다. 이 세 영역에서 여러분이 무엇을 하고 싶은지 생각해봅니다. 좀더 나누고 싶다면 이제는 커리어와 돈을 포함하는 삶의 수레바퀴를 다시 보거나, 개인과 가족의 목표로 나누어봅니다. 어떤 방식을 사용하든 장기적인 목표 때문에 단기적인 목표를 희생시키지 않도록 목표가 상충되지 않게 합니다.

하나의 예시로 마음·신체·정신 개념을 사용해보겠습니다. 우선 여러분의 비전이 다음과 같다고 가정합니다. "나는 완전한 삶을 산다. 나의 재능을 계발하고 활용한다. 가족과 친구, 직장 동료가 나를 남들에게 사랑을 베풀고 공헌하는, 정직한 사람이라고 기억한다." 비전과 목표는 이렇게 현재형으로 적는 것이 좋습니다. 비전과 목표를 주기적으로 검토하면 잠재 의식 속에서 여러분의 주인 의식이 성장하고, 비전과 목표를 여러분이 주도하게 됩니다. 다음 표는 이와 같은 목표가 어떻게 세 개념으로 나뉘는지 보여줍니다.

	2년 계획	5년 계획	10년 계획
마음	직장에서 다음 단계로 승진한다.	석사 학위를 취득한다.	한 번 이상 추가로 승진한다.
신체	아이가 생기기 전의 몸매를 되찾는다.	버킷리스트에서 적어도 한 가지 이상을 이룬다.	건강을 유지하고, 버킷리스트에서 적어도 한 가지 이상 추가로 이룬다.
정신	매일 명상한다. 한 달에 한 번씩 자선단체에서 봉사 활동을 한다.	최소한 일주일의 휴식기를 가진다. 자녀에게 명상하는 법을 가르친다.	1년에 한 번씩 휴가를 갖는다. 자선단체에 정기적으로 기부한다.

물론 여러분은 이 예시보다 더 자세하게 목록을 작성할 수 있을 것입니다.

제인은 젊은 시절부터 주위 사람들과 비전을 공유했고, 그녀의 인생을 극적으로 바꿀 조언도 들었습니다. 한 학기에 수업을 한 과목만 수

강하면 아이가 자랐을 즈음에는 학위를 받을 수 있을 거라는 조언을 받아들여, 아이 다섯 명을 키우는 11년 동안 아동발달과 가정관리 분야의 학사 학위를 취득했습니다. 석사 과정 3년 차에 여섯째 아이를 낳았고, 일곱째 아이가 10개월이 되었을 때에는 박사 과정을 시작했습니다. 물론 남편과 입주 돌보미가 그녀를 충분히 지원해주었습니다.

현실 도피 하지 않는 법

어떤 사람들은 삶의 계획을 세우는 것을 두려워하고 늘 걱정이 앞섭니다. 시도하기도 달성하기도 어려워 보일 수도 있고, 자신은 잘 못하는데 남들은 잘하는 것처럼 보이기도 합니다. 사람은 다른 사람의 삶을 이해할 수 없기 때문에 남과 자신을 비교하는 것은 부질없는 일입니다. 사실 미래에 어떤 일이 펼쳐질지는 아무도 보장할 수 없습니다. 다만 여러분이 성공을 위한 계획을 세우는 일에 시간과 노력을 투자하면 성공에 가까워질 가능성이 커집니다. 여러분이 깨어 있다면 여정을 즐길 수 있습니다. 삶이 여러분을 비껴가지 않을 것입니다. 슬픔에 빠지지 말고 성공을 축하하세요. 매 순간 깨어 있는 것이 마음챙김 실천의 첫걸음입니다. 이는 정신적, 신체적 건강을 유지하는 데 매우 중요합니다. 목표에 집중하면 방향 설정을 할 때도 도움이 됩니다.

만일 두려움을 느낀다면, 두려움은 감정일 뿐이라는 사실을 기억합니다. 감정은 언젠가 사라집니다. 그냥 있는 그대로 느끼고, 숨을 쉬고, 지나갈 것임을 알고 있으면 됩니다. 그러고 나서 준비가 되었을 때 기분이 좋아지는 뭔가를 해보세요. 빠르게 조치를 취하는 것은 두려움을 약화시킬 수 있는 좋은 방법입니다. 운동을 하거나, 친구에게 전화를 걸거나, 책을 읽으세요. 우리 저자들 중 한 명은 그럴 때 청소를 하는데, 주변이 말끔하게 정리된 것을 보면 마음이 차분해진다고 합니다. 약간의 두려움과 걱정은 인생에서 겪곤 하는, 지극히 정상적인 감정입니다. 특히 임신과 같은 큰 변화를 겪는 시기에는 더욱 그렇습니다. 사실 두려움은 여러분이 정체를 피하고 앞으로 나아가는 데 도움을 주기 때문에 오히려 득이 되기도 합니다. 단, 임신 중이나 출산 후에 비이성적인 불안이 반복적, 지속적으로 느껴진다면 병원에 가야 합니다.

변화는 항상 어렵고, 때로는 고통스럽기도 합니다. 하지만 변화는 피할 수 없고, 여러분의 성장과 인간으로서 더 나은 삶으로 연결되는 중요한 계기이기도 합니다. 이러한 현실을 받아들이는 편이 현명합니다. 눈앞에 안개가 자욱하게 낀 것처럼 미래가 보이지 않을 때 삶의 계획이 여러분을 인도하는 표지판이 되게 하세요.

부모가 된다는 것이 지닌 중요한 측면 중 하나는, 불가피한 관계의 변화입니다. 여러분과 배우자는 육아라는 치열한 과정을 겪어야 할 것이고, 관계의 역동성이 바뀔 것입니다. 긍정의 훈육이 지닌 묘미는 어떤 연령의 사람에게나 적용할 수 있는 도구라는 점입니다. 우정은 어떨까요? 여러분은 자녀가 있는 부모인데 친구는 그렇지 않다면 서로를 이해하기 어려울 수도 있습니다. 그럴 때에는 여러분보다 친구가 우선순위나 일정을 조정하기가 조금이라도 쉬울 거라는 점을 기억하면 도움이 됩니다.

직업적인 삶에서도 변화가 있을 것입니다. 많은 여성이 이를 걱정하는데, 실제로 부모를 배려하는 규정이 있는 회사는 여전히 드뭅니다. 직업적인 평판을 강화하는 방법으로 시작하여, 직업적 변화를 누그러뜨릴 수 있는 전략을 살펴보겠습니다.

직업적 평판 형성하기

여러분이 어떤 직업에 종사하든 성공은 직업적 평판에 달려 있습니다. 많은 사람들이 평판에는 그다지 신경 쓰지 않습니다. 회사 일을 하면서 기대 사항을 충족하거나 넘어서려고 노력하고 승진을 기대합니다. 하지만 여성은 대부분 한번 아이를 가지면 원하지 않더라도 직업적 정체를 경험하게 되는 것이 불행한 현실입니다. 따라서 직업적 평판을 공고히 다지기 위해 시간과 노력을 들일 필요가 있습니다.

여러분은 자신과 주변 사람, 넓은 네트워크, 이 세 가지에 집중해야 합니다. 각 영역이 여러분에게 어떤 도움이 될지는 지금부터 살펴볼 것입니다. 이를 반드시 해야 하는 일이라고 받아들이기보다는 어디까지나 팁과 아이디어라고 생각하세요. 모든 것을 실천하려 하지 말고, 유효하다고 판단되는 제안만 선택해서 시도해봅니다. 여러분 자신이 이들 중 많은 것을 이미 실천하고 있다는 것과, 존재하지도 않는 완벽함을 추구할 필요가 없다는 점을 기억하세요. 여러분의 직업적 평판에 도움이 되는 가장 중요한 측면은, 여러분의 일을 즐기고 그것이 빛을 발하게 두는 것입니다. 모든 개인적인 일과 마찬가지로 타이밍이 중요합니다. 첫아이를 막 출산해서 부담을 느낀다면, 직업적 평판을 걱정하며 스트레스 받을 필요가 없습니다. 여러분이 처한 상황을 즐기다 직업적 목표를 고려할 시간과 마음의 여유가 생기면, 그때 이 단락을 참고하기 바랍니다.

자신에게 투자하기

친절한 사람이 되세요. 언뜻 보기에는 단순하지만, 친절한 사람이란 다른 사람들이 좋아하고 신뢰해서 함께 일하고 싶어 하는 사람을 의미합니다. 윗사람이나 고객이 여러분과 함께 일하고 싶어 한다면, 매력적인 프로젝트에 참여할 기회를 얻기 쉬워질 것이고 승진할 기능성이 높아질 것입니다. 육아휴직에 들어가더라도 사람들은 여전히 여러분을 그리워하고, 돌아오면 환영할 것입니다. 시간과 에너지를 여유 있게 사용하고, 성실과 정직, 신뢰를 보여주면서 집에서뿐만 아니라 직장에서도 롤모델이 되세요.

자연스럽게 행동하세요. 강점에 집중하고, 이를 어떻게 활용할 수 있을지 고민하세요. 굳이 약점을 찾아서 큰 문제를 만들지 말고, 여러분의 노력이 헛수고가 되지 않게 합니다. 사람은 누구나 강점과 약점을 모두 갖고 있습니다. 우리 스스로 원칙을 지키고 최선을 다하려 노력하면 미래를 향해 나아갈 수 있다는 것을 알아야 합니다. 단, 자신을 완전히 바꾸려고 노력하지는 마세요. 직장에서 신뢰를 얻으면서도 정신적으로 건강하고, 자기 본연의 모습을 드러낼 수 있어야 합니다. 그것이 바로 진정성입니다. 자신의 모습을 있는 그대로 보여주는 사람과 함께 시간을 보낼 때 사람들은 생기를 되찾고 안심합니다.

미소를 잃지 마세요. 거울 뉴런에 대한 이야기를 기억하세요. 어른이 되어도 거울 뉴런은 계속 활동합니다. 우리가 웃으면 세상이 웃습니다. 미소와 웃음은 엔도르핀과 같습니다. 모든 사람과 친한 친구가될 필요는 없지만 긍정성을 세상에 전파해야 합니다. 반대 방향으로도 마찬가지입니다. 의도적으로 미소 짓고, 친절하게 대하려고 노력하다 보면 엔도르핀이 분비되어 피로와 스트레스도 완화됩니다.

주변 사람에게 투자하기

신뢰 형성을 위해 노력하세요. 동료, 선배, 고객 등 모든 이해관계자에게 질 높은 시간을 충분히 투자하세요. 신뢰를 쌓기 위한 지름길중 하나는, 개인의 경험을 공유하고 도움을 제안하는 것입니다. 호기심을 유발하는 질문을 던져서 함께 일하는 사람을 진심으로 이해하려고 노력하세요. 열린 질문을 던지고, 그 사람의 대답을 경청합니다. 방해되지 않게 반응하고, 다음에 어떤 말을 할까 생각하지 말고 적극적으로 들어야 합니다.

열정을 보여주려고 애쓰지 마세요. 여러분이 하는 일을 분명하게정의하고, 동료와 대화하세요. 자신이 하는 일의 의미와 열정을 찾는데 어려움을 느끼는 이에게 도움을 줄 수도 있습니다. 자신의 마음을확인하세요. 성공을 공유하고자 하는 마음과 자랑하고 싶은 욕심의균형을 어떻게 맞출까요? 자랑하고 잘난 척하는 사람은 그 누구도 좋아하지 않습니다. 항상 다른 사람의 성공을 강조하세요. 이기적으로보이지 않도록 여러분이 공헌한 내용을 겸손하게 설명하세요. 여러분 자신을 위한 일일지라도 성공에 도움을 준 다른 사람이 분명히 있을 것입니다. 그들에게 감사하는 마음을 충분히 표현하세요.

더 큰 네트워크에 투자하기

직장에서 헌신할 수 있는 방법 중 하나는 돌려줄 방법을 찾는 것입니다. 다른 사람이 성장하도록 시간과 노력을 들여서 교육과 훈련에 관여합니다. 집에서 아이를 지도하는 여러분의 육아 기술이 겉으로 나타나는 영역입니다.

업종에 따라 다양한 네트워크가 존재합니다. 대기업에서 일한다면 직장 내 네트워크가 매우 유용합니다. 직장 내 멘토링 프로그램이나 동호회를 찾아보세요. 사보를 읽고, 기사에 난 동료를 만나보세요. 사람들은 자신의 성공에 대한 이야기를 나누는 것을 좋아하고, 여러분은 그 과정에서 인맥을 넓힐 수 있습니다. 조언을 구하는 일을 두려워하지 마세요. 인맥을 넓히는 데 도움이 되는 콘퍼런스, 전문 기관, 박람회도 많습니다. 일단 사람을 알게 되면 연락을 하세요. 여러분이 잠재적으로 도울 수 있는 방법이나 흥미로운 주제를 준비하여 식사에 초대하거나 커피를 마시자고 제안합니다. 서로 도움이 된다고 생각하면 상대 쪽에서 여러분을 만나고 싶어 할 것입니다.

인맥을 넓히는 또 다른 방법은 이벤트에서 발표하는 것입니다. 많은 사람이 '토스트마스터스Toastmasters'에 참여하는 것이 발표력을 키우는 데 큰 도움이 된다고 말합니다. 토스트마스터스 인터내셔널 (www.toastmasters.org)은 35만 2,000명 이상의 회원을 보유한 기관으로,

커뮤니케이션 및 리더십 분야의 세계적인 선도 기관입니다.

대중 앞에서 발표하는 것이 기질에 맞지 않는다면 업계 소식지에 글을 기고할 수도 있습니다. 문화센터에서 글쓰기 수업을 듣는 것도 도움이 됩니다. 여러분이나 여러분의 팀을 드러내면 업계에서 이득을 얻을 수 있을 것입니다. 기업들은 대부분 기업의 사회적 책임Corporate Social Responsibility 혹은 프로 보노Pro Bono 활동에 관여합니다. 이 또한 여러분이 관계를 형성할 좋은 기회입니다. 상사가 여러분에게 참여를 부탁할 수도 있습니다. 상사는 참여할 필요성을 느끼지만 시간이 부족하여 참여하지 못하거나 개인적으로 활동하고 있을지도 모릅니다.

이 모든 활동은 친절 계좌에 적립될 것이고, 여러분에게 새로운 가족이 늘어날 때 인출하여 유용하게 쓸 수 있을 것입니다. 여러분이 직업적 삶을 잘 관리하고 있으며 별 걱정 없이 잠시 속도를 늦추어도 된다는, 마음의 평화를 얻게 해줄 것입니다. 직업적 평판을 탄탄하게 갖추어두면 육아 휴직이라는 인생의 전환기를 순조롭게 관리할 수 있습니다.

육아 휴직 관리하기

여러분의 직업적 꿈을 지키고, 그동안 해온 일에 미치는 영향을 최소화하면서도 순조롭게 전환기를 관리하려면, 육아 휴직 전후에 해야 할 일이 많습니다. 개인 사업을 한다면 계획을 세우는 것이 중요합니다. 도입부에서 소개한 지하의 이야기와 비슷합니다. 지하는 비즈니스를 위해 그녀가 지금 휴직 중이라는 사실을 고객에게 알리고 싶다고 생각했습니다. 집에서 운영하는 사업을 정리하면 아이와 함께 휴직을 즐기는 데 도움이 됩니다. 또한 직업적 목표와 꿈을 포기해야 한다는 두려움과 죄책감을 덜어줍니다. 여러분이 현재에 집중하게 해주어서, 집에서는 가족과 즐기고 직장에서는 일을 즐기도록 도움을 줍니다.

휴직 전

아기가 태어나기 전에 미리 배우자와 함께 금전적인 계획을 세워, 각자 얼마나 일할 것인지 정해야 합니다. 이는 육아 휴직을 얼마나 보낼지 결정하는 데 영향을 줍니다. 대부분의 경우 개인의 선택보다는 직장의 근로 규정에 의해 결정됩니다. 협상의 여지가 있다면 협상 기술에 좌우될 것입니다(협상 기술에 관한 팁은 342~343쪽을 참조하세요).

여러분이 전일제로 일한다면 육아 휴직, 유연 근로, 시간제 근로와 관련한 근로 규정을 확인해야 합니다. 다시 전일제로 복직할 수 있으리라 확신하더라도 상황은 언제나 바뀔 수 있으므로 어떤 선택을 해야 할지 예측해야 합니다. 여러분이 재택근무를 한다면, 아기가 태어난 후 어떻게 일할 것인지 조사하고 계획을 세워야 합니다. 집에 공간이 충분하다면 돌보미를 고용하여 아기와 함께하면서 집에서 일할 수 있을 것입니다. 하지만 대부분의 초보 엄마들은 복직했을 때 아기와 같은 공간에서 지내면 집중하기 어려우므로, 창업 허브센터

(enterpreursry.co.uk와 같이 보육 시설을 보유한 곳도 있습니다)나 도서관, 카페같이 집에서 가깝고 일하기 편한 장소를 찾아보는 게 좋습니다. 처음으로 엄마가 되고 아이와 유대 맺는 일에 시간 투자하는 것을 두려워하지 마세요. 미리 계획을 세우면 훨씬 쉬울 것입니다.

적절한 때를 봐서 임신 사실을 직장에 알리세요. 여성의 경우 임신 4개월에서 6개월 사이가 적당합니다. 여러분의 직속 상사, 동료 혹은 고객에게 휴직하는 동안 업무 관리 방법과 복직에 관련된 어떤 걱정도 끼치지 않는 것이 중요합니다. 어떤 회사는 아직까지도 유급 육아 휴직을 달가워하지 않습니다. 여러분이 부재중일 때 정보를 대신 제공해줄 동료를 찾아보세요. 직장에서 다른 초보 부모와 관계를 맺거나 사내 부모 네트워크나 동호회에 가입합니다. 여러분이 고객을 직접 응대한다면, 휴식 중 어떤 수준의 서비스를 제공할지 분명히 결정하고, 여러분이 없는 동안 누가 담당할지 알려야 합니다. 개인 사업을 한다면 고객이 여러분하고만 일처리를 해왔을 것이기 때문에 인수인계가 매우 중요합니다. 상황이 어떻든 여러분이 임신했다고 해서 특별한 배려나 서비스를 해줄 거라 기대하지 않는 편이 좋습니다. 대부분의 동료나 상사는 어린아이를 키우는 부모가 아닐 것이므로 여러분을 특별 대우하지 않을 가능성이 높습니다.

업계에 계속 머무를 방법은 많습니다. 업계의 핵심 이슈를 파악할 수 있는 자원을 찾고, 어떻게 상황을 계속 파악할지 계획을 세웁니다. 소식지를 정기 구독하거나 이메일로 뉴스레터를 구독하는 등의 방법이 있습니다. 해당 업종과 관련된 주요 회사와 이벤트를 찾아 인맥을 넓히세요. 쉬는 동안 여러 이벤트에 참여해서 어느 회사가 잠재력이 높고 어떤 이벤트가 있는지 사전에 살펴봅니다. 여러분이 복귀했을 때 빨리 적응할 수 있고 뒤처지지 않았다는 것을 알리기 위한 방법입니다. 업계 내외에서 롤모델을 찾아보세요. 그들이 여러분의 멘토가 되어줄 수 있나요? 조언을 부탁할 수 있나요? 성공 비결을 진심으로 물어보면 대부분 기쁘게 공유합니다.

마지막으로, 휴직이 여러분의 커리어를 다시 고민할 기회인지 자문해봅니다. 여러분이 역할이나 직무 변경을 오랫동안 꿈꾸었다면, 관련 분야를 조사하고 육아휴직에서 복귀했을 때 앞서갈 수 있어야 합니다. 금전적 여유가 있다면, 한동안 집안일만 하는 부모가 되기로 결심할 수도 있습니다.

휴직 중

일하는 부모를 대상으로 한 설문조사에서 약 41퍼센트가 육아휴직 중에도 회사와 몇 차례 연락을 취했다고 응답했습니다. 18퍼센트는 매주 혹은 일주일에 몇 차례씩 회사와 연락을 주고받았다고 대답했습니다. 많은 초보 부모들이 육아휴직을 천국처럼 생각합니다. 고된 일에서 해방되어 휴식을 얻고, 자신의 삶에 뭔가 특별한 마술을 부릴 수 있는 시간일 거라고 기대합니다. 이런 사람들에게 육아휴직은 일에서 완전히 분리될 기회입니다. 반면 어떤 사람들은 동료에게 잊히거나 뒤처진다는 느낌을 받고 싶지 않아 발이라도 살짝 걸치고 있고 싶어 합니다. 다시 말하지만 옳고 그른 길은 따로 없습니다. 여러분의 가족과 직업적 상황을 두고 어떤 쪽이 최선일지 여러분이 결정해야 합니다.

개인 사업을 하는 경우라면 계속 연락을 취할 필요가 있을 것입니다.

중요한 것은, 여러분이 휴직 전에 상사와 고객에게 한 약속을 지키는 것입니다. 회사 동료와 주기적으로 연락하면서 특이 사항이 생기거나 규정에 변경이 있는지 확인합니다. 부모 네트워크나 다양한 직업 커뮤니티와 연락을 주고받습니다. 육아휴직 중인 동료가 근처에 살 수도 있습니다. 매일 출근하지 않아도 업계 동료나 멘토와 커피 한 잔을 할 수는 있습니다. 다양한 방법으로 업계 현황을 계속 파악합니다. 자신이 부지런하다고 생각하고 다행히도 아기가 잠을 잘 잔다면, 특정 분야를 정해서 추가적으로 연구를 할 수도 있을 것입니다. 그러면 여러분은 새로운 아이디어와 사업 계획이 가득한 상태로 복직할 수 있습니다.

복직 후

복직하면 일하는 부모가 되었다는 현실에 부딪힙니다. 보육 시설도 정했으니 이제 여러분에게 필요한 것은 직장에서의 생존입니다.

유연 근로에 협의했다면, 걱정되는 점들을 해소하기 위해 소통하고 시간을 효과적으로 관리해야 합니다. 근무하지 않는 날에는 매니저나 동료가 어떻게 연락을 취할지 선을 분명하게 그어둡니다. 근무하지 않는 날에는 업무를 확인하지 않도록 합니다. 그러지 않으면 동료에게 혼선을 줄 수 있고, 여러분도 스트레스 받을 것입니다. 여러분이 개인 사업을 운영하고 있고 연락이 되지 않아 고객을 잃을 수도 있다면 이렇게 대응하기는 어려울 것입니다. 그런 경우 필요할 때 도움을 줄 수 있는 조력자 등 비상 계획을 준비합니다. 특별히 늦게까지 일한 경우에는 휴식 시간을 확보합니다. 만일에 대비해 비상시에 이용할 돌보미 서비스를 미리 알아두세요.

초보 부모에게는 시간과 에너지가 소중하므로, 참여할 프로젝트를 고민하고 그에 따른 기대 사항을 조정해야 합니다. 아기가 어릴 때에는 비즈니스적으로 성장할 가능성이 높지 않습니다. 그런 경우에는 기존 고객에게 최상의 서비스를 제공하는 데에만 집중하세요. 여러분이 성취한 것을 강조하고, 이룬 것은 자부심을 갖고 말하세요.

자기 자신과 주변 사람들의 정신 건강을 챙기느라 피곤하고 분리 불안으로 고통받는다면 여러분의 감정을 나누세요. 여러분의 변덕이 동료나 가족의 잘못 때문이 아니라는 것을 알게 해야 합니다. 늦은 시간에 미팅하기를 원하지 않거나, 간단하게 점심을 먹고 싶어 빈번하게 잡히는 사교적인 점심 약속에 매번 응하지 않아도 그들은 여러분을 이해할 것입니다.

지금을 기분 좋게 받아들이세요. 삶은 영원하지 않습니다. 일은 일일 뿐이라고, 삶과 죽음의 문제가 아니라고 스스로에게 말합니다. 물론 여러분의 직장이 응급실이나 인명 구조 혹은 생명과 직결된 직업이 아니라는 전제하에 말입니다. 긴장을 풀고 장기적으로 보세요. 일상을 바꿔보세요. 여러분은 인생의 전환기를 겪고 있고, 이전보다 충전이 더 많이 필요하다는 사실을 인지하세요. 너무 많은 계획을 세우지 말고, 당장 최고의 생산성을 내려고 하지 마세요. 몸에 좋은 간식을 주기적으로 먹고, 수분을 보충해서 지치지 않도록 합니다. 너무 피곤해서 점심시간마다 러닝머신에서 뛰지 못하겠다면 대신 요가 수업을 들으면 됩니다. 일할 때에는 집중하고, 집으로 일을 가져오지 마세요.

협상에 관한 팁

설문에 참여한 부모 중 47퍼센트가 육아휴직 후 유연한 시간제 근로를 요청했습니다.

지금부터 여러분은 회사, 고객, 보육 시설 담당자, 학교, 배우자, 아이에 이르기까지, 다양한 사람을 상대로 협상 기술을 발휘해야 합니다. 일하는 부모들은 모두 협상 기술에 숙달해야 합니다. 누구와 협상을 하든 기본적인 원칙은 동일합니다. 다음 예시에서 여러분이 보유한 협상 기술의 전문성을 살펴보겠습니다.

회사에 이야기하기 전에 먼저 협상을 준비해야 합니다. 여러분의 걱정거리와 관련된 사내 규정을 조사하고, 같은 처지에 있는 다른 동료에게 물어봅니다. 여기서는 유연 근로에 대한 협상이라고 가정합니다. 그리고 나서 서면으로 제안서를 작성합니다. 이렇게 하면 보다 전문적으로 보이고, 여러분의 제안이 어떻게 실행될지 걱정하는 매니저를 설득할 수 있습니다. 그들이 언제 어떻게 여러분과 연락할지, 업무는 어떻게 수행할 것인지 자세히 설명합니다. 여러분이 원하는 것을 알아야 합니다. 상대가 원하는 부분을 예상하여 협상의 여지가 있는 마지노선을 계산해둡니다. 현실적이되 자신을 과소평가하지는 마세요.

잘 알려진 협상 전략이지만, 협상에 들어가면 상대가 먼저 말하게 합니다. 자신감을 갖고, 상대와 눈을 맞추고, 미소를 지으며 여유를 보이세요. 여러분이 바로 그 자리에서 결정할 필요가 없다는 점을 기억하세요. 확실하지 않다고 느껴지면 생각할 시간을 달라고 말해서 나중에 다시 만날 것을 요청합니다. 친절하면서 단호한 태도를 보이세요. 회사를 걱정하는 태도로 말하면서도 여러분의 입장을 고수해야 합니다. 이는 여러분과 회사 모두에게 존경과 신의를 보여주는 방법입니다. 열린 질문을 하고 상대의 대답을 적극적으로 경청하면 서로에게 유리한 해결책을 찾을 수 있습니다.

회사에 득이 될 부분이 무엇인지에 집중합니다. 어쩌면 유연 근로나 주 1회 재택근무가 회사의 새로운 근로 규정에 적합할 수 있습니다. 서로에게 유리한 해결책을 찾는 것입니다. 그러고 나서 제안을 실천해봅니다. 일정 기간을 정해 시험해본 후 여러분과 회사가 내린 협상 결과를 재평가합니다. 다시 결정할 필요가 있다고 느낀다면 여러분의 요청을 들어줄 수도 있습니다. 마지막으로, 예비책을 준비합니다. 유연 근로를 할 수 없다면 비슷한 혜택을 얻을 수 있는 방법은 없을지, 예를 들어 화요일과 목요일에 반나절씩만 근무하면 어떨지, 여러 가지 다른 가능성을 창의적으로 생각해보세요.

★ 긍정의 훈육 실천하기

저자 중 한 명인 조이는 아이를 갖기 위해 남편 맥스와 함께 수년 동안 애썼습니다. 시험관 아기 시술을 몇 차례 시도한 후 마침내 성공한 조이는 큰 행복을 느꼈습니다. 2년 전 조이는 자신의 책임과 목표, 관계를 재평가했습니다. 인생에서 집중해야 할 두 가지 목표를 위해 근무하던 학교에 유연 근로를 요청했습니다. 두 가지 목표란 개인 컨설팅 회사를 창업하는 것과 새로운 가족을 맞을 준비를 하는 일이었습니다. 여기에는 균형 잡힌 삶을 위해 반려견을 입양하고 자연에서 더 많은 시간을 보내는 것도 포함되었습니다. 다행히 학교에서는 조이의 요청을 존중했고, 1년 동안 시험해보는 데 동의했습니다. 시간제 근로에서 전일제 근무로 옮겨가기를 원하는 동료에게 조이의 일을 인수인계하고, 서로에게 유리한 해결책을 준비하여 회의에 참석한 것이 도움이 되었습니다. 이런 새로운 변화는, 조이가 부모이자 사업가가 되겠다는 꿈을 실현하고 삶의 유연성과 균형을 얻는 데 가교 역할을 했습니다.

조이는 오랫동안 임신을 고대했지만 쉽지는 않았습니다. 그래서 일과 관계에서 책임과 의무를 다시 점검했습니다. 조이와 남편은 아이와 시간을 보내기 위해 일정한 비용을 지불해야 한다는 점에 동의했습니다. 조이가 유연 근로에서 1년 육아휴직을 하고, 진행하던 개인 컨설팅 사업을 4개월 동안 중단하기로 부부는 결정했습니다. 조이의 사업은 출장이 잦아서 천천히 시작해도 문제가 없었습니다. 어떤 출장은 맥스와 아기가 동행하여 간단한 가족 휴가를 겸하기로 계획하기도 했습니다. 조이가 혼자 출장을 가야 할 경우에 대비해 추가적인 혜택을 제공하는 보육 시설을 찾기 시작했습니다. 이런 창의적인 사고와 대안을 찾으려는 노력은 조이와 맥스가 일하는 부모라는 새로운 역할에서 균형을 찾도록 도와주었습니다.

이 이야기는 이상적으로 보일 수 있습니다. 하지만 만일 학교에서 유연 근로나 1년 육아휴직을 승인하지 않았다면, 조이는 위험을 감수하고 학교를 그만두려 했다는 점을 알아야 합니다. 조이는 하고 싶은 일을 하기로 결심했고, 자신과 가족을 위해 약속을 지킬 수 있도록 준비했습니다.

"향후 2년에서 5년 이내에 내 인생에서 이루고 싶은 비전을 세우고, 계획을 짜고, 위험을 감수할 만한 확신을 갖는 것이 꿈을 이루는 데 핵심이었어요. 커리어와 같이 내가 통제할 수 있는 것에 집중하고, 임신과 같이 내가 통제할 수 없는 것은 내버려두는 게 핵심이었죠. 많은 경우, 필요한 것은 남편 또는 회사와 효과적으로 대화하는 능력, 창의력, 문제 해결 능력, 해결책에 집중하는 능력, 유연성이었죠. 특히 제가 가장 힘들었던 점은 도움을 요청하는 방법을 배우는 거였어요."

긍정의 훈육 도구

인생 계획에 균형을 얻도록 도움을 주는 긍정의 훈육 도구는 많습니다. 여기서는 특히 변화의 시기에 도움을 주는 도구를 소개합니다.

무엇을 할지 결정하기

이 도구는 거짓말처럼 간단합니다.

"내 삶의 주인공은 나야. 내가 무엇을 할지 스스로 결정할 거야."

하지만 감성적으로 이끌리면, 특히 변화가 극적으로 일어나는 상황에서 우리는 확신을 잃기 쉽습니다. 불행히도 일관성 없는 행동은 다른 사람에게 아무런 확신도 줄 수 없을뿐더러 소통조차 불가능하게 합니다. 일관성은 모든 영역에서 중요합니다. 가족이나 동료에게 일관성을 가지세요. 직장에서 사전에 문제가 생길 가능성이 있는 상황을 확인합니다. 예를 들면 마감을 지키고, 정확하게 일하고, 기대 사항이 무엇인지를 분명하게 말하고 준비하는 것입니다. "10시에 정확하게 회의를 시작하겠습니다. 정시에 오지 못한 사람은 나중에 놓친 부분을 따로 확인하세요." 비꼬거나 비난하는 투가 아니라 친절하면서 단호하게 말해야 합니다. 한번 말했거나 합의한 내용은 항상 끝까지 지키세요.

경청하기

상대가 내 말을 듣고 있다고 느낄 때 나도 상대의 말을 듣습니다. 얼마나 자주 반대 의견이나 설명, 혹은 조언을 하려고 상대의 말을 끊나요? 경청은 여러분이 아니라 상대가 말하는 것을 듣는 것입니다. "예를 들어주시겠어요?"와 같이 더 많은 정보를 얻을 수 있는 질문을 하세요. 여러분이 경청해야 여러분이나 상대를 이해할 수 있습니다. 이는 여러분과 상대 모두가 합의에 이르게 하는 핵심 요소입니다. 여러분이 원하는 게 무엇인지 분명하지 않을 때 경청을 하면 답을 구하는 데 도움이 됩니다. 다른 사람의 말을 시간을 들여 차분히 들으면 여러분 자신의 상황을 분명하게 이해하는 데 도움이 됩니다.

해결책에 집중하기

육아는 변화를 초래한다는 사실을 인정하고 주변 사람의 의견을 많이 들으면서, 그로부터 창의적인 해결책을 찾아봅니다. 원하는 것을 회사에 분명히 말하고 미리 준비하여, 서로에게 유리한 해결책을 찾기 위해 친절하면서 단호한 방법으로 협상을 진행합니다.

파트너십

성공적인 파트너십은 평등, 품위, 존중에 기초합니다. 이는 부모와 자녀 관계를 포함한 모든 파트너십에 해당합니다. 구식 성 역할에 빠져 갈등이나 후회를 유발하고 있는 건 아닌지 자문해봅니다. 집에서든 회사에서든 모든 사람을 존중하는 방법으로 책임을 공유하기 위한 해결책을 브레인스토밍해야 합니다. 여러분이 중요한 파트너십에서 이런 기초 원칙을 지키고 있는지 검토하세요.

★ 훈련하기

비전 선언문을 삶의 계획으로 바꾸기

여러분의 목표가 'GROW 모델'을 사용하고 있는지, 일과 삶에서 'SMART 목표'를 설정하고 있는지 확인하세요.

이번 훈련에서는 코칭에서 사용하는 GROW 모델과 SMART 목표 설정의 개념을 차용합니다.

GROW 모델

GROW 모델은 우리의 목표가 무엇인지 분명하게 만드는, 쉽고 명쾌한 방법입니다. G는 목표Goal, R은 현실성Reality, O는 선택Options, W는 실천 방법Way Forward을 의미합니다.

1. 329쪽의 목표 차트를 가져옵니다. 각 목표에 대해 차례대로 모델에 따라 자문합니다. '직장에서 다음 단계로 승진한다'는 2년 차의 직업 목표로 예를 들어보겠습니다.

목표	현실성	선택	실천 방법
직장에서 다음 단계로 승진한다.	이 목표가 현실적인지 자문합니다. 승진할 준비가 되어 있나요? 관련한 자격을 가지고 있나요? 이 목표를 위해 투자할 시간과 에너지가 충분한가요?	여러분의 원초적인 욕구를 충족할 다른 선택은 없는지 자문합니다. 직업적으로 인정받거나 혹은 다른 직무를 해보는 것은 어떤가요? 역할을 바꾸거나 직업을 바꾸는 건 어떤가요?	여러분이 검토한 현실과 선택이 만족스럽다면 목표를 달성할 수 있습니다. 어떻게 달성할 수 있을지 방법이 필요합니다. 여기서 SMART 목표를 소개합니다.

2. 진행 과정에서 원래 목표를 고쳐야 할 필요를 느끼면 수정하고, GROW 모델을 다시 적용합니다. 달성 가능한 목표를 세웠다고 느낄 때까지 이 단계를 반복합니다.

SMART 목표

여러분의 목표가 'SMART'하다면 실제로 목표를 달성할 가능성이 큽니다. SMART는 간단하고Simple, 측정 가능하며Measurable, 달성 가능하고Achievable, 현실적이면서도Realistic, 구체적인 일정Time specific이 있다는 뜻입니다.

1. 이제는 위에서 나온 실천 방법에 살을 붙여 SMART 목표 설정을 적용할 때입니다. 이는 '어떻게 해야 할까?'에 대해 효과적으로 답하게 됩니다.

목표: 직장에서 다음 단계로 승진한다.

간단하고	측정 가능하고	달성 가능하고	현실적이며	구체적인 일정
'내부 자격 과정을 듣는다'와 같이 목표 달성에 필요한 모든 활동을 적습니다. 모든 활동에 대해 다음 단계를 반복합니다.	'자격을 취득하면 수료증을 받는다'와 같은, 성공과 동일한 변수를 자문합니다.	'내부 과정은 경쟁이 심한데 내가 참여할 수 있을까? 신청 방법을 조사해야겠다'와 같이 발생할 수 있는 장애 요인이나 대비책을 확인하는 것이 중요합니다.	검토할 시간: 이 목표와 관련하여 시간, 에너지, 자원 투자가 현실적으로 가능한가요? 극복할 수 없는 장애 요인이 있나요? 재고의 여지는 없나요?	중간 점검이 필요한 시점을 구체적인 일정으로 적습니다. 내부 자격 신청 9월 마감, 10월까지 추천서 받기, 승진 프로세스 1월 시작 등.

2. 다른 목표에 대해서도 GROW 모델과 SMART 목표 설정을 계속 실천합니다.

첫 계획을 세우는 데 손이 많이 가고 시간이 오래 걸리는 것으로 보입니다. 표의 모든 내용을 완벽하게 채우는 게 아니라 삶의 목표에 이르기 위해 어떤 활동이 언제까지 필요한지, 전체적인 과정을 조사해야 합니다. 의심할 여지없이 인생은 뜻대로 흘러가지 않고, 장기적인 목표를 성취하기 위해 수차례 검토하고 일정을 바꾸어야 할 것입니다. 괜찮습니다. 이를 실천하는 데 완벽할 필요는 없고, 그것을 목표로 할 필요도 없습니다.

한 걸음 더
나아가기

1장

출산 후에도 끝나지 않는 부부의 삶

사이먼과 세라 부부는 일과 육아의 부담 때문에 파경에 이른 이야기를 나눕니다. 사이먼은 당시 자신이 했던 말을 구체적으로 기억합니다. "난 우리 관계로 고민하고 싶지 않아. 회사 일로도 충분히 힘들어." 사이먼은 싫증 났던 그때의 기분을 떠올립니다. 한편 세라는 부부가 '더 친밀해지는' 과정에 참여해야 한다고 다시 제안합니다. 일하는 부모든 아니든 부부 관계는 좋을 수도 나쁠 수도 있습니다. 사이먼은 매주 60시간씩 일하면서 일요일마다 아이들을 테니스와 연극 수업에 데려갈 시간을 내면 충분한 것 아니냐고 생각합니다. 반면 세라는 실의에 빠졌습니다. "우리 둘만의 시간이 거의 없다는 문제는 왜 보지 못하는 거야? 우리 관계를 회복하는 데 도움이 필요해."

건강하고 오래가는 관계 형성하기

윤택한 삶을 지속하기 위해서는 모든 관계와 상황에서 유사한 도구 및 태도를 확인하고 적용하는 것이 핵심입니다. 긍정의 훈육은 모든 인간관계에 적용할 수 있는 도구입니다. 이 챕터에서 다루는 원칙은 부부 사이뿐 아니라 모든 친밀한 관계에 적용할 수 있으며, 함께 살면서 아이를 양육하는 부모를 위한 관점을 제시할 것입니다. 책에 실린 사례가 여러분의 실제 환경과 다르다면, 등장하는 내용 중 여러분의 상황에 적용할 만한 것이 있는지 살펴 그것이 이전 관계를 이해하는 데 도움이 되는지 판단하고, 이를 새로이 맺을 관계에 적용할 수 있을지 생각해보세요. 이 챕터를 읽는 동안 이러한 행동이 직장에서는 어떻게 적용될지도 생각해보기를 권합니다.

견고한 기초 형성하기

모든 관계는 '저 사람은 나를 정말 사랑하고 존경해'라는 믿음에서 시작합니다. 이런 믿음은 유대를 맺고 유능감을 느끼려 하는 소속감의 욕구를 충족시킵니다. 또한 애정 표현, 로맨틱한 몸짓, 특별한 데이트, 정기적인 즐거움과 기쁨, 충분한 칭찬, 잦은 섹스와 같은 사랑과 존경의 행동으로 이어집니다. 즉, 친밀하게 유대를 맺으며 사랑하는 관계가 됩니다. 이를 종종 허니문 기간이라고 부릅니다. 그러나 일정 기간이 지나면 대부분 조금씩 변합니다. 이때 견고한 기초를 형성해 사랑을 지속하고 불만족스럽지 않게 하는 것이 중요합니다. 이를 위해서는 변화를 다루는 실질적인 기술뿐 아니라 모든 사람의 행동을 유발하는 데 기초가 되는 소속감과 자존감에 대한 욕구를 이해하는 것이 중요합니다.

가족 상담 치료사들은 종종 위기에 처한 부부에게 이런 질문을 합니다. "예전에는 배우자와 함께 있을 때 재미있고 즐거웠나요?" 이어지는 답변은 천편일률적입니다. "네, 그렇죠. 그렇지만 그건 아이를 낳기 전, 다른 책임이 없을 때 이야기예요. 그런 날은 다시 오지 않아요. 우리는 이제 아이가 아니니까요." 비극적인 이야기입니다. 부모는 가치 있는 목표인 인생 즐기기를 포기하고, 아이는 부모의 행동을 보며 부모란 자기 자신을 돌보고 즐거움 찾는 일을 소홀히 하면서까지 자녀를 위해 희생해야 한다고 생각하게 됩니다.

부부 관계가 행복하지 않으면 좋은 부모로서 긍정적인 롤모델이 되기 어렵습니다. 부부 싸움을 하면 아이가 문제 행동을 일으키기 쉽습니다. 화를 내고 반항하는 아이는 부모의 관계를 보고 행동을 따라 하는 경우가 많습니다. 여러분이 화나 불만족을 숨기려 해도 아이는 여러분의 에너지에서 감정을 느낄 수 있습니다. 불행하고 긴장이 가득한 부부 관계는 아이의 문제 행동을 심화시킵니다. 아이가 무의식적으로 부모를 같이 있게 만들거나, 보다 비극적인 경우 완전히 갈라놓으려 하게 되기 때문입니다.

애처롭게도 자신의 문제 행동으로 부모가 헤어지게 되었다고 믿는 아이는 나중에 죄의식을 가질 수도 있습니다. 여러분 개인의 행복뿐 아니라 아이를 위해서라도 행복한 관계를 만들려고 노력해야 합니다. 아이가 여러분과 비슷한 관계를 맺기를 원하는지 자문해보세요.

성장 마인드셋 계발하기

관계가 성숙해지면, 관계에 우선순위를 매기고 유지하기 위해 양쪽
이 나눠야 할 책임이 커집니다. 이런 접근에 불균형이 생기면 합의가
불가능해지고 서로에게 실망하게 됩니다. 여러분과 배우자가 어떤 양
육을 받았는지와 각각의 성격에 따라 행복한 관계를 유지하는 방법에
대한 생각이 매우 다릅니다. 우리는 현실을 보고, 그에 따라 선택하고
행동하는 데 감춰진 믿음 체계가 어떤 영향을 미치는지에 대해 이미
다루었습니다. 『마인드셋』의 저자 캐럴 드웩은 추가적인 증거를 제시
합니다. 그녀는 수십 년 동안 성격 유형을 연구했고, 이 책에서 부부
관계에 접근하는 방식을 고려하면 그녀의 결론은 의미가 있습니다.

3부 4장에서도 다루었듯이 드웩의 연구는 우리가 두 가지 마인드셋
중 하나, 혹은 '감춰진 믿음 체계'에 의존한다고 밝힙니다. 서로 다른
마인드셋을 가진 사람은 행복한 관계에 대한 관점 또한 다릅니다. 고
정된 마인드셋을 가진 사람은 '완벽한' 사람에 관해 고정된 이미지를
갖고 있기 때문에 첫눈에 사랑에 빠진다고 드웩은 설명합니다. 도입
부 이야기의 사이먼처럼 고정된 마인드셋을 가진 사람은 도전이나 변
화를 피할 수 없고, 이것이 학습과 성장의 기회가 된다는 사실을 받아
들이기 어려워합니다. 배우자의 말에 쉽게 상처받거나 사소한 실수에
크게 실망하기도 합니다. 마침내 이들은 서로의 '실체'를 알게 됩니
다. 허니문 기간이 끝나는 것입니다! 고정된 마인드셋을 가진 사람은
외적 통제 소재locus of control가 강해서, 자신이 실행하는 일의 모든 이
유를 '외부'에 둡니다. 이는 개인의 책임과 성장할 기회를 빼앗기 때

문에 '고정된'이라는 표현을 사용합니다.

반면 성장 마인드셋을 가진 사람은 사이먼의 아내 세라처럼 도전을 학습의 기회로 보고, 변하고 성장하기 위해 무엇을 해야 할지 고민합니다. 이들은 내적 통제 소재가 강합니다. 이들에게 있어 관계는 고정되거나 완벽한 것이 아니며, 삶의 다른 부분들과 마찬가지로 노력이 필요하다는 것을 압니다. 이는 긍정의 훈육에서 말하는 격려 모델과 매우 유사합니다.

여러분 자신과 배우자의 마인드셋에 대해 생각해보고 함께 토의하는 것이 좋습니다. 세라와 사이먼에게도 도움이 될 것입니다. 관계를 유지하기 위해 두 사람이 어떤 행동을 준비하고, 어떻게 행동해야 할지 합의하는 데 마인드셋이 큰 영향을 미칩니다. 다른 사람과 대화를 나누고, 사랑을 표현하고, 용서하고, 배우자의 주요 목표인 소속감을 충족시키는 데에도 마인드셋이 중대한 영향을 끼칩니다.

소속감 키우기

불행한 관계는 대부분 인간의 기본적인 욕구인 소속감이 채워지지 않기 때문에 발생하는 경우가 많습니다. 우리는 앞서 인정받고, 스스로를 유능하게 느끼고, 가치 있고, 유대를 맺는 경험으로 아이에게 소속감을 제공하는 것이 중요하다고 강조했습니다. 아이가 소속감을 느끼지 못하면 낙담하여 문제 행동을 저지를 수 있습니다. 마찬가지로 여러분 또한 사랑받고 인정받고 가치 있다고 느끼지 못하면, 친절하고 사랑스러운 행동을 하지 않을 것입니다. 소속감을 느끼지 못해서 생겨나는 문제 행동은 파괴적인 느낌과 행동의 악순환을 낳을 것이고, 손쓰지 않으면 부부 관계에 방해가 될 것입니다. 이런 파괴적인 행동을 좀더 살펴보겠습니다.

소속감과 자존감을 약화시키는 파괴적인 행동

관계는 항상 변합니다. 멈춰 있지 않습니다. 지금 이 순간에도 여러분이 배우자를 소중히 아끼고 존중하느냐에 따라 관계가 긍정적으로 변하기도 하고 부정적으로 변하기도 합니다. 이러한 행동 고리는 소속감을 지지하도록 믿음을 강화하고 좋은 행동을 실행하도록 긍정적인 방향으로 일어날 수도 있고, 사랑받지 못한다는 믿음을 강화하고 나쁜 행동을 일삼는 부정적인 방향으로 갈 수도 있습니다. 행동 고리는 다음과 같이 진행됩니다.

1. 여러분의 믿음이 다음과 같다고 가정해봅니다.
   '그/그녀는 날 사랑하지 않아.'(='난 소속감을 느끼지 못해.')
   '내가 그를 위해 할 수 있는 게 없어.'(='난 내가 유능하다고 느끼지 않아.')

2. 이런 믿음은 다음과 같은 문제 행동을 불러일으킵니다.
    - 침묵
    - 말로 비난하고 공격함
    - 애정 표현과 섹스의 보류
    - 함께 시간을 보내지 않음
    - 로맨틱한 몸짓이나 친절을 갑자기 멈춤
    - 보복
    - 육아나 집안일 등을 돕는 데 비협조적임
3. 여러분의 배우자도 여러분의 문제 행동에 따라 유사한 반응을 보입니다.
4. 그 결과 관계가 악화됩니다.

이 불행한 고리는 연쇄적으로 반복되어 양쪽 모두 자신이 사랑받지 못하고, 감사 받지 못하고, 희망이 없다고 느끼게 합니다. 예전에 나눈 사랑과 열정을 회복하지 못하게 합니다.

우리는 왜 이런 행동을 할까요? 배우자의 문제 행동에 대한 반응일 수도 있고, 우리 자신의 어긋난 목표 때문일 수도 있습니다. 어쩌면 어린 시절에 만족하지 못한 결과 형성된 믿음 체계가 이런 행동을 유발했을 수도 있습니다. 아이가 무조건적인 관심의 대상이 되면 초보 부모는 무시당한다고 느끼기 쉽습니다. 실제로 아이를 키우는 단계에서는 정말로 그러기도 합니다. 중요한 것은 우리가 어떻게 적극적으로 행동하느냐입니다. 모든 어려움 앞에서는 우선 문제 행동을 인식하는 것이 중요합니다. 그다음에 문제 행동을 없애면 됩니다.

사람은 관계에 문제가 있다고 느낄 때 그 순간에 주목하기보다는 과거를 떠올리는 경우가 많습니다. 여러분의 배우자도 그렇게 감정을 상하게 하는 말을 합니다. 만약 여러분이 현재에 머무를 수 있다면 보다 논리적으로 반응하고 이렇게 말할 것입니다. "당신의 말은 제 감정을 상하게 해요. 하지만 당신이 날 사랑한다는 걸 알아요. 그러니까 당신은 무언가에 상처받았거나 화가 났다고 생각해요. 우리 둘 다 기분이 좀 나아진 후에 같이 해결책을 생각해봐요."

배우자의 유능감과 존중감에 상처를 주는 다섯 가지 흔한 행동이 있습니다. 통제하기, 완벽주의, 비난과 부정적 성향, 타인의 참여 거부, 참여 및 책임의 거부가 그것입니다. 이것들은 서로 연결되어 있습니다. 이런 행동은 다음과 같은 메시지를 전달합니다. "제대로 잘할 때까지 난 당신을 믿을 수 없어요." "난 당신을 존경하지 않아요." "당신은 제 우선순위가 아니에요." 이런 메시지는 보통 의도적이지 않고, 어린 시절에 만들어진 어긋난 목표에서 비롯됩니다. 문제 행동인 줄 알면서도 계속 상처를 주고받습니다. 다시 말해, 배우자의 행동이 특정 기대와 불안을 유발해서 여러분의 행동에 부정적인 영향을 주는 것입니다. 이 부분을 읽으면서 개인의 톱 카드와도 유사하다는 사실을 알 수 있을 것입니다.

통제하기

배우자가 식사 준비를 한 테이블을 다시 만지고 싶었던 적이 있나요? 식기세척기나 세탁기 선반, 다용도실 선반, 배우자의 우선순위,

심지어 배우자의 삶 전체에 간섭하고 싶을 수도 있습니다. 그런 여러분에게는 이 질문을 하고 싶습니다. 왜 여러분 방식대로 해야 하나요? 스스로에게 질문해보세요. "뭐가 중요하지? 효율성이 중요할까, 아니면 다른 사람이 자기 생각을 표현할 자유가 중요할까?" 배우자나 아이에게 여러분의 방식을 강요하거나 상대방을 존중하지 않는 방식으로 대화하고 있지는 않나요? 여러분과 다르더라도 상대의 방식대로 결정하도록 자율성을 준다면 여러분이 상대를 유능하다고 믿고 있는 그대로 사랑한다는 메시지를 전달합니다. 스스로 질문해보세요. '통제하기를 멈추고 그들이 원하는 방식으로 하게 둔다면 어떻게 될까? 내가 죽을까?'(때로는 중요하지 않은 곳에 관심을 가지는 것도 가치가 있습니다.) 물론 죽지 않습니다. 불편할까요? 네, 그렇습니다. 하지만 그럼으로써 다른 사람이 자신을 가치 있고 사랑받는 존재라고 느끼게 된다면 의미가 있지 않을까요? 시간이 흐르면서 여러분이 변화한 행동에 익숙해지고, 여러분의 뇌가 새로운 선호 방식의 신경 연결 통로를 따른다면 불편함은 사라질 것입니다.

완벽주의

통제와 우월성의 욕구를 가진 사람은 종종 자신과 주변 모든 사람에게 비현실적으로 높은 기준을 적용합니다. 이들은 상황이 완벽하지 않거나 올바르지 않다고 생각하면 신경이 날카로워집니다. 대다수의 완벽주의자들이 일을 제대로 수행하고 잠재력을 최대한 발휘하려는 욕구에서 이런 현상을 보인다고 합니다. 이런 행동이 아이와 다른 사람을 얼마나 낙담시키는지 그들은 모릅니다. 완벽주의자는 실수를 학습의 기회로 보지 않습니다. 오히려 교정하거나 벌주기 위한 기회로 보기도 합니다. 사랑하는 사람에게서 반항과 무능함을 불러일으키고 낙담시키는 마인드셋입니다. 완벽주의는 불안이나 결점이 없는 일처리로 개인의 가치를 증명하고자 하는 욕구에서 비롯됩니다.

'완벽함'을 측정하는 절대적인 기준이 없다는 점을 받아들여야 합니다. 그것이 완벽주의를 치료하는 방법입니다. 여러분이 생각하는 '완벽함'이 다른 사람의 기준보다 뛰어나다는 보장이 어디 있을까요? 사실 완벽함 자체가 터무니없는 목표입니다. 아들러와 드라이커스는 완벽이 아닌 개선을 목표로 하라고 말했습니다. 우리가 완벽하지 않다는 사실을 받아들이면서 학습을 시작해야 합니다. 어떻게 할까요?

우선 완벽주의가 파괴적인 마인드셋이라는 사실을 받아들이세요. 자신의 완벽주의가 어디서 왔는지 곰곰이 생각해봅니다. 명상, 긍정성, 혹은 치료법의 도움을 받아 벗어나세요. 자신을 사랑하고 자신의 실수를 너그러이 받아들일 때, 다른 사람의 완벽하지 않은 모습도 허용할 수 있습니다. 여러분이 완벽주의자라면 여러분의 배우자와 자녀의 불완전함을 허용하고, 루돌프 드라이커스가 말한 '불완전하기 위한 용기'를 기르기를 적극 권합니다.

비난과 부정적 성향

여러분에게 배우자와 자녀를 비난하는 나쁜 습관이 있나요? 비난은 축복과 존중의 감정을 망가뜨립니다. 여러분이 서로 비난하는 가정에서 성장하면서 비난하는 법을 배웠다면, 이런 파괴적인 행위를 피하기 어려울지도 모릅니다. 비난은 완벽주의와 밀접하게 관련되어 있고 불안에서 비롯됩니다. 부정적인 사람들은 고정된 마인드셋을 가지고 있기 때문에 변화를 수용하기 어려워합니다. 이들은 인생을 '물컵에 물이 반밖에 안 남았네'라는 관점으로 최악의 상황만 봅니다. 사실 우리는 긍정 혹은 부정의 관점을 선택할 수 있습니다. 만일 여러분이 비난과 부정적 성향으로 힘들어한다면 긍정적인 점을 삶에서 찾아볼 필요가 있습니다. 매일 감사할 것을 생각하고 칭찬해야 합니다. 성장 마인드셋과 내적 통제 소재를 계발합니다. 믿음과 선택은 스스로 통제할 수 있다는 사실을 기억하세요.

타인의 참여 거부하기

아이나 어른이나 집안일 혹은 여타 책무를 도와달라고 요청하지 않으면 낙담하게 됩니다. 대다수의 아이와 배우자는 잘 못한다거나 '똑바로' 하지 못한다는 말을 들으면 공헌하기를 멈춥니다. 이들이 느끼는 감정은 다음과 같습니다. '어차피 잘 못하는데 왜 내가 해야 하지? 나는 방금 실수할 뻔했어.' 배우자가 가족을 위해 도움을 주려는 자신의 노력을 인정받지 못하면, 가족을 위한 활동에 시간을 투자하고 싶지 않을 것입니다. 참여를 거부하는 행위는 종종 또 다른 형태의 통제가 됩니다.

참여와 책임 거부하기

　더욱 수동적인 행동입니다. 이런 사람은 가족 활동이나 행사에 참여하지 않으며 무관심한 태도를 보입니다. 배우자와 관계를 유지하는 데 필요한 자신의 책임을 피하려 합니다. 이런 행동은 비난과 스트레스에서 벗어나려는 욕구에서 비롯된다고 볼 수 있습니다. 어린 시절에 형성된 무기력이라는 어긋난 목표로 인해 자신이 가치 없는 사람이라는 믿음이 생겼기 때문인 경우도 있습니다. 남성과 여성의 역할에 대한 낡은 사고방식 때문일 수도 있습니다. 어떤 경우든 이런 사람은 자신이 무시당한다고 느끼거나 중요한 사람이 아니라는 느낌을 받습니다. 파트너십 혹은 가족의 일원으로 기대 사항이 무엇인지 솔직하게 대화하고, 규칙적인 일상과 집안일을 합의하는 것이 해결책입니다. 격려와 감사를 듬뿍 담아 작은 일부터 시작하도록 도와야 합니다.

격려라는 해결책

　문제 행동의 악순환에 깔린 고통과 화가 낙담의 근본 원인이므로, 가장 확실한 해결책은 격려입니다. 다행히도 여러분은 아이를 어떻게 격려하는지 이미 학습했습니다. 여러분과 여러분의 배우자 모두의 소속감, 유대감, 유능감을 강화하기 위해 여러분이 취해야 할 특별한 행동과 태도가 있습니다. 부부끼리 특별한 시간 보내기, 애정과 섹스로 소속감과 자존감 나누기, 배우자의 세상에 들어가기, 칭찬하고 감사하기, 각자의 존재를 감사하고 받아들이기. 이 다섯 가지 핵심 행동을 연습해보세요.

부부끼리 특별한 시간 보내기

도입부 이야기에서도 살펴봤듯이 일과 육아라는 시급한 과제 때문에 많은 부부 관계가 뒷전으로 밀립니다. 부부가 함께 즐길 시간이 없습니다. 하지만 이는 중대한 실수입니다. 아이는 부모가 행복해하고 사랑하는 모습을 보고 배웁니다. 아이는 여러분의 관계를 관찰하면서 배웁니다.

어떤 부모는 아이가 먼저라고 믿습니다. 하지만 우리는 동의하지 않습니다. 먼저 부부 관계가 잘 유지되어야 모두가 건강할 수 있습니다. 차이를 알기 어렵지만 아이는 두 번째로 절친한 관계가 되어야 합니다. 이 차이는 중요합니다. 아이는 마음속으로 부모의 관계가 어떤지 알고 싶어 합니다. 아이는 부모가 껴안고 포옹하고 함께 데이트하는 것을 보고 싶어 합니다. 이런 모습은 아이에게 안정감을 주고, 다른 사람에게 열정을 다해 헌신하는 것이 얼마나 멋있는 일인지와 아이가 태어나도 사랑이 끝나지 않는다는 사실을 알려줍니다. 배우자와 함께 이런 것을 명확하게 이해하고 가능한 한 많이 합의해야 합니다. 서로 사랑하고 존중할 것을 약속하세요. 이 약속에 타협한다면, 자신의 진실성과 타협하는 것이 됩니다. 이는 좌절과 스트레스로 이어져 자기 자신, 자녀, 배우자, 주변 사람 모두에게 영향을 줍니다.

특별한 시간은 모든 약속 중에서도 가장 우선시되어야 합니다. 일하는 부모들은 종종 다른 사람과의 관계를 가장 낮은 순위로 미뤄두고는 합니다. 하지만 관계를 가꾸지 않으면 '소속감'이 메말라버립니다. 부부 관계가 행복하지 않으면 좋은 부모가 되기 어렵고, 커리어에도 영향을 받습니다. 여러분의 우선순위를 제대로 유지하기 위해서는 직장의 우선순위를 조정할 필요가 있습니다.

애정 표현과 섹스로 소속감과 자존감 나누기

배우자로 하여금 자신을 소중히 여긴다는 느낌을 받게 해주는 가장 강력한 방법 중 하나가 애정 표현입니다. 정기적인 애정 표현은 소속감을 느끼게 합니다. 자신이 특별하다는 느낌과 보살핌 받는다는 느낌을 충족시켜줍니다. 소파에서 배우자를 안고, 침대에서 음식을 먹여주고, 백허그를 하고, 손을 잡고, 가까이 다가가 수용을 표현하는 포옹을 자주 합니다. 애정 표현과 섹스는 '당신을 사랑해'라는 메시지를 강화하고 관계를 긍정적인 행동 고리로 이동시킵니다.

사랑과 애정을 표현하고 받는 데 어떤 방식을 선호하는지 탐색해봅니다. 어떤 사람은 고민해서 선물을 준비하고 배우자를 위해 뭔가를 하는 것이 사랑을 표현하는 방법이라 생각하지만, 어떤 사람은 사랑의 속삭임, 신체 접촉 혹은 함께 특별한 시간을 보내는 것을 중요하게 생각합니다. 우리는 모두 각자가 선호하는 '사랑의 언어'를 가지고 있습니다. 배우자가 사용하는 사랑의 언어를 이해하고 말함으로써 여러분의 관계에 새로운 불꽃을 일으킬 수 있습니다.

배우자의 세상에 들어가기

커플은 대부분 연애를 하는 동안 삶의 모든 것을 이야기하고 싶어 합니다. 사랑스러운 연인은 상대가 말하는 모든 것을 들어줍니다. 내면의 생각과 느낌을 공유하면, 상대 역시 내면의 생각과 느낌을 듣고 공통점을 찾으며 특별한 유대감을 느낍니다. 경이롭지 않나요? 의미 있는 대화를 나누려는 욕구는 계속 지속되며, 공유하기를 멈추는 순간 고통이 시작됩니다. 친밀감, 유대감, 소속감을 상실하면 관계가 깨집니다.

인생 최고의 격려와 조건 없는 사랑을 제공한 사람을 떠올려봅니다. 그 사람은 진실한 열정으로 경청했을 것입니다. 경청은 여러분을 특별하게 만듭니다. 그들은 여러분에게 큰 목소리로 분명하게 메시지를 보냅니다.

"당신은 저에게 소중합니다. 여러분의 삶에 존재하는 모든 것에 저는 관심을 가집니다."

여러분 혹은 배우자가 사랑과 수용이 부족하다고 느낀다면, 소속감을 키우는 확실한 방법은 경청하고 질문하는 것입니다. 앞서 아이에게 사용하라고 권했던 '무엇을'과 '어떻게' 질문을 능숙하게 사용하는 법을 배우세요. "커리어에서 부족하다고 느껴지는 게 뭘까?" 혹은 "당신의 스트레스 해소에 내가 어떻게 구체적으로 도움을 줄 수 있을까?" 혹은 "어떻게 하면 내가 더 좋은 배우자가 될 수 있을까?"와 같은 질문은 배우자의 내면 생각, 감정, 욕구를 이해하는 데 도움이 됩니다. 경청에 방해가 되는 네 가지는, 방어하고 설명하려 하고 비난하고 일방적으로 결정하는 태도입니다. 이런 방해물 없이 듣는 법을 연습하세요. 배우자가 말하는 것뿐 아니라 어떤 감정을 느끼고 내면에서 어떤 말을 전하는지도 이해하려고 노력하세요. 여러분의 마음으로 상대의 마음을 들으세요. 해결책을 위한 브레인스토밍에 참여할 게 아니라면 해결책을 말하지 마세요. 공감하면서 듣고 상대가 말하게 하면 편안함과 보살핌 받는 기분, 치유의 혜택을 사랑하는 사람에게 전할 수 있습니다.

칭찬하고 감사하기

앞서 가족에게 긍정적인 에너지를 촉진하려면 칭찬과 감사가 중요하다고 했습니다. 이는 부부 관계에도 적용됩니다. 칭찬과 감사는 소속감과 자존감을 크게 북돋웁니다. 특별히 해준 것도 없는데 칭찬을 받으면 더 기분이 좋습니다. 매일 작은 것에도 감사하는 습관을 들이세요. "항상 열심히 일해줘서 고마워" 혹은 "잠들기 전에 항상 부엌을 깨끗하게 정리해줘서 감사해"와 같은 칭찬을 하세요. 배우자에게 사랑과 감사를 받는다는 느낌을 전하세요.

서로의 존재에 감사하고 조건 없이 받아들이기

개별적인 존재로서 배우자의 생각, 감정, 바람, 믿음을 이해하지 못하기 때문에 많은 부부가 갈등을 겪습니다. 혹은 부부가 서로의 존재를 인정하지 않기도 합니다. 부부가 각자 개인의 삶을 살면서 자기만의 인격을 유지할 때 관계가 더 건강해집니다. 부부 중 한 사람 혹은 양쪽이 이런 태도를 가지면 매우 위험합니다. "어떻게 하는 게 제일 좋은지는 내가 잘 아니까 당신은 나를 따라야 해!"

'개별 존재'라는 생각이 어떤 사람에게는 다음과 같이 들릴 수도 있습니다. '내가 알면 안 되는 비밀스러운 삶을 배우자가 산다는 의미인가?' 이런 생각은 안정감과 소속감을 해칩니다. 비밀을 가지라고 권하는 게 아니라, 부부 또한 개인의 믿음에 따라 각자 상황을 다르게 볼 수 있다는 사실을 알고 그런 차이를 서로 받아들이며 가치 있게 여겨야 한다는 의미입니다. 서로 의견이 달라도 괜찮습니다. 그렇다고 한쪽이 세상을 보는 방식을 포기해야 할 필요는 없습니다. 그럴 수도 없습니다. 사람마다 좋아하는 게 다르고, 다른 것을 원할 수 있다는 사실을 인정해야 합니다. 여러분이 생각하는 이상적인 저녁은 부부가 함께 소파에 앉아 고전 영화를 보는 것이고, 배우자가 생각하는 이상적인 저녁은 친구와 함께 시내에서 노는 것이라면, 이런 것을 서로 이야기하며 대화로 푸는 게 중요합니다. 부부 중 한 사람은 혼자 있기를 좋아하고, 상대는 다른 사람보다 훨씬 더 사교적일 수도 있습니다. 각자가 좋아하는 것과 싫어하는 것을 이해하고 균형을 맞추는 게 중요합니다. 서로 다른 성향끼리 끌리는 게 맞습니다. 처음에는 그 점에 끌리지만 나중에는 짜증이 납니다. 배우자가 가진 다른 점에 감사하세요. 배우자에게 감사를 느끼면 짜증이 사라집니다.

여러분과 여러분의 배우자는 내향적인가요, 아니면 외향적인가요? 이 개념은 종종 처음 보는 사람과도 대화를 잘 나누는지 혹은 반대로 말을 잘 못 하고 조용히 있는지와 같은 것으로 잘못 이해되기도 합니다. 겉으로 드러나는 행동보다는 어디서 에너지를 얻는가로 판단해야 합니다. 이런 방향성은 우리가 무언가를 선택하고 요구하고 회복하고 충전하기 위해 시간을 보내는 것에 영향을 줍니다. 내향적인 사람은 내부에서 에너지를 충전하기 때문에 내면을 탐색하고 혼자서 조용히 있기를 좋아합니다. 외향적인 사람은 외부에서 에너지를 충전하기 때문에 활동, 모임, 사람과의 만남으로부터 에너지를 얻습니다. 대부분의 경우 한쪽에 극단적으로 몰려 있지는 않습니다. 같은 사람이라도 시간이 지남에 따라 내향성과 외향성의 균형이 변하기도 합니다. 일반적으로 나이를 먹으면 조금 더 차분한 환경을 선호하는 경향이 있습니다. 여러분 자신이 어디에서 에너지를 얻는지 생각해보고, 여러분의 배우자와 자녀도 살펴보세요. 내향적인 사람이 외향적인 가족 때문에 지속적으로 외부 활동을 강요당하면 매우 지치고 애를 먹을 것입니다. 그 반대도 마찬가지입니다.

부부가 공통의 관심사를 가지면 좋습니다. 부부가 함께 즐길 수 있는 활동을 찾아 계속 공유하기를 권합니다. 배우자의 관심사에 대해 알기 위해 일부러 공부할 필요까지는 없습니다. 이따금씩 배우자의 열정에 관심을 보이고, 배우자가 관심 있는 분야에서 가능한 한 많이 배울 수 있도록 격려하는 것으로 충분합니다. 여러분의 배우자는 진정으로 가치 있고 인정받는다는 느낌을 받고, 그에 대한 보답으로 여러분 또한 자신의 관심사를 찾을 수 있도록 격려하게 될 것입니다.

수용은 선택의 문제입니다. 몇몇 사람은 아이는 실수하기 마련이라고 생각하기 때문에 자녀의 불완전함을 배우자보다 쉽게 받아들입니다. 사실 나이 든 사람도 여전히 배우는 중이고 실수를 할 수 있으며 자신이 누구인지 알 필요가 있습니다. 여러분의 배우자와 아이를 받아들이겠다고 의도적으로 결정함으로써 사랑과 소속감을 나눌 수 있습니다. 실수해도 된다는 메시지를 나눌 수 있습니다. 또한 배우자와 아이가 여러분에게 해줬으면 하는 행동을 직접 보여주는 셈이 됩니다. 행복할 것인가, '올바를' 것인가는 여러분의 결정에 달렸습니다.

타인을 받아들이는 것은 매우 복잡하고 어려운 과정이고, "배우자를 받아들이세요" 같은 조언이 건방지게 들릴 수도 있습니다. 4부 3장에서 받아들이는 것의 큰 부분 중 하나인 내버려두기의 중요성을 다루었습니다. 5부 3장에서는 자아에 대한 보다 깊은 이해를 위해 과학과 영성의 세계에서 가져온 효과적인 아이디어 및 도구를 사용하여 관점을 넓힐 것입니다.

★ 긍정의 훈육 실천하기

폴은 상담사에게 불평을 늘어놓습니다. "현관에 들어서자마자 린다와 아이들의 요구가 빗발쳤어요. 저는 비행기를 다시 타거나 골프를 치는 상상을 해요. 하지만 물어보지도 못하죠. 제3차 세계대전을 시작한 것 같아요."

폴과 린다는 몇 개월째 다투고 있습니다. 맞벌이하며 세 자녀의 양육에 대한 책임을 함께 나눕니다. 개인적인 즐거움을 누릴 시간이 없습니다. 해야 할 의무에 둘 다 부담을 느끼고 각자의 불행을 억울하게 여겼습니다. 서로 간의 대화는 "내가 저번에 기저귀 갈았으니 이번에는 당신 차례야" 혹은 "내가 브래들리의 철자 시험 공부를 도와주길 바라는 거야?"와 같이 유치한 말 주고받기였습니다.

이들 부부는 결혼 생활 상담사의 제안으로, "여러분이 바라는 주제를 드러내세요"라고 불리는 연습을 위해 자리에 앉았습니다. 개인, 부부, 가족의 욕구를 충족시키는 방법을 찾는 것이 이 연습의 목적입니다.

우선 개인의 즐거움, 부부의 즐거움, 가족의 즐거움이라는 세 카테고리에 대해 각각 가능한 한 많은 아이디어를 내도록 브레인스토밍을 진행합니다.

그다음으로 폴과 린다에게 세 카테고리에서 각 하나의 항목을 고르게 한 다음 특정 주말의 주제로 넣도록 요청합니다. 린다가 원하는 주말의 주제는 다음과 같습니다. 개인의 즐거움은 카를라와 점심 먹고 쇼핑하기, 부부의 즐거움은 폴과 저녁 외식하기, 가족의 즐거움은 아이들과 공원에 가기입니다. 폴이 원하는 주말의 주제는 다음과 같습니다. 개인의 즐거움은 친구들과 자전거 타기, 부부의 즐거움은 린다와 분위기 있는 곳에서 저녁 외식하기, 가족의 즐거움은 아이들과 극장 가기입니다.

그리고 나서 부부와 아이들이 함께하는 주말 주제를 만들었습니다. 부부의 즐거움은 둘 다 좋은 곳에서 함께 저녁 식사를 하는 것이므로 비교적 간단합니다. 토요일 저녁에 식사를 하기로 했고, 폴은 돌보미를 부르는 데 동의했습니다. 린다는 아이들과 공원에 가는 게 영화를 보러 가는 것보다 더 의미 있는 시간이 되리라 생각했습니다. 아이들을 존중하기 위해서는 아이들과 함께 브레인스토밍하는 게 좋습니다. 일요일 오후에는 아이들이 원하는 대로 동물원에 가기로 했습니다. 린다는 폴이 친구들과 토요일 아침에 자전거 타러 가는 것에 기꺼이 동의했고, 폴은 린다가 점심을 즐기고 토요일 오후에 쇼핑할 수 있도록 해당 시간에 서로 교대하기로 했습니다. 가족 구성원을 포함하고 존중하며 주말 계획을 세우자 처음으로 죄의식 없이 기쁨을 누리게 되었습니다.

린다는 새로운 일정에 만족했지만, 이런 즐거움을 누리느라 집안일이 쌓일까 봐 걱정되었습니다. 그렇게 하면 다가오는 평일에 마음이 불편할 것이기 때문입니다. 그녀는 주말에 꼭 해야 할 중요한 집안일 네 가지를 정리해서 폴과 나누었습니다. 그렇게 함으로써 집안일을 내버려두고 지나치게 놀 때 생기는 스트레스 혹은 집안일에 몰두하느라 놀 시간이 없어 생기는 스트레스를 줄였습니다.

긍정의 훈육 도구

린다와 폴의 계획을 정기적인 부부 대화와 가족회의에 포함한다면 문제 행동이 많이 줄어들 것입니다. 긍정적인 습관을 만드는, 중요한 긍정의 훈육 도구 몇 가지를 검토해보겠습니다.

정기적인 부부 회의 일정 짜기

정기적인 부부 회의는 대화를 시작하고 유지하여 문제나 후회가 생기는 것을 방지합니다. 가족회의와 같은 형식을 따르세요. 감사의 한

마디로 시작해서 해결책을 브레인스토밍하고, 부부가 해결책을 기꺼이 따르기로 약속하고, 다가올 행사를 검토하고, 부부가 보내는 특별한 시간을 계획합니다.

정기적인 대화 대신에 부부 회의를 하면 안 됩니다. 회의는 민감한 대화를 공식적으로 나누도록 도움을 주는 추가적인 활동입니다. (1)부부 회의 주제로 어려운 점을 적어두고 문제를 논의하기 전에 휴식 기간을 가집니다. (2)가족회의와 마찬가지로 처음에는 칭찬으로 긍정적인 분위기를 조성합니다. 각자 감사했던 점을 공유합니다. (3)부부가 동의할 수 있는 해결책을 찾는 데 집중합니다. (4)여러분은 아이들에게 가르치고 싶은 태도와 해결책에 집중하는 모습의 본보기가 됩니다.

부부 회의는 가족회의와 분리되어야 합니다. '이런 것은 가족회의에서 다루니까'라는 생각으로 부부 회의를 생략하는 실수를 저지르지 마세요. 부부가 유대를 맺고 전략을 짜는, 성인만의 시간이 필요합니다.

미리 합의하기: 집안일 협상

누가 아이와 무엇을 할지, 집안일은 누가 할지에 관한 갈등을 피하는 탁월한 방법 중 하나는 두 사람에게 맞는 계획을 협상하는 일입니다. 맞벌이 부부라면 어떤 일을 해야 할지 목록을 작성해야 할 것입니다. 아이 돌보기나 처리해야 할 집안일을 사전에 합의하면 불필요한 논쟁이나 상처 주는 일을 피할 수 있습니다. 부부가 각자 어떤 일을 선호하고 싫어하는지를 고려해야 합니다. 둘 중 한 사람이 쓰레기 버리는 것은 싫어하고 잡초 뽑는 일을 좋아한다면 서로 거래할 수 있습니다. 이런 실천은 각자의 역할과 책임을 분명히 이해하는 데 도움이 됩니다. 일을 공정하게 나누는 것은 여러분과 배우자가 생각하는 공정의 정의가 무엇인가에 달렸습니다. 처리해야 할 일의 목록을 주 단위로 작성하고 가족 중 누가 무엇을 할지 결정합니다. 아이도 나이에 맞는 일을 정해서 가족에게 의미 있는 방법으로 공헌하게 하는 것이 중요합니다. 더 자세한 내용은 가족회의 부분을 참고하세요.

친절함과 단호함의 균형

배우자에게 너무 친절하면 스스로에게 좋지 못하고, 배우자가 친절을 이용할 수도 있습니다. 마찬가지로 너무 단호하면 관계가 악화됩니다. 친절함과 단호함 사이의 균형을 유지하는 간단한 원칙은 '항상 자신과 배우자를 동시에 존중하는 것'입니다. 친절하면 다른 사람을 존중하고, 단호하면 우리 자신을 존중하게 됩니다. 어떻게 둘 다 존중할 수 있을까요? 먼저 여러분이 하지 말아야 할 것을 알려드리겠습니다.

많은 사람이 다른 사람에게 지나치게 친절하고 관대하게 대합니다. 만족감 톱 카드를 가진 사람의 경우 특히 그러합니다. '너무 친절하다'는 말은 자신에게 적합하지 않으며 해로운데도 다른 사람을 위해 무언가를 한다는 뜻입니다. 너무 주기만 하면 결국 억울하고 이용당한다는 느낌을 받게 됩니다. 여러분 자신의 욕구를 충족하도록 자신에게 친절하면 배우자도 더 존중할 수 있습니다.

반대로 단호하게 비난하는 사람도 있습니다. 비난하는 사람은 자신의 권리와 욕구를 주장하는 일에 단호합니다. 이들의 좌우명은 다음과 같습니다. "그건 네 잘못이야. 왜 제대로 못 하지?" 이처럼 너무 단호한 사람은 자신의 욕구는 존중하지만 다른 사람의 욕구, 권리, 감정을 짓밟습니다. 항상 다른 사람의 잘못으로 돌립니다. 현실에서는 종종 불충분하고 불안전하게 느끼는 감정이 비난으로 둔갑하기도 합니다. 상처로부터 자신을 보호하기 위해 지나치게 단호하게 말하기도 합니다. 이는 소속감과 자존감 결핍으로 인해 나타나는 외로움일 수도 있습니다.

지나치게 친절한 행동은 우리를 곤경에 빠트리기도 합니다. 어떤 사람은 관계를 위해 자신의 개성을 포기할 수도 있습니다. 그렇다고 너무 단호하면 배우자가 소외감과 억울함을 느낄 수 있습니다. 배우자의 욕구를 진심으로 충족시키려고 노력한다면, 차이점이 가교가 되어 사랑과 감사를 느낄 것입니다.

부부를 위한 긍정적 타임아웃

이 챕터에서 다룬 모든 내용을 이해하고 실천해보기로 결심했나요? 좋습니다. 하지만 우리의 경험으로 봤을 때, 여러분이 성자가 아닌 이상 분명 또 실수하게 될 것입니다. 여러분과 배우자는 어린 시절부터 풀리지 않은 오래된 문제를 끄집어내는 실수를 종종 합니다. 그런 상황에서는 수차례 화가 날 것이고, 파충류의 뇌가 활성화됩니다.

화가 났을 때 갈등을 해소하지 못하는 것은, 아이와 부모의 관계에서 그렇듯 부부 사이에서도 마찬가지입니다. 화가 났을 때 사용할 긍정적 타임아웃을 미리 정해두면, 서로 존중하고 격려하는 관계를 유지할 수 있습니다. 미리 계획하고 공개했으므로 '침묵의 시위'로 느껴지지 않습니다. 화가 나는 건 괜찮지만, 서로에게 화를 내는 것은 좋지 않다는 것을 아이에게 직접 보여줍니다. 그 대신 상황과 자신을 분리하여 다룰 수 있습니다. 화가 나면 종종 타임아웃을 해야 한다는 사실을 잊을 수도 있지만, 연습으로 극복할 수 있습니다. 미셸과 해리 부부는 세 아이와 함께 누가 먼저 화가 났는지 알아차리는 게임을 하기로 했습니다. 때로는 화난 사람을 가장 먼저 찾아내는 일이 너무 재미있어서 웃다가 타임아웃을 할 필요 자체가 없어지기도 합니다. 때로는 이렇게 말합니다. "어떤 상황인지 알겠지만 난 타임아웃이 필요해. 기분이 좋아지면 대답할게."

★ 훈련하기

첫 부부 회의를 하고, 달력에 특별한 시간에 관한 계획을 적습니다.

부부 활동

1. 배우자와 함께 실천하고 싶은 활동 목록을 각자 작성합니다.
2. 각자의 목록을 비교합니다. 몇 개의 항목이 겹치나요?
3. 각자의 목록에는 없지만 함께 하고 싶은 것을 브레인스토밍합니다.
4. 이 목록을 '정기 활동' 목록과 '버킷리스트'로 구분합니다. '정기

활동' 목록에는 정기적으로 함께 하고 싶은 일들을 모두 적습니다. '버킷리스트'에는 적어도 한 번이라도 해보고 싶은 큰 목표를 적습니다.

5. 달력을 꺼내 함께 일정을 정합니다. 매주 부부 회의의 마지막을 이 활동으로 마무리합니다.

6. 여러분의 다음 '버킷리스트'에 관해 이야기하는 시간을 가집니다.

7. 이 활동이 여러분의 관계에 변화를 일으켰다면 기록하고 공유합니다.

2장

직장에서 실천하는
긍정의 훈육

에이미는 좌절한 나머지 머리를 쥐어뜯고 싶었습니다. 상사인 스티
븐이 모든 환자들에게 보낼 연하장을 먼저 확인하고 싶어 하는 것을
알고, 전날 저녁에 서명을 위한 봉투와 카드를 구비하여 완벽하게 준
비를 마쳐 봉투에 우표까지 다 붙여두었습니다. 그런데 출근했을 때
준비한 것들이 다시 정리된 것을 발견했습니다. 늘 그랬듯이 에이미
가 퇴근한 후에 스티븐이 손을 댄 것입니다. 그게 얼마나 거슬리는지
그는 왜 모르는 걸까요? 그뿐 아니라 그는 봉투 하나에 우표가 약간
비딱하게 붙은 것을 보곤 빨간색 마커로 원을 그리고 "이러면 안 돼
요, 에이미!"라고 봉투에 적었습니다. 에이미는 화가 나고 기분이 상
했습니다. 집에서는 아이가 자신의 에너지를 모두 빼앗기 때문에 적
어도 직장에서는 긍정적인 에너지를 얻길 바랍니다. 그녀는 다른 동

료들을 좋아하기는 합니다. 하지만 이곳이 그녀의 마지막 직장은 아닐 것입니다. 그렇다면 이런 불합리함을 받아들일 이유가 있을까요?

동기 찾기

가족을 형성하는 기간에는 회사에서 동기부여가 쉽지 않습니다. 여러분의 동기와 여러분 주변의 동기에 영향을 주는 요인을 이해하면, 직장에서 제한된 시간과 에너지를 집중하는 데 도움을 얻습니다. 사람의 동기에 관해 저술한 다니엘 핑크Daniel Pink의 저서 『드라이브Drive: The Surprising Truth About What Motivates Us』에서는, 가장 기초적인 수준의 복잡성이 요구되는 일일지라도 전통적인 동기부여 모델인 당근과 채찍이 성과에 영향을 주지는 않는다고 밝힙니다. 사실 오히려 악화시킵니다. 아이들에게 동기부여를 할 때도 마찬가지입니다.

핑크는 직업과 관련해 가장 중요한 동기부여 세 가지는 자율성, 숙련, 대의라고 결론지었습니다. 이 모두를 긍정의 훈육 용어에 맞추어 구분해보겠습니다.

- 당근과 채찍은 처벌과 보상과 같습니다. 이 모델은 단기적으로는 효과가 있지만 장기적으로는 악영향을 준다고 앞서 이미 광범위하게 다루었습니다. 처벌과 보상은 아이의 동기를 꺾을 뿐 아니라 도입부 이야기와 같이 어른의 동기를 저하시키는 데에도 일조합니다.
- 자율성은 개인의 힘과 영향으로 이해할 수 있습니다. 아이가 고유

하게 타고난 힘을 어떻게 유용하게 사용할 수 있는지 알려주고 안내하는 것이 육아의 핵심이라고 말했습니다. 아이가 자신의 의지대로 행동하지 못하면 문제를 일으키고 낙담할 수 있습니다. 직장에서 자율성이 거의 없는 어른도 마찬가지입니다.

• 숙련이란 교육의 시간을 갖고 문제 해결 과정과 새로운 기술을 학습하고, 성장을 즐기며, 격려로 무언가를 더 잘하게 되는 것을 의미합니다. 우리는 계속 성장하기 때문에 학습에 대한 열망을 멈추지 않습니다. 개인의 만족에 중요한 역할을 합니다.

• 대의는 소속감을 찾고 개발하고 이해하고 공헌하는 것입니다. 사이먼 사이넥은 이를 우리가 무엇인가를 하는 '이유'라고 부릅니다. 그는 목적을 이해하는 것이 개인적, 직업적으로 성공하는 데 중요하다고 주장합니다. 아이는 소속감과 공헌감을 강화하기 위해, 자신의 의견이 집단에 영향을 끼치는 결정에 참여할 필요가 있습니다. 어른은 직장에서 요구받는 일을 해야 하는 이유를 알 필요가 있습니다. 우리는 목적을 알지 못하면 참여하기 힘들고, 열정적으로 공유하거나 우리가 하는 일을 타인에게 알리지도 못합니다. 분명한 목적이 없으면 개인과 조직은 실존적 위기에 빠질 수 있습니다.

공통점은 분명합니다. 여러분과 여러분의 자녀가 긍정의 훈육을 학습하면, 자신과 자녀 모두가 행복하고 자기 분야에서 전문가가 될 수 있는 삶의 기술을 다지게 됩니다. 일하는 부모라는 문화는 시간과 효과성이라는 압박뿐만 아니라 단편화 현상의 증가를 의미합니다. 긍정의 훈육은 직업에서뿐만 아니라 개인적으로도 사용할 수 있는 해결책입니다. 자신, 가족, 동료에게 격려 전문가가 되세요. 그러면 여러분은 삶이 개선되는 기쁨을 경험할 수 있을 것입니다.

왜 격려가 효과적인가

격려가 효과적인 이유는 인간의 마음에 직접적으로 다가가기 때문입니다. 현대의 삶은 비교적 추상적인 가치를 동시에 제공해서 우리를 혼란스럽게 합니다. 물질주의, 육체미, 사회적 우수성 등은 동정심, 공유 정신, 인간성을 퇴색시킵니다. 이와는 대조적으로 자연스럽게, 자발적으로 사랑하며 나누는 아이를 볼 때면 우리는 의아해합니다. 현대의 육아는 학업적, 직업적 성공에 집중하므로, 자신이 누구인지보다는 무엇을 할 수 있는지를 아는 것이 성공의 지름길이라고 믿게 합니다. 그러나 앞에서 언급한 연구에 의하면, 이런 것들은 더 이상 가치가 없습니다.

직업의 세계에서도 마찬가지입니다. 오늘날의 직업 환경은 분명 덜 위계적이고, 유연한 근무를 허용하며, 긍정적인 분위기를 강화하고 있습니다. 《포브스Forbes》의 최신 기사에서는 유아 심리학, 특히 '긍정의 훈육'으로 비즈니스를 배우는 사례를 보여줍니다. 여기서 긍정의 훈육은 비즈니스 파트너와 직원 간의 상호 존중을 지지합니다. 경영진이 코칭 스타일을 어떻게 계발하는지를 보면 수평적 리더십을 강조하는 추세를 파악할 수 있습니다. 매니저가 앞에 서서 지시하고 이끌기보다는 지지하고 격려하는 코치가 된다는 의미입니다. 코칭 스타

일은 매니저뿐 아니라 누구든지 발휘할 수 있습니다. 협업과 리더십을 진보시키려면 개인의 탁월성을 파악하고 성장하도록 이끌어야 합니다. 자기만의 강점을 키우고 업무에 최선을 다하도록 동기부여하는 방법을 찾는 것입니다. 전문가로서 그리고 부모로서 여러분은, 다른 사람에게 영감을 주고 격려하여 최선의 성과를 얻을 수 있습니다.

행복한 직장 생활은 마음의 평화를 가져온다

개인적 자아와 직업적 자아

여러분은 많은 사람들이 그러듯 회사에서 조심스럽게 행동하고 회사 분위기에 맞추는 사람인가요? 집에서는 긴장을 풀고 편안하게 있지만, 회사에서는 일의 진전을 보이고 다른 사람에게 영향을 주고 기분 상하지 않게 해야 하므로 자신을 낮춰야 한다고 느낄지 모릅니다. 최근에 어느 워크숍에서 만난 한 여성은, 자신이 집에서는 감성적이고 편안한 사람인 반면 회사에서는 강철 같고 규율을 철저히 지키는 사람으로 알려져 있다고 말했습니다. 사람은 상황에 따라 달라지므로 회사에서는 그렇게 행동할 수도 있습니다. 그러나 이런 직업적 페르소나가 친밀하고 의미 있는 관계를 형성하기 어렵게 만든다면 걱정이 됩니다. 성과를 내야 하고 '완벽해야 한다'는 압박이 너무 강한 나머지 집에 와서 좌절하고 가족에게 영향을 준다면 그 또한 걱정이 됩니다.

만일 직장과 가정에서의 행동이 일치하지 않아 힘들다면 기대 사항을 검토해볼 필요가 있습니다. 동료를 격려하는 건 편하지만 가족을 격려하기 어려운 경우, 가족에게 더 많은 기대를 하고 있는 건 아닌지 스스로 질문해보세요. 그 반대도 마찬가지입니다. 여러분은 스스로에게 개인적인 면보다는 직업적인 부분에서 더 많은 것을 요구하고 있을지도 모르고, 그 반대일 수도 있습니다. 회사에서 하나의 역할을 수행하고 집에서 또 다른 역할을 한다면, 왜 두 역할의 비중을 동일하게 두지 않는지 자문해보세요. 같은 비중을 두지 않는다면 일과 삶의 균형을 찾고 우선순위를 검토해볼 것을 권합니다. 4부 3장에서 다룬 삶의 수레바퀴를 다시 검토해보세요. 각 영역에서 비전과 목표가 무엇인지 스스로 질문해보세요. 그리고 이 챕터에 있는 아이디어를 이용해 자신부터 시작해서 모두를 격려하는 법을 연습하세요. 그렇게 하면 조화로움을 느낄 것입니다. 이어질 5부 3장에서 삶의 모든 영역에서의 역할 연기와 효과에 대해 더 자세히 다룰 것입니다.

리더십과 직업적 성취

앞서 다루었듯이, 부모의 육아는 어떤 보육과 비교해도 최소한 두 배 이상의 영향을 주기 때문에 육아 행동과 태도를 지켜봐야 합니다. 같은 맥락에서, 직업적 만족도에 가장 큰 영향을 미치는 요인은 매니저와의 관계입니다. 그러므로 매니저의 행동과 태도를 지켜보는 것이 중요합니다. 여러분이 팀의 리더가 아니더라도 동료나 함께 일하는 사람으로서의 영향력은 다른 사람의 직업적 만족감에 실질적인 영향을 줍니다.

리더십에 대한 불만족 때문에 인재를 유지하기 어렵다는 문제가 많은 기업에서 중요한 이슈로 떠오르고 있습니다. 밀레니얼 세대와 i세대 같은 젊은이들은 불확실한 환경에서 성장했고, '평생직장'이 없다는 것을 분명히 인지합니다. 따라서 회사에 충성하기보다는 개인적 성취와 모험에 우선순위를 둡니다. 이전 세대는 직업적 혹은 사회적 요소에 충성했고, 그런 세대인 매니저와 상사 대부분과 비교하면 커다란 정신적 변화입니다. 소중한 팀원을 잃을 위기에 처한, 도입부 이야기의 스티븐에게 이는 분명 큰 문제입니다. 에이미가 아무리 일을 좋아하고 동료와 함께 일하는 것을 즐긴다 해도 매우 까다로운 상사인 스티븐이 에이미를 현장에서 떠나게 만들 수 있는 것입니다.

오늘날 여러분의 직업적 상황이 어떻든, 여러분은 어떤 형태로든 누군가에 의해 관리를 받을 것입니다. 그런 경험은 여러분이 리더십에 관한 믿음을 찾는 데 도움이 되고, 직업적으로 좋거나 나쁜 감정을 떠올리게 할 것입니다. 시간을 가지고 인생에서 겪은 최악의 매니저와 최고의 매니저가 지닌 특성을 적어봅니다.

수년이 지난 뒤에도 최악의 매니저가 여러분에게 한 행동 때문에 화가 날 수 있습니다. 마찬가지로 최고의 매니저를 기억하면 행복할 것입니다. 아마도 여러분은 386쪽 표와 같은 목록이 있을 것입니다.

이 목록을 보면 좋은 리더십의 요인은 권한 위임, 친절하면서 단호한 태도, 교육을 위한 시간 확보 등 긍정의 훈육에서 말하는 격려 모델과 일치한다는 것을 알 수 있습니다. 여러분이 근무하는 직장을 서로 지지해주며 발언 기회가 있는 곳으로 만들면, 그 혜택은 가족의 삶에도 영향을 미치고 여러분은 부담을 덜게 될 것입니다. 여러분이 매

최악의 매니저	최고의 매니저
통제	위임
만나기 어려움	문이 열려 있음(만날 수 있음)
비난으로 고통을 줌	격려로 성장시킴
일일이 관리함	권한을 줌
경직됨	유연함
이기고 지는 관계: "나는 옳고 너는 틀리다."	동등한 관계: "우리 둘 다 유효한 시각을 갖고 있다."
존중하지 않음	존중함
혼자 문제를 해결하고 알려줌	함께 문제를 해결함
혼자 원칙을 정하고 알려줌	함께 원칙을 정함
자기중심적	돌보고 공감함
혼자 칭찬받음	팀의 노력을 알림
일에서 성과 외에는 신경 쓰지 않음	사람에게 적극적으로 관심을 가짐
비난하는 대화	존중의 대화
'결과가 중요하다'와 '당신은 무능력하다'는 믿음 주입	'당신은 인간으로서 중요하다'와 '당신은 능력 있다'는 믿음 주입

니저라면 이 목록을 마음에 새기세요. 여러분이 매니저가 아니라면, 여러분의 직장이 해로운 곳인지 아닌지 평가할 기회입니다.

오늘날의 직장 생활을 지지하는 긍정의 훈육

앞서 우리는 긍정의 훈육 다섯 가지 기준을 살펴보았습니다. 그 기준은 격려의 태도와 행동 혹은 주변에 긍정적인 영향을 미치기 위해 여러분이 해야 할 일을 효과적으로 보여줍니다. 388쪽 표는 이러한 아이디어를 직업적인 환경에 적용해서 보여줍니다. 표현은 다르지만, 보다시피 좋은 부모가 되기 위한 태도 및 행동과, 효과적인 전문가가 되기 위해 계발해야 할 태도 및 행동은 본질적으로 동일합니다. 개인과 직업적 자아 사이에서 분투하는 사람은 안심할 수 있고 통찰을 얻을 수 있습니다. 팀원으로서 직장의 팀 분위기와 경영 정책에 어떻게 영향을 미칠 수 있는지에 주목하며 다음 표를 읽어보세요. 직급에 상관없이 이런 행동을 적용하면, 장기적으로 편안한 삶을 누릴 수 있을 것입니다. 개인 사업을 운영하나요? 이 표는 고객, 공급자 등 여러분이 속한 모든 네트워크에서 활용할 수 있습니다.

여러분이 이 기준을 마음에 새기고 태도를 계발하며 필요한 행동을 한다면, 여러분의 직업적 경험을 긍정적이고 인간적인 것으로 변화시킬 수 있습니다. 그 과정에서 진정한 친구도 얻을 것입니다.

우리는 격려를 실천에 옮긴 다양한 사례에 대해 많이 듣습니다. 어떤 창의적인 매니저는 회의실에서 공을 던져 받은 사람을 무조건 칭찬한다고 합니다. 공을 받은 직원은 감사하면서 다른 동료에게 전달

긍정의 훈육 기준	부모로서의 태도와 행동	전문가로서의 태도와 행동
아이가 소속감(유대감)과 자존감(공헌)을 느끼는 데 도움을 준다.	지속적인 감사와 격려로 사랑의 메시지가 전달되도록 노력하고 함께 해결책에 집중한다.	성공을 축하하고, 칭찬을 나누고, 팀 구성원과 개인적으로 알기 위해 시간을 보냄과 동시에 존중과 관심의 메시지를 보낸다. 그룹의 문제 해결을 위해 모든 사람의 아이디어를 듣는다. 성공을 팀의 협조적 활동으로 재정의해서 구성원 모두가 참여하게 한다.
친절함과 단호함의 균형.	여러분을 존중하고 상황의 필요에 따라 아이에게 친절하면서 단호하게 대한다. 여러분의 감정을 일방적으로 말하기보다는 아이의 세상에 들어간다.	분명한 의사소통이 핵심이다. 기대 사항, 일정, 벤치마크는 구조를 제공한다. 유연성과 이해는 장기적으로 여러분이 최고의 성과를 내고 인정받을 수 있도록 결과를 보장한다. 상대의 입장에서 생각하고 판단을 피한다.
장기적으로 효과가 있다.	자녀를 위한 장기적인 목적을 생각한다. 자녀의 성격 계발에 상처를 줄지도 모르는 단기적인 방법은 주의한다. 훈련을 위해 충분한 시간을 가진다.	직업/회사/팀의 장기적인 목적을 생각한다. 장기적인 협업을 방해하는 성급한 성공을 피하라. 직무 기술 개발뿐 아니라 팀 내 의사소통과 감성 지능을 향상할 수 있는 훈련을 요구한다.
가치 있는 사회적 기술이나 삶의 기술을 가르친다.	좋은 성품을 가진 모델이 된다. 교정해주기 전에 유대를 맺는다. 신체 접촉, 포옹, 쳐다보기, 미소, 자녀가 한 말을 확인하는 것은 아이가 사랑받고 감정을 확인받는다고 느끼게 한다. 그러고 나서 문제 행동을 다룬다.	독립, 공감, 회복 탄력성의 모델이 된다. 일에 숙련하기 위한, 자신과 동료의 욕구를 존중한다. 코칭 리더십/동료애 방식의 일환으로 적극적으로 경청한다. 일대일 대화 시간을 가져라. 팀 구성원들이 교류하도록 계획한다. 실수를 교정하기 전에 모든 사람의 이야기를 들어본다.

합니다. 감사는 격려에 필수입니다. 감사는 직장에서 개인의 소속감을 고양시키고, 에너지 넘치면서도 긍정적이고 협력적이며 창의적인 환경을 만듭니다. 만일 여러분이 혼자 일하고 동료나 고객을 대면하지 않는다면, 격려와 감사를 인터넷상으로 할 수 있습니다. 영감을 일으킨다고 생각하는 사고와 아이디어가 담긴 페이지의 링크를 보내세요. 감사 편지와 연하장을 보내세요. 전문적인 네트워킹 사이트를 통해 '승진 축하' 메시지를 보냅니다. 자신을 격려하는 일도 잊지 마세요! 여러분이 혼자 일한다면, 중요한 목표를 달성하거나 중요한 단계에 도달했을 때 스스로에게 보상하세요.

★ 긍정의 훈육 실천하기

파트1 긍정의 훈육을 활용하는 관리자

멜라니는 대기업 제조 회사에서 고객 서비스 부서를 관리하는 일을 합니다. 내외부 감사 그룹은 그녀에게 고객 서비스 부서에서 사용하는 모든 정책과 절차에 관한 매뉴얼을 단계별로 작성하도록 요구했습니다. 끊임없이 쏟아지는 고객 서비스 요구와 불평에 답할 책임이 있는 멜라니와 팀원에게는 벅찬 작업이었습니다. 멜라니는 즉시 모든 팀원을 불러 회의를 소집했습니다. 그녀는 어려운 과제를 설명하고, 걱정을 공유하고 도움과 지원을 요청했습니다. 그녀는 매일의 책임을 다하면서 새로운 요구를 충족시킬 수 있는 아이디어를 공유해달라고 모두에게 부탁했습니다.

브레인스토밍 후 멜라니의 팀은 자발적으로 각자 하나씩 단계별 절차를 작성하기로 결정했습니다. 모든 팀원이 마감일까지 작업을 완료하기로 약속했습니다. 멜라니는 추가로 발생한 일을 기꺼이 떠맡은 팀원에게 감사했고, 끊임없는 고객 서비스 주문과 새로운 일을 해야 하는 어려움을 충분히 이해했습니다. 합의한 마감일을 맞추는 데 방해가 되는 장애물이 있다면 자신이 도와 함께 돌파하겠다고 말했습니다. 또한 모든 게 끝나면 핫 퍼지 선데(뜨거운 시럽을 얹은 아이스크림―옮긴이)로 파티를 하겠다고 제안했습니다.

생각보다 일이 많아지자 멜라니는 팀원들과 자주 만나, 각 절차에 자신의 지식과 창의성을 활용할 자유를 주고 지원과 격려를 했습니다. 과제를 완료한 팀원에게는 공개적으로 감사를 표시했습니다. 힘들어하는 팀원에게는 어떤 지원이 필요한지 물었습니다. 팀원 중 일부는 자신의 아이디어를 문서화하는 것이 어렵다고 토로했습니다. 멜라니는 그들의 아이디어를 문서로 작성해줄 지원자가 있는지 물었습니다. 그녀는 각자의 진행 사항을 칭찬했고, 업무를 완료할 수 있도록 실질적인 조언과 팁을 제공했습니다. 절차를 작성해야 할 시간이 필요한 팀원에게는 그 일에 집중할 수 있도록 업무를 줄여주었습니다. 힘들어하는 팀원에게는 비난이나 불평을 하기보다는 도움을 주고 지원해주었습니다.

멜라니는 개인적으로나 업무적으로나 팀원을 파악하는 데 시간을 투자해야 한다는 사실을 알고 있었습니다. 그녀는 팀원의 가정에 무슨 일이 있는지 알았고, 아이나 가족 중 한 명이 아프거나 혹은 개인적으로 어려움이 있을 때 관심을 쏟았습니다. 정기적인 팀 회의와 일대일 회의에서 각자 다른 관점을 완전히 이해하기 위해 '무엇을'과 '어떻게'를 사용하여 호기심을 유발하는 질문을 던졌습니다.

결국 멜라니 부서의 모든 팀원이 마감일을 지켰습니다. 모두가 자부심과 주인 의식을 갖고 일했고, 팀으로써 탁월한 결과물을 만들었습니다. 약속한 대로 멜라니는 핫 퍼지 선데 파티를 열었습니다. 팀원 모두가 관심과 감사를 받고, 자신이 가치 있고 유능하다고 느꼈습니다. 멜라니는 감사했고, 모두가 성공했다는 사실이 자랑스러웠습니다. 부서 구성원 모두가 설명서를 사용했고 절차를 따랐습니다. 모든 팀원이 참여하며 과제의 목표를 분명히 이해했고, 모두의 이름이 공저자로 등록되었기 때문에 모두가 최종 결과물에 만족했습니다.

파트2 긍정의 훈육을 활용하지 않는 관리자

바버라는 멜라니와 같은 회사의 미수금 계정 부서에서 일하는 매니저입니다. 그녀 역시 부서에서 사용하는 모든 정책과 절차에 관한 설명서를 단계별로 작성하라는 요구를 받았습니다. 바버라는 탁월한 업무로 감사 부서로부터 인정받고 싶은 마음에 사무실에 틀어박혀 오랜 시간 일했고, 부서의 모든 절차를 자세히 정리하느라 힘든 시간을 보냈습니다. 그녀는 팀에 프로젝트를 알리지 않았고, 공식적인 의견을 듣지도 않았습니다. 가끔 사무실에서 나와 업무의 특정 측면을 명확히 알려고 했지만, 자신이 무슨 일을 하고 있는지는 팀원에게 말하지 않았습니다. 바버라가 스트레스 받고 부담스러워하는 모습을 보고,

팀원들은 자기들 모르게 어떤 일이 진행되고 있다고 추측했습니다. 팀원들은 자신들의 의견을 듣지 않고 절차 설명서를 작성하고 있다는 낌새를 채고는 불안한 마음으로 말했습니다. "바버라가 어떻게 알지? 매일 일을 하는 건 우리이니 우리한테 물어봐야 하는 거 아냐?"

몇 주 동안 힘들게 일하고 나서 바버라는 감사 부서에 설명서 작성을 완료했다고 보고했습니다. 그러고는 팀 미팅을 소집해 최종 결과물을 알렸습니다. 그녀는 지쳤지만 마감일을 지켰으므로 자랑스러웠습니다. 절차 설명서를 팀원들에게 나눠주면서 그 안에 있는 모든 단계와 가이드라인을 충실히 따라야 한다고 말했습니다. 감사부에서 결과물을 수령했으므로, 팀원들은 이제 명시된 정책과 절차를 기준 그대로 수행했는지에 따라 평가받을 것이었습니다.

팀원들은 문서를 급히 훑어보면서 현실적이지 않고 공정하지 않으며, 말 그대로 정확하지 않은 정책에 좌절할 수밖에 없었고, 손을 들어 반대해야 했습니다. 한 번도 의견을 구하지 않고 설명서를 만드는 프로젝트가 진행된 것에 분개했습니다. 터무니없이 비현실적인 업무를 매일 책임지고 수행해야 할 것을 보니 화가 났습니다. 결국 팀원들은 자신들에게 요구되는 사항이 부담스럽고 바버라에게 존중받지 못했다고 느낀 나머지, 설명서를 무시하고 원래 하던 대로 일했습니다. 바버라는 팀원들이 자신의 노고에 관심을 갖지 않아 화가 났고 가이드라인을 따르지 않자 좌절했습니다.

예를 들어 설명서에는 24시간 내에 신용 메모를 기입해야 한다고 적혀 있었는데, 현실적으로는 어려운 요구였습니다. 신용거래 부서에서 신용 메모가 없는 것을 불평했을 때 바버라는 규정을 지키지 않은 팀원을 비난했습니다. 그러나 팀원들은 바버라가 없을 때 비난받은 팀원을 위로했습니다. 그들은 오해받았고, 낙담했고, 감사받지 못했고, 가치 있게 여겨지지 않았으며, 중요하게 대우받지 못했습니다. 그들은 바버라가 성공하길 원하지 않았기 때문에 그녀가 없을 때 고의로 업무를 방해했습니다.

긍정의 훈육 도구

지금까지 여러분이 살펴본 대로 긍정의 훈육 철학과 도구는 가정에서뿐 아니라 직장에서도 적용할 수 있습니다. 직업적 만족과 성공을 위한 몇 가지 핵심 도구를 선정해보겠습니다.

긍정적인 행동의 모델 되기

앞서 다룬 거울 뉴런을 기억해보세요. 어른의 거울 뉴런도 계속 작동합니다. 하품과 웃음이 전염되는 이유가 이것입니다. 다른 사람이 여러분을 따라 하길 원한다면 여러분이 어떤 모델이 되어야 할지 스스로 검토하는 것으로 시작하세요. 목적이 무엇인지 찾기 위해 숲을 이해하려고 노력하고, 그것에 관해 동료와 이야기를 나누세요. 모든 사람이 숲을 보는 능력을 갖추고 있지는 않습니다. 어쩌면 여러분의 조사가 다른 사람과의 연관성을 찾는 데 도움을 줄 수도 있습니다. 동료의 이야기를 경청하기 위한 시간을 더 많이 가지세요. '무엇을', '언제', '어떻게'와 같은 열린 질문을 하세요. 동료의 생일을 기억하세요. 그들의 가정생활과 취미를 물어보세요. 칭찬과 감사를 가능한 한 많이 나누세요. 요약하자면, 여러분이 원하는 것을 다른 사람에게 해주세요.

톱 카드 탐정 되기

낙담한 동료의 톱 카드가 무엇일지 짐작해보세요. 특정 톱 카드의 약점 목록을 읽고, 동료가 약점을 강점으로 전환하도록 하려면 어떤 지원을 해야 할지 검토하세요. 동료의 상황에 진심으로 관심을 보이고 열린 질문을 하는 코칭 스타일을 적용해보세요. 여러분의 경험을 공유하며 해결책에 집중하여 동료를 돕습니다. 단, 톱 카드는 절대로 사람의 성향을 규정짓는 데 사용해서는 안 된다는 점을 명심하세요. 어디까지나 상대의 강점과 약점을 파악하기 위한 힌트로만 사용하세요.

여러분 자신이 좌절했다면, 톱 카드의 약점이 드러나는 행동 때문에 물러서고 있는 것은 아닌지 확인해보는 것도 좋습니다.

팀 회의를 정기적, 효과적으로 운영하는 방법

가족회의나 부부 회의와 마찬가지로 팀 회의 또한 다양한 목적을 달성하기 위해 중요합니다. 새로운 아이디어와 정보를 주고받고, 목표를 설정하고, 팀원들끼리 서로 영감을 주며 동기부여하고, 정책에 합의를 이끌어내고, 팀 구성원 간의 관계를 형성하고, 사기를 진작합니다. 팀 회의를 빠른 시간 내에 진행하면 즐겁고 효과적인 방법으로 이러한 목적을 충족할 수 있습니다. 회의가 효과적으로 진행될 때 사람들은 아이디어를 자유롭게 공유합니다. 경쟁적인 방식이 아니라 시너지를 내는 방식으로 모든 사람의 의견을 듣고 아이디어를 촉진한다면 모두가 한 단계 도약합니다. 바쁜 병동에서 근무하는 수련의 그룹은 주간 팀 회의에 '작전 회의'라는 별명을 붙였습니다. 극도로 힘들고 바쁠 때에는 매일 회의를 소집하여 서로 일을 나눠가며 전체 그룹이 목표를 달성하도록 했습니다. 가족회의의 가이드라인을 검토해서 적절하게 조절하세요. 여기서 핵심은 모두의 시간과 노력을 낭비하지 않도록, 너무 오래 진행하지 않으면서 격려하고 정기적으로 회의를 운영하는 것입니다. 비디오나 콘퍼런스 콜을 사용하며 외부에서 일하는 팀원도 포함시키세요. 정기적으로 재미있는 요소를 계획하거나 제안하는 것도 잊지 마세요.

갈등이 있을 때 편들지 않기

중립을 지키고, 갈등은 각자 해결하도록 둡니다. 만일 여러분이 한쪽 편을 든다면 다른 한쪽은 소속감을 느끼지 못하거나 스스로 가치가 없다고 느끼게 됩니다. 이는 갈등을 심화시키고, 서로 누가 옳고 그른지 따지는 방향으로 상황을 악화시킵니다. 여러분이 매니저라면, 팀원은 여러분이 한쪽의 문제점을 직접 밝혀주기를 기대할 것입니다. 만일 여러분이 한쪽 편을 든다면 그쪽은 자신의 주장이 정당성을 얻었다고 생각하고, 심지어 자기만 옳다고 여길 것입니다. 편들기는 양쪽 모두에게 악영향을 주고, 향후에도 계속 경쟁하게 만듭니다. 가장 좋은 방법은, 양자가 진정할 시간을 가진 후 해결책을 위한 브레인스 토밍을 실시하는 것입니다. 비난하기보다는 해결책에 집중하도록 조언하고, 상호 존중하는 창의적인 방법을 도출하도록 요구하세요.

★ 훈련하기

직장을 긍정적인 장소로 변화시키기

여러분의 일기장에 긍정의 훈육 다섯 가지 기준을 적어놓고 직장에서 그것을 얼마나 잘 지키고 있는지 1점에서 5점까지 점수를 매겨보세요. 여러분의 경험을 전환하기 위해 어떤 적극적인 단계를 취할지 계획을 세우세요. 앞서 설정한 목표를 검토해서, 목표가 측정 가능하고 시간이 구체적인지 확인하세요. 즉, 여러분이 언제 무엇을 할 것인지, 성공인지 실패인지를 어떻게 측정할 것인지 분명하게 적으세요. 여러분의 규칙적인 일상에 넣어서 정기적으로 진행 사항을 확인하세요. 시간이 지나면서 직업적 관계에서 새로운 경험이 생긴다면 메모를 추가하세요. 개선된 사항이 있나요? 자신의 역할에 더 확신을 품게 되고 안전하다고 느끼나요? 가정과 직장에서 더 만족을 느끼나요?

3장

자기
이해

이 책을 읽으며 여러분이 나아갈 길을 꾸준히 학습해왔다면, 이제 새롭게 발견한 긍정의 훈육 기술을 실천할 준비가 끝났습니다. 이제 우리는 여러분이 나아갈 여정에 도움이 되는 사고와 영감을 남겨두고 싶습니다. 우리는 육아의 장기적인 결과와 여러분이 평소에 하는 행동의 장기적인 결과를 고려하라고 말했습니다. 그것이 여러분의 자녀와 타인에게 미칠 영향 역시 고려해야 합니다. 무섭게 느껴지기도 하겠지만 책임이 막중합니다. 여러분을 겁주려고 하는 이야기가 아닙니다. 여러분이 삶을 현명하게 살아가도록 도와주려는 것입니다. 믿음 체계와 행동을 바꾸어 현실을 변화시키는 방법을 여러분이 활용할 수 있기를 바랍니다.

믿음 바꾸기

DNA의 발견 이후 유전자가 사람의 인생을 결정한다는 개념이 과학과 의료 분야에 널리 퍼졌습니다. 이는 결정론적 시각을 제공해, 좋은 유전자 혹은 나쁜 유전자에 따라 건강과 삶이 달라진다는 의미처럼 들립니다. 그러나 현실은 그렇게 단순하지 않습니다. 형제자매나 일란성 쌍둥이 같은 경우 DNA가 유사한데 왜 신체적, 정신적 건강과 능력이 크게 다를까요?

최근 수십 년 동안 과학은 환경의 영향을 그 원인 중 하나로 꼽았고, 생물학계에 후생유전학이라고 불리는 학파가 생겼습니다. 자세한 설명은 브루스 립턴Bruce Lipton의 연구를 참고하세요. 후생유전학은 환경이 유전자의 발현(활성화)에 결정적인 영향을 준다고 밝힙니다. 다시 말해 유전자는 환경이 호의적이냐 아니냐에 따라 세포를 생존시키기 위해 그 활성화 여부를 결정한다는 뜻입니다. 따라서 세포는 항상 환경에 따라 성장 모드 혹은 생존(보호) 모드 중 하나를 유지합니다. 생존이 성장보다 중요하기 때문에 조금이라도 위협을 느끼면 생존 모드로 바뀝니다. 여러분의 몸은 이런 세포로 구성되어 있기 때문에 항상 긴장 상태에 놓이면 잠재력을 완전히 발현하기 위해 성장하거나 발전할 수 없습니다. 스트레스는 여러분의 성장을 멈추게 합니다. 이는 매우 중요한 사실입니다. 여러분은 자신의 신체적, 정신적 건강에 책임을 져야 하고, 이전보다 신경 써서 돌봐야 할 것입니다. 그러나 이는 유전자로 모든 게 정해진다는 결정론적 시각에 반대되므로 매우 고무적이라고 생각할 수 있습니다. 실제로 여러분은 자신의 인생을 바꿀 수 있습니다.

여러분은 '잠깐, 이건 너무 이론적이고 내 일상과는 거리가 먼 이야기야'라고 생각할 것입니다. 그렇지 않습니다. 운전하면서 분통이 터진 적이 있나요? 누군가가 여러분의 프로젝트 실적을 빼앗아간 적이 있나요? 사랑하는 사람의 거짓말 때문에 죽이고 싶도록 미웠던 적이 있나요? 그때의 감정을 기억해보세요. 이는 앞서 4부 1장에서 다룬 투쟁, 도주, 정지 반응입니다. 위협을 인지하고 몸이 반응하는 것입니다. 이성적인 사고 대신 생존을 보장하는 행동을 유도하는 이런 반응은 매우 영리한 생존 메커니즘입니다. 이성적인 반응보다 6배 강력하여 스트레스를 경험하는 순간 반응이 일어날 가능성이 높습니다. 이것이 작은 세포 하나가 어떻게 반응하는지에 대한 설명입니다. 시험을 치르거나 구직 인터뷰를 할 때 사고나 문장을 연결하는 능력을 완전히 잃어버린 적이 있는 사람이라면, 무슨 말인지 이해할 것입니다. 사실 그런 상태에서는 새로운 것을 학습하기는커녕 기존에 알던 지식도 제대로 기억해내지 못합니다. 만일 사람이 계속해서 투쟁, 도주, 정지 상태에 있다면 어떤 결과가 생겨날지 상상해보세요. 개인의 잠재력을 극대화할 수 있을까요? 아마 잠재된 재능과 능력 대부분을 계발하지 못할 것입니다.

이것이 왜 육아에 중요할까요? 앞서 아이가 어떻게 관찰로 엄청난 학습량을 소화하는지에 대해 다뤘던 내용을 기억해보세요. 부모로서 여러분이 할 일은, 아이가 안전하고 사랑받는다고 느끼도록 유지하는 것입니다. 여러분이 조성하는 환경은 아이의 건전한 정신과 신체적 건강을 유지할 뿐 아니라 특정 기술을 개발하는 데 직접적인 영향을 미칩니다. 아이는 현실과 허구를 구분하는 능력이 없어, 자신이 듣고 관찰하는 모든 것을 잠재의식 속에 사실로 기억해둡니다. 이런 '진실'은 아이가 자신과 세상에 관한 신념을 형성하고 그에 따른 행동을 발달시키는 데 영향을 줍니다. 아이가 위협을 느끼느냐 안전을 느끼느냐에 따라 세포는 생존이나 성장 모드로 바뀌고, 아이가 학습하고 성장하는 능력을 돕거나 방해할 것입니다. 생명 작용은 내면에서 잠재적으로 어떤 일이 일어나는지를 반영합니다.

그러면 여러분이 무엇을 할 수 있을까요? 행동의 마법 같은 특징 중 하나는 여러분의 인생 어느 때에나 그것을 바꿀 수 있다는 점입니다. 후생유전학이 여기서도 적용됩니다. 여러분이 머무르는 환경, 조성하는 환경은 여러분이 계발해야 할 기질과 행동에 영향을 미칩니다. 우리는 지금까지 이 책을 통해, 행동을 바꾸는 시작점은 바로 여러분 자신이라고 말했습니다. 부정적인 자기 확인적 시각(자신에게 하는 말이 자신을 보는 관점에 영향을 주는 것)과 아이에게 잠재적으로 투사할지도 모를 여러분의 잘못된 믿음을 직시하라는 의미입니다. 만일 여러분이 인생은 고행이고 자신은 결코 완벽해지지 않을 것이라고 믿는다면, 아이에게 경외감과 유능감을 심어주지 못할 것입니다.

여러분이 삶을 대하는 긍정적인 태도가 아이에게 모델이 되고 건강한 환경을 조성합니다. 그렇게 하는 것이 여러분 자신을 훈련시키는 방법이 되기도 합니다. "될 때까지 하는 척하라", "두려움을 느끼더라도 밀고 나아가라" 같은 명언이 있습니다. 마음속으로는 확신이 없더라도 행동을 고치는 연습을 함으로써, 여러분의 믿음 체계는 도전을 받겠지만 불안감을 무시하고 어쨌든 행동할 수 있을 것입니다. 그렇게 행동 근육과 의지를 키우고, 시간이 지남에 따라 믿음 체계가 바뀝니다. 생명 작용 또한 여러분에게 호의적으로 작동합니다. 뇌의 신경 연결 통로는 시간이 지남에 따라 새로운 선호 경로를 따르는데, 이는 곧 새로운 행동이 제2의 천성이 된다는 뜻입니다.

행동의 변화는 개인의 성장에 중요합니다.

마음챙김

마음챙김은 자신의 감정, 사고, 신체 감각을 차분하게 인지하고 받아들이며 현재를 알아차리는 일에 집중하는 정신 상태입니다. 행동 교정보다는 외부 상황에 반응하지 않고 평정을 유지하는 데 도움을 주므로 치유 효과가 있습니다. 이러한 효과를 보여주는 증거는 얼마든지 존재합니다. 다른 방식으로 보자면, 마음챙김은 투쟁, 도주, 정지 반응을 관리하고 통제하는 데 도움을 줍니다. 이 기술은 특히 아이들이 배우고 익혀야 합니다. 마음챙김의 정의에는 인지와 수용, 두 가지 측면이 있습니다.

걱정되고 화가 날 때 진정하고 내려놓는 방법을 배울 수 있다는 것을 알면 굉장히 안심되는데, 신체의 진정 및 자기 치유 능력이 그것을 돕습니다. 스트레스 호르몬이 분비될 때 이 방법으로 자신의 감정을 다스릴 수 있습니다. 부담을 느낄 때면 호흡에 집중하세요. 두려운 감정을 가라앉히는 방법으로 호흡만큼 간단한 것이 없다는 것을 아이에게 보여주세요. '손바닥 뇌'로 예를 들어 설명해주세요. 자신의 사고와 감정을 알아채는 법을 가르쳐주면 자기만의 논리를 만들고 삶에서 일어나는 일을 해석하는 방법을 익히는 데 도움이 됩니다.

여러분과 자녀가 서로 다른 감정과 행동의 차이를 이해하려면, 어떤 상황이 주어지더라도 감정을 받아들이는 방법을 배워야 합니다. 여러분이 어떤 감정을 느끼든 문제가 되지 않지만, 감정과 상관없이 다른 사람과 자신에게 해로운 행동은 문제가 됩니다. 우리는 행동과 행동 뒤에 숨은 믿음을 다루면서, 다른 사람의 파괴적인 행동을 생산적인 행동으로 바꾸고 그들의 감정을 확인합니다. 아이와 마음챙김에 관해 이야기를 나누면 감정과 행동의 차이를 분명히 구분하고 문제를 해결할 더 좋은 방법을 떠올릴 수 있습니다.

마음챙김은 여러분이 자신의 '마음을 통제하도록' 도와주고, 이 역시 강력한 힘을 발휘합니다. 여러분은 이따금씩 원숭이가 머릿속에서 끊임없이 재잘거리는 것처럼 느낄 때가 있나요? 당장 그 입을 닥치게 하고 평화로워지고 싶나요? 대부분은 그렇게 합니다. 특히 마음챙김과 명상은 그 재잘거림을 멈추게 도와줍니다. 미래에 대한 불안감과 지나가버린 과거 사이에서 힘없이 남겨져 끊임없는 걱정하는 여러분을, 통제할 수 있는 현재에 머무르게 해서 안도감을 줍니다. 마음을 진정하고 이완시키는 능력은 여러분 내부에서 진정 무슨 일이 일어나는지 관찰하게 합니다. 마음챙김은 여러분이 자신과 가족을 위해 현명한 결정을 내리고, 삶의 매 순간에 집중하도록 도움을 주는 내면의 목소리를 듣게 합니다.

마음챙김 훈련은 어떻게 할 수 있을까요? 종교와 상관없이 마음챙김 명상 훈련을 제공하는 곳이 많습니다. 자연, 운동, 예술이 영감과 위안의 근원이라고 많은 사람이 느끼고 있습니다. 종교가 있다면 기도나 예배에 참여하는 것이 도움이 될 것입니다.

심리학의 대가인 칼 융은 인간의 지능은 다면성이 있다고 가정했습니다. 그는 신체, 감성, 지적, 영적 지능을 언급했습니다. 알프레드 아들러는 사회적 지능을 주장했습니다. 그 역시 영성을 공유했습니다. "머리에서 나오는 논리가 있다. 마음에서 나오는 논리도 있다. 그리고 이 모든 것에서 나오는 더 깊은 논리도 있다."

지금부터 이 다양한 지능에 관해 살펴보겠습니다. 매일, 매주, 혹은 적어도 매월 시간을 내어 여러분이 이 모든 영역을 계발한다면, 마음을 챙기는 삶을 영위할 수 있을 것입니다. 여러분의 자녀가 이런 지능을 계발하는 자기만의 방법을 찾도록 가르쳐주세요. 이 방법은 자녀에게 가장 특별한 삶의 기술이 될 것입니다. 어떤 모습일까요?

- 신체 지능: 운동, 신선한 공기, 충분한 수면, 건강한 식습관을 포함하는, 건전한 생활 습관을 기르는 모델이 되세요. 명상과 요가 같은 스트레스 관리 기법 역시 좋은 도구입니다. 신체는 종종 운동으로 좌절을 극복합니다. 또한 화를 건전한 방식으로 표현하면 화가 몸 안에 축적되지 않습니다.
- 감성 지능: 감정을 알고, 그 감정에 이름을 붙이고, 건전하게 표현하는 방법을 연습하세요. 긍정의 훈육은 여러분 자신의 '행동 뒤에 숨은 믿음'을 찾고 격려와 감사를 추구하도록 도와줍니다.
- 지적 지능: 새로운 아이디어를 추구하고 학습하도록 여러분의 지능을 발휘할 뿐 아니라 정기적으로 하는 일에서 지적 자극을 받는 것

도 지적 지능에 해당합니다. 지적 지능은 동료, 가족, 친구와 나누는 건전한 토의와 토론을 포함합니다. 아이들 통학이나 매일의 삶에 실질적으로 도움이 안 되는 토론을 이어가는 데 대부분의 시간을 쓰고 있다면, 전문성을 쌓고 독서를 하거나 영화를 보고 강연을 듣거나 교육에 참여하는 활동 등이 자극을 줄 것입니다.

• 영적 지능: 이 지능은 삶의 신비를 추구하고 호기심을 계발하는 능력을 포함합니다. 우리는 왜 여기에 있고, 어떻게 시작했으며, 어디로 가는 걸까요? 종교, 철학, 예술, 과학 모두가 이 질문에 답하려고 애썼습니다. 우리의 특권은 진실을 찾기 위해 여러 가지 방법을 선택할 수 있다는 점입니다. 이들 질문에 대해 자녀와 대화하는 것을 쑥스러워하지 말아야 합니다.

• 사회적 지능: 인간은 사회적 동물이기 때문에, 이 지능은 소속감과 자존감을 추구하는 아들러의 원칙을 따릅니다. 사회적 지능은 가족과 공동체에 적극적으로 참여하고 존중하는 것, 인도주의와 종교단체, 자선, 자원봉사에 참여하는 것, 예술적인 표현과 공유를 의미합니다.

마음챙김을 계발하는 데에는 시간이 걸립니다. 중요한 것은 최종 목적지에 이르는 것이 아닙니다. 마음챙김을 추구하는 행동 자체가 핵심입니다. 앞서 이야기한 모든 영역에서 여러분이 스스로를 어떻게 계발하고 있는지 살펴보는 시간을 가져야 합니다. 이런 자기 계발을 건전하게 연습하고 유지하는 체계를 갖추세요.

잠재의식이 여러분의 경험을 해석하여 저장한다면, 마음을 챙기는 방식으로 행동을 선택하는 것은 의식, 바로 자유의지입니다. 현재에 머무름으로써 여러분은 부정적이고 무의식적으로 축적되어 파괴적인 행동을 일으키는 잘못된 믿음을 무시할 수 있습니다. 지금 여기에 존재하고 깨어 있음으로써, 나중에 후회하기 전에 스스로를 멈출 수 있습니다. 그럼으로써 여러분은 진정으로 자신의 삶을 통제하고 자기만의 현실을 만들기 시작할 수 있습니다.

풍성한 삶 영위하기

현재에 집중하고 긴장을 푸는 것이 마음챙김이라고 설명했습니다. 이런 연습으로 얻는 추가적인 혜택은, 가짜 페르소나 뒤에 숨어 두려움과 불안정을 피하는 대신 돌파하도록 도움을 준다는 것입니다. 여러분은 진정한 자아가 되는 대신 다른 역할을 떠안아 여러분이 '되어야 할 모습'을 보여야 한다고 생각합니다. 사람들에게 수용되고 성공하기 위한 행동을 보여야 한다는 잘못된 믿음에 빠집니다. 문제는 여러분이 삶을 충분히 경험하기보다는 연기하고 있다는 점입니다.

여러분의 자녀가 여러분이 진심일 때와 거짓일 때를 어떻게 눈치채는지 아시나요? 주말에 우연히 상사와 마주친 엄마를 지켜보던 어느 일곱 살배기 딸이 이렇게 말했습니다. "엄마, 저 아저씨가 말할 때 왜 그렇게 크게 웃었어? 말도 안 되고 별로 웃기지도 않았는데." 아이의 이런 능력은 우리를 불안하게 합니다. 여러분의 행동에 대해 아이에게 정직한 의견을 내게 하면, 아이 옆에서 더 진정성 있는 결정을 내릴 수 있게 되고, 마음을 더 챙기는 부모, 인간적인 사람이 될 것입니다. 현재에 더 집중하고, 보다 인간적인 사람이 되세요.

어떤 사람들은 자신이 부여받은 역할에 편안함을 느낍니다. 한 역할이 삶의 유일한 목표가 되지 않도록 주의하세요. 부모가 되는 것이 여러분에게 본질적인 변화를 요구하지는 않습니다. 다만 예상치 못한 행동에 과잉반응하지 않도록 현재에 머무르세요. 직면한 문제나 상황에 대해 긍정적이고 실질적인 해결책의 모델이 되도록 자신의 감정을 확인하고 행동을 바꾸세요.

결론

사건과 반응 사이에는 빈 공간, 즉 멈춤의 순간이 있습니다. 이때 여러분은 스스로를 지키고, 무슨 일이 일어나는지를 알아채 파괴적인 반응이 아닌 건설적인 반응을 선택할 수 있습니다. 책의 도입부에서 오늘날 부모들이 접하는 다양한 도전을 강조했습니다. 모두가 부담을 느끼고, 무엇을 해야 하는지는 알지만 어떻게 실천할 수 있는지는 모릅니다. 이런저런 이론이나 앞길을 알려줄 '구루'(권위자)를 찾는 것은 답이 아닙니다. 이는 여러분이 해야 할 일을 늘릴 뿐입니다. 아마도 내면의 공간을 찾고 스스로의 반응을 연구하는 편이 나을 것입니다. 멈추고 마음을 챙겨 들으세요. 내면의 목소리에 귀를 기울이세요. 환경에 영향을 줄 수 있는 사람으로서 자신이 얼마나 강력한 존재인지 알아차리세요. 여기에 지혜가 존재하고, 지혜는 적극적인 행동, 평화,

평정으로 이어집니다. 모든 인간은 이 공간을 소환할 수 있고, 부모로서 여러분은 다음 세대를 현명하게 키워 미래를 만들 기회를 가져야 합니다. 신나는 일 아닌가요?

의심할 여지없이 여러분은 자녀에게 너무 많은 것을 원하고 있습니다. 부모로서 여러분 자신과 자녀 양쪽을 위한 비현실적인 기대나 두려움, 걱정을 멈추는 것이 어려울지도 모릅니다. 어쩌면 여러분은 자녀가 '꿈같은 어린 시절'을 경험하기를 원할 수도 있습니다. 꿈같은 어린 시절이란 안정, 도전, 모험, 차질 간에 균형을 이루는 것입니다. 여러분의 자녀가 행복한 기억을 가득 품어, 건강하고 건전한 어린 시절을 보내고 윤택한 삶을 누리는 성인이 되도록 인도해야 합니다. 여러분은 아이에게 생기는 모든 일을 통제할 수 없지만, 막대한 영향을 미칠 수는 있습니다.

우리가 어린 시절에 가졌던, 혹은 갖고 싶어 했던 것들을 잠시 떠올려볼까요? 이상적인 어린 시절은 어떤 모습인가요? 어떻게 느끼나요? 무엇을 했나요? 이제 여러분의 자녀를 위해 만들어보세요. 신체적, 정신적 건강의 롤모델이 되세요. 배우고, 문화를 발견하고, 모험을 해서 여러분과 자녀의 지적 잠재력을 펼치세요. 공동체에 참여하세요. 왜 고통이 존재하는지, 사랑이 무엇인지, 인생의 다음에 무엇이 있을지와 같은 크고 깊은 이야기를 아이와 나누는 일에 두려움을 느끼지 마세요. 아이의 의견을 들으면 깜짝 놀랄 것입니다. 아이는 알고 배우고 경험하고자 하는 열망을 갖고 태어납니다. 아이를 안내하면서 여러분 자신의 삶의 불꽃 또한 다시 피우게 될 것입니다.

이 책의 끝부분까지 오면서 우리는 여러분이 힘을 얻고 신이 나길 바랐습니다. 모든 도구와 연습에서 힘을 얻고, 여러분의 삶에 긍정적인 변화를 만들어낸다는 기분으로 즐겁게 임하기 바랍니다. 완벽할 필요는 없습니다. 노력이 필요할 뿐입니다. 장기적인 노력은 장기적인 보상을 줍니다. 하룻밤에 이루어지는 기적은 없습니다. 있더라도 그런 기적은 지속되지 않습니다. 이전에 실패한 기억이 있더라도 희망을 품으세요. 새롭고 창의적인 방법으로 다시 시도해보세요. 속담에서 말하듯, 삶은 종착역이 아니라 여정입니다.

이 책에서 가장 중요한 단 한 가지 도구만 선택해야 한다면 '격려'입니다. 어디서든 사용할 수 있고, 여러분 자신과 가족, 친구, 동료 모두에게 긍정적인 혜택을 줍니다. 삶이 여러분의 손에 달려 있지 않은 것처럼 느껴져도 자신의 내면은 통제할 수 있습니다. 그 공간을 긍정적인 곳으로 만드세요. 여러분이 삶을 풍성하게 누리면 여러분의 자녀도 이를 따를 것입니다.

부록 · 아이를 교정하기 위한 스무 가지 도전과 도구

여기서는 전 세계적으로 부모들이 자녀와 관련하여 가장 흔하게 겪는 스무 가지 도전을 순서와 상관없이 보여드릴 것입니다. 다음 목록에서 자신에게 해당되는 것이 없다면, 비슷한 것을 찾거나 1부 2장에서 다룬 긍정의 훈육 다섯 가지 기준을 검토하고, 이 기준을 육아에 어떻게 적용할지 생각해보세요.

여기서 제시하는 도구들은 긍정의 훈육 다섯 가지 기준을 충족합니다. 이들 기준을 추가적으로 뒷받침하는 몇 가지 핵심 원칙이 있습니다. 어떤 종류의 행동을 교정하기에 앞서 여러분이 의도하는 행동이 이러한 원칙에 기초하고 있는지 스스로 질문해보세요.

- 나는 친절하면서 단호한가?
- 아이를 교정하기 전에 유대를 맺는가?
- 이 해결책은 협력을 끌어내는가?
- 나는 단기적인 해결책을 추구하는가, 아니면 장기적인 혜택을 제공하는 훈련을 원하는가?
- 나는 내 아이의 행동 뒤에 숨은 믿음을 완전히 이해하고 있는가?

아이가 기분이 좋아지도록 도와주면 올바른 행동을 할 가능성이 커집니다. 긍정의 훈육 도구는 기법이 아니라 원칙에 입각해야 합니다. 기법은 범위가 매우 좁고 장기적으로 적용할 수 없습니다. 반면 원칙은 더 넓고 깊으며 적용할 수 있는 방법이 무궁무진합니다.

어떤 부모는 이런 방법을 익히는 데 시간이 오래 걸린다고 여기지만, 생각해보면 새로운 기술과 습관을 익히는 것이 어렵다는 점이 문제이지 시간이 문제가 아닙니다. 실제로 잔소리하고 꾸짖고, 벌주거나 화내는 시간과 비슷한 정도로만 소요됩니다. 익숙해지기 전까지는 습관을 바꾸고 새로운 기술을 배우는 것이 쉽지는 않을 것입니다. 그동안 여러분 자신에게 친절하세요. 모든 부모는 부담스러운 시간을 겪습니다. 실수는 학습의 기회라는 사실을 기억하세요. 여러분의 행동만큼 행동에 깔린 감정이 중요하다는 것을 명심하면서 이 도구들을 사용하세요.

1. 지나친 관심 끌기

모든 아이가 부모의 관심을 갈망하지만, 만일 여러분이 아이 때문에 짜증이 나고, 아이가 거슬리고 걱정되고, 아이에게 죄의식을 느낀다면 여러분의 아이가 '지나친 관심 끌기'라는 어긋난 목표를 가지고 있다는 뜻입니다. 이 목표를 가진 아이는 '내가 끊임없이 관심 받거나 특별한 대접을 받아야만 소속되는 거야'라고 믿습니다. '날 알아봐줘. 날 유용하게 참여시켜줘'라는 암호화된 메시지가 격려를 위한 실마리입니다.

도구

방향 바꾸기

"하지 마"라고 말하는 대신에 "해"라는 말로 방향을 바꾸세요. 아이가 유용한 관심을 갖는 일에 참여하게 하세요. 만일 다른 사람과 대화 중인데 아이가 자꾸 끼어든다면, 대화를 마치는 데 3분이 걸린다고 설명하세요. 아이에게 타이머를 주어 대화를 마칠 시간이 되면 알려달라고 말하세요. 그렇게 하면 아이에게 완전한 관심을 줄 수 있습니다.

특별한 시간

정기적인 시간과는 다른, 특별한 시간을 할애해 계획을 세우세요. 함께 브레인스토밍해서 만든 목록에서 여러분과 아이 모두가 즐길 수 있는 활동을 차례대로 선택하세요. 이때 방해가 되지 않도록 휴대폰은 사용하지 않아야 합니다. 나이별 가이드라인은 다음과 같습니다.

- 2~6세: 적어도 하루 10분에서 15분
- 7~12세: 일주일에 적어도 30분
- 13세 이상: 한 달에 한 번, 아이가 거부할 수 없는 활동을 만듭니다.

비언어적 신호

부모는 종종 너무 많은 말을 합니다. 조용한 신호가 말보다 더 크게 다가갈 수 있습니다. 말로 하지 않는 신호를 미리 정해두면 아이에게 예의를 지키라고 다시 알려줄 때 소통할 수 있습니다. 행동을 무시하거나 말을 하지 않고 감동을 주기도 합니다. 아이가 거슬리고 짜증 나게 할 때 가슴에 손을 얹고 "사랑해"라는 신호를 보내보세요. 둘 다 기분이 좋아질 것입니다.

믿음 보여주기

특별한 서비스를 피하세요. 아이가 자신의 감정을 처리하도록 믿어 주세요. 문제를 해결하거나 아이를 구제하지 마세요. 우리가 아이에게 믿음을 보여줄 때 아이는 스스로 용기와 믿음을 계발합니다.

2. 뒷말, 무례함, 존중하지 않는 태도와 욕설

아이가 부모나 다른 사람에게 무례하게 대하면, 부모는 상처받고 실망하고 아이에게 믿음이 가지 않고 넌더리가 납니다. 부모로서 실패한 것처럼 느껴집니다. 당황스럽고 창피한 고통이 때로는 우리에게로 되돌아와 상처를 주기도 합니다. 보복의 어긋난 목표를 기억하세요. 이 목표를 가진 아이는 '난 소속되지 않았으니 내가 상처받은 만큼 다른 사람에게 상처 줄 거야'라고 믿습니다. 아이가 이미 다른 것에 상처받았기 때문에 그런 믿음이 생기기도 하는데, 그게 무엇인지 확인이 필요합니다. 만일 여러분이 상처를 주었다면 용서를 구하세요. '난 상처받았어. 내 감정을 알아줘'라는 암호화된 메시지가 격려를 위한 실마리입니다.

도구

감정 확인하기

아이가 감정을 확인하고 다루는 법을 배울 수 있게 합니다. 아이를 고치려고 하거나, 구제하거나, 아이에게 감정으로부터 벗어나라고 말하지 마세요. 상처받은 아이의 감정을 확인하세요. 여러분은 그게 무엇인지 짐작할 수 있을 것입니다. "너는 정말 화난/성난/슬픈 것처럼 보이는구나."

긍정적 타임아웃

모든 사람은 기분이 좋을수록 보다 긍정적으로 행동합니다. 긍정적 타임아웃은 우리가 진정하고 기분이 나아지도록 도와줍니다. 여러분과 아이 모두 긍정적 타임아웃을 갖자고 제안하세요. 처벌과 앙갚음을 피해 보복의 고리에서 빠져나오세요. 그러고 나서 차분해졌을 때 해결책에 집중하세요.

'나' 메시지 사용하기

'나' 메시지를 사용해서 감정을 공유하세요. '너의 말투 때문에 내 감정이 상했어. 나는 내가 더 잘 들을 수 있게 네가 존중하는 말투로 말해주길 바라'와 같은 '나' 메시지로 대화를 하면, 상대가 방어적인 태도를 보이지 않고 여러분을 통해 공감을 연습할 기회를 얻습니다. 또한 교정 전에 유대를 맺을 수 있습니다.

무례하게 대꾸하지 않기

아이에게 무례한 태도를 보이거나 크게 말하거나 존중하지 않는 말투로 대꾸하지 마세요. 이는 힘겨루기나 보복의 고리를 만듭니다. 여러분이 아이를 존중하고 책임을 떠안을 수 있을 때까지 둘 다 진정하는 시간을 가진 뒤 이렇게 말하세요. "내가 독재자처럼, 혹은 비판적으로 말해서 너를 존중하지 않는 대화를 했다는 걸 알았어."

3. 취침 전후에 생기는 문제

새로운 기술을 재미있는 방식으로 배우면 잠자리에 드는 시간에 생기는 문제 상황을 피할 수 있습니다. 어린아이와도 차분한 시간을 가지면서, 양치하러 가는 일을 게임으로 만들 수 있습니다. 아이가 시간 전에 마치거나 여러분이 "그것 봐, 넌 할 수 있어"라고 말해주면 아이는 자신이 해낸 일에 기분이 좋아질 수 있습니다. 아이가 협력의 기술을 배운 후, 시간이 겹치지 않을 때 규칙적인 일상 시간표를 만드는 과정에 참여시킨다면 아이는 적극적으로 협력할 것입니다.

도구

규칙적인 일상 정하기

아이와 함께 규칙적인 일상을 정하고 지켜보세요. 잠자리에 들 때나 아침에 일어나서 아이가 해야 할 일이나 숙제 등을 함께 브레인스토밍하고, 과제를 수행하는 아이의 모습을 사진으로 남기세요. 표를 잘 보이는 곳에 두세요. 보상을 제공하면 아이가 유능감을 느낄 기회를 빼앗게 됩니다.

믿음 보여주기

우리는 종종 아이의 능력을 과소평가합니다. 우리가 아이에게 믿음을 보여줄 때 아이는 스스로 용기와 믿음을 계발합니다. 잔소리하거나 고쳐주거나 대신 해주지 말고 이렇게 말하세요. "난 널 믿어. 네가 이걸 해낼 수 있다는 걸 난 알아."

한 단어로 말하기

비언어적 메시지와 마찬가지로, 여러분이 기대하는 사항을 전하는 데는 한 단어로 충분합니다. 아이의 드라마에 빠지는 덫에 걸리지 마세요. 잔소리하거나 불평하지 마세요. "잠자리", "옷"(잠들기 전에 다음 날 입을 옷을 미리 준비하는 것)과 같이 친절하게 다시 알려주는 수단으로 한 단어만 말하세요. 사전에 합의만 한다면 한 단어로 충분합니다.

가족회의

아이는 매주 가족회의 시간에 사회적 기술과 삶의 기술을 배웁니다. 가족회의에 관한 자세한 설명은 3부 5장을 참고하세요.

4. 집안일

훈련은 아이에게 삶의 기술을 가르치는 데 중요합니다. 단계별 훈련 없이 아이가 무언가를 할 수 있을 거라고 기대하지 마세요. 아이가 생각하는 청결의 기준이 여러분과는 완전히 다르다는 것을 알면 도움이 됩니다. 그러므로 아이에게 단순히 방을 치우라고 말하고서 여러분이 만족할 정도로 깨끗하게 방을 청소하기를 기대해서는 안 됩니다. 집안일과 관련해서는 뇌물이나 보상을 사용하지 말아야 합니다. 보상을 사용하면, 아이가 강력한 유능감을 계발하는 데 도움을 주는 '성취'라는 내면의 기쁨을 느끼지 못하게 됩니다.

도구

훈련을 위한 시간 갖기

아이가 지켜보는 동안 여러분이 시범을 보이면서, 해야 할 일을 친절하게 설명합니다. 일을 함께 하세요. 여러분이 지켜보면서 아이가 혼자 일하게 하세요. 아이가 준비되었다고 느껴지면 자기만의 방식대로 하게 둡니다. 끼어들거나 다시 하거나 대신 해주지 마세요. 아이가 스스로 하도록 놔둬야 합니다.

연습

연습은 '훈련을 위한 시간 갖기'에서 특히 중요합니다. 예를 들어 집안일 목록에 있는 아이가 해야 할 모든 일(혹은 여러분이 가르치고 싶은 것)을 하는 데 시간이 얼마나 걸리는지 아이 스스로 재보게 합니다. 시간을 줄이려면 어떻게 하면 좋을지 아이 스스로 아이디어를 내게 합니다. 함께 문제를 해결하고 계속 연습합니다.

내버려두기

내버려두는 것은 아이를 포기하는 게 아닙니다. 아이가 책임감을 배우고 유능감을 느끼게 하는 것을 의미합니다. 작은 단계는 혼자 진행하도록 내버려둡니다. 훈련 시간을 가진 뒤 여러분은 물러납니다. 아이를 믿고, 아이가 실수를 통해 배우게 하세요. 여러분의 방식이 항상 최선이 아니라는 것도 기억하세요.

이기는 협력

아이를 의사 결정 과정에 참여시키는 것을 의미합니다. 어른과 마찬가지로 아이는 다른 사람이 자신의 말을 들으려 하고 자신이 해결책을 만드는 구성원이라는 느낌이 들면 더 적극적으로 협력합니다. 비난 대신에 문제의 해결책에 집중하세요. "집안일 했니?"라고 묻기보다는 "집안일을 마치려면 우리가 뭘 하는 게 좋을까?"라고 물어보세요. 가족회의 시간에 매주 완료해야 할 집안일 목록을 만들고, 서로 번갈아가며 담당할 수도 있습니다.

5. 특권 의식

많은 부모가 이 책을 읽고 자신이 아이에게 물질적인 것을 과하게 제공하고 아이의 요구를 다 받아주었다는 것을 깨달았다고 고백할 것입니다. 특히 일하는 부모의 경우 하루 종일 아이와 함께 있어주지 못한다는 죄책감 때문에 물건을 사주거나 뭔가를 대신 해주는 것으로 보상하기 쉽습니다. 그렇게 하면 아이는 회복 탄력성, 인내심, 다른 사람에 대한 걱정, 문제 해결과 같은 중요한 삶의 기술을 배울 기회를 잃게 됩니다. 스스로 실망을 참고 실수를 극복하는 방법을 찾는 데서 오는 용기와 자신감을 계발할 수 없고, 건강하지 못한 특권 의식이 생겨날 수 있습니다.

도구

애지중지하지 않기

아이에게 고통을 주는 게 아니라 고통을 허용하는 게 여러분이 할 일입니다. 애지중지하면 아이에게 큰 약점을 만듭니다. 다른 사람이 자신을 위해 모든 것을 해야 한다는 믿음을 갖게 하기 때문입니다. 여러분이 자녀에게 줄 수 있는 가장 큰 선물 중 하나는 "나는 할 수 있다"라는 믿음을 갖도록 도와주는 것입니다. 아이 스스로 할 수 있는 일을 절대 대신 해주지 마세요.

격려하기

칭찬 대신 격려하는 말을 쓰세요. "정말 열심히 했네, 자랑스럽겠구나!"와 같이 격려하세요. 격려는 "A를 받았네. 네가 자랑스러워" 같은 칭찬과 다릅니다. 격려와 칭찬의 차이가 느껴지나요? 격려는 내적 통제 소재에 집중하고 복원력을 갖게 해서 아이가 권한을 갖는 느낌을 받습니다. 반면 칭찬은 외적 통제 소재에 집중해서 의존성을 키웁니다. 약간은 칭찬을 해도 좋습니다. 모든 아이는 부모로부터 자랑스럽다는 말을 듣고 싶어 하니까요. 다만 지나치게 칭찬해주면 아이가 다른 사람 의견에 의존하게 될 수 있다는 점을 주의하세요.

도움 청하기

아이에게 유능하다고 말하는 것은 효과적이지 않습니다. 아이가 스스로 유능감을 느낄 기회가 분명히 있습니다. 아이는 공헌할 때 유능감을 느낍니다. 여러분이 원하는 대로 아이가 움직이지 않아 자칫 비난으로 이어질 수 있는 상황에 이르지 않도록 도움을 줍니다. "네 도움이 필요해"라고 말할 기회를 찾아보고 아이의 방식대로 돕게 하세요. 아이의 노력과 도움에 얼마나 감사하는지 아이가 알게 하세요.

집안일

아이는 집안일을 도우면서 삶의 기술을 배우고, 사회적 관심을 계발하고, 유능감을 느낍니다. 함께 할 집안일 목록을 브레인스토밍하세요. 원반 돌리기, 집안일 목록 만들기, 혹은 가족 모두가 각각 일주일에 두 가지씩 담당할 집안일을 추첨하는 뽑기 상자와 같이, 집안일을 번갈아가며 할 수 있는 재미있는 방법을 만드세요. 집안일을 훈련할 시간을 가지세요. 첫 6년 동안은 집안일을 함께 하세요. 가족회의에서 모든 문제를 협의하고 해결책에 집중하세요.

6. 불안감 또는 확신의 부족

아이 스스로 유능하지 않다고 느끼는 것은 낮에는 별 문제를 일으키지 않습니다. 하지만 밤에 아이가 포기한 방식을 떠올리면 그 생각이 여러분의 뇌리를 떠나지 않을 것입니다. 여러분의 관심을 끌기 위해 "난 못 해"라고 말하는 아이와 달리 무기력한 아이는 정말 그렇게 믿습니다. 여러분은 아이를 위해 뭔가 더 해주고 싶은 유혹을 느낄 것입니다. 하지만 그러면 아이는 더욱더 자신이 무능하다고 느끼게 됩니다.

도구

암호 풀기

무기력의 어긋난 목표를 가진 아이는 "난 포기할 거야. 날 내버려 둬"라고 믿습니다. "날 포기하지 마"라는 암호화된 메시지가 격려를 위한 실마리입니다.

작은 단계

일을 작은 단계로 나누어 아이가 성공을 경험하게 하세요. "내가 원의 반쪽을 그려줄게. 그러면 네가 나머지 반쪽을 그리렴" 혹은 "수학 문제의 처음 두 단계를 내가 풀게. 그러면 네가 나머지 두 단계를 풀수 있을 거야"와 같이 말해보세요. 아이가 작은 단계를 직접 해내면할 수 없다는 믿음을 깰 수 있습니다.

성공을 위한 기회 만들어주기

성공을 위한 기회를 만들어주기 위해서는 관심에 기초하여 완벽이아닌 향상을 격려해야 합니다. 일이 계획대로 되지 않을 때 "실수해도괜찮아. 그게 학습하는 방법이야"나 "처음 했을 때 얼마나 어려웠는지 기억해봐. 이제는 잘할 수 있잖아"와 같은 말로 격려합니다.

믿음 보여주기

여러분이 아이에게 믿음을 갖지 않으면 아이가 어떻게 자신을 믿는법을 배울 수 있을까요? 아이에게 믿음을 보여줄 수 있는 기본적인행동은 과잉 육아, 구제해주기, 직접 나서서 고쳐주기, 잔소리하기와같은 행동을 피하는 것입니다.

훈련 시간 갖기

기술을 가르쳐주되 아이 대신 해주지는 마세요. 루돌프 드라이커스는 이렇게 말했습니다. "계속 잔소리하고 아이 대신 아이가 할 일을해주는 엄마는 아이의 책임을 빼앗을 뿐 아니라 엄마로서의 자존감을스스로 느끼지 않고 아이에게 의존하는 것이다."

7. 숙제 문제

아이의 숙제를 여러분의 일로 생각할수록 아이는 스스로 하지 않습니다. 부모가 숙제를 중요하게 여긴다는 생각이 들면 아이는 스스로 책임을 지려 하지 않습니다. 아이에게 능력이 있다고 환기하세요. 아이는 단지 관심이 없거나, 낙담하거나, 희망이 없다고 느끼고 있을 뿐입니다. 아이가 좋아하거나 잘하는 일이라면 잔소리할 필요가 없을 것입니다.

도구

교정하기 전에 유대 맺기

거리를 두거나 반감을 보이는 대신 사랑이 넘치는 메시지로 친밀감을 쌓고 신뢰를 맺으세요. "성적보다 네가 더 소중해. 네 성적을 어떻게 생각하니?"와 같은 말로 감정을 확인하는 것부터 시작해 자녀를 이해한다는 것을 알려주세요. "숙제가 네게 우선순위는 아니지만 지금 해야 해." 그리고 나서 선택지를 제공합니다. "내가 도와줄까, 아니면 네가 먼저 해볼래?" 언제까지 마칠지를 합의합니다. "숙제를 다 하려면 얼마나 걸릴 것 같니? 끝나기 10분 전에 내가 알려줄게." 다른 방법으로는, 호기심을 유발하는 질문을 던지는 것이 있습니다. "숙제를 안 하면 무슨 일이 생길까? 그런 결과를 원하니? 그렇지 않다면 뭘 해야 할까?"

논리적 결과

논리적 결과를 너무 자주 내세우면 처벌과 똑같이 느낍니다. 논리적 결과의 3R과 1H를 따르는 것이 중요합니다. 이들 중 하나라도 빠뜨리면 논리적 결과가 아닙니다.

논리적 결과의 3R과 1H

- **관련 있는**Related 아이의 행동이 결과와 어떤 관련이 있는지 분명하게 설명합니다.
- **존중하는**Respectful 아이를 벌주지 않고 존중하는 결과를 내도록 합니다.
- **합리적인**Reasonable 상황에 문제가 있더라도 결과는 합리적이어야 합니다.
- **도움이 되는**Helpful 아이가 원인과 결과 사이의 관계를 이해하고, 이후 비슷한 상황에서 어떻게 처리할지 정할 때 도움이 되어야 합니다.

가능하면 결과를 잊고, 아이와 함께 해결책에 집중하세요. 혹은 호기심을 유발하는 질문을 던져서 아이가 선택에 따른 결과를 탐색하는 데 도움을 주고, 결과를 강요하지는 마세요.

제한된 선택지 주기

숙제를 할 것인지 말 것인지와 같이, 많은 문제에 대해 선택의 여지가 없을 수도 있습니다. 숙제는 반드시 해야 하지만 언제 할지는 선택할 수 있습니다. 예를 들면, 방과 후에 즉시 할지 아니면 저녁 식사 전 혹은 저녁 식사 후에 할지를 정하는 식입니다.

친절하면서 단호한 태도

아이는 기분이 좋을수록 바르게 행동합니다. 친절하면서 단호하게 아이를 대할 때 그 효과도 큽니다. 친절하면서 동시에 단호하게 약속한 것을 끝까지 지키세요. 아이가 약속한 대로 식사 전에 숙제를 마치려 하지 않는다면 혼내거나 위협하거나 잔소리하지 마세요. 친절하면서 단호하게 "네가 숙제하기 싫어하는 거 알아. 그런데 언제까지 숙제를 마치기로 약속했지?"라고 물어봅니다. 친절하면서 조용하게 답변을 기다리세요.

8. 무시하기/듣지 않기

부모가 "우리 아이는 말을 안 들어"라고 말할 때는 대부분 '아이가 시키는 대로 하지 않는다'는 의미입니다. 부모가 말을 많이 하고 어떻게 들어야 하는지에 관한 좋은 모델이 되지 못하면 아이는 부모의 말을 들으려 하지 않습니다. 아이는 생활 속에서 학습합니다. 부모가 제대로 듣는 법을 보여주지 않는데 어떻게 듣는 방법을 배울까요? 여러분이 아이의 말을 제대로 들어준다고 느낄 때 아이도 여러분의 말을 듣습니다. 아이들은 대부분 부모가 잔소리하면 듣지 않을 방법을 모색합니다.

도구

경청하기

여러분이 얼마나 자주 자녀의 말을 가로막고, 일방적으로 설명하고, 자신의 입장을 방어하거나 지시하는지 생각해보세요. 입을 닫고 자녀의 말을 들어보세요. "예를 들어볼래? 다른 게 또 있니?"라고 물어보는 것은 괜찮습니다. 아이가 말을 마친 후에 아이에게 여러분의 말을 듣고 싶은지 물어보세요. 서로 의견을 나눈 후에 양쪽을 만족시키는 해결책에 집중하세요.

감정 확인하기

아이의 행동에 대해 잔소리하기 전에 감정을 확인하는 방법을 배우세요. 변화를 촉진하는 데 이만큼 효과적인 방법은 없습니다.

호기심을 유발하는 질문

부모는 질문하고 듣기보다는 너무 많이 말합니다. 무슨 일이 있었고, 왜 발생했는지, 어떻게 느껴야 하는지, 무엇을 해야 하는지 아이에게 일방적으로 말합니다. 그러고는 그 일에 관해 아이가 어떻게 해야 하는지 말합니다. 아이에게 무슨 일이 있었고, 왜 발생했는지, 아이가 어떻게 느꼈는지, 아이가 무엇을 할 수 있는지 물어보는 것이 더 효과적입니다. 스스로가 잔소리하고 있다고 느껴지면 호기심을 유발하는 질문으로 전환하세요.

눈높이 맞추기

여러분이 하고 있는 일이 무엇이든 일단 멈추세요. 일어나서 아이에게 다가가 아이의 눈을 보세요. 유아기 자녀의 경우 아이와 유대를 맺으려면 무릎을 꿇고 아이 눈높이에 맞추어야 합니다. 그러고 나서 필요한 교정을 시도하세요. 아이와 눈을 맞추고 존중하려는 노력을 하면 목소리가 부드러워지는 것을 알게 됩니다. 어른과의 관계에서 눈 맞춤의 본보기가 되는 데에도 도움을 줍니다.

무조건 경청하기

평일에 아이 옆에 조용히 앉아 있는 시간을 가지세요. 아이가 뭘 원하는지 물으면 "난 그냥 몇 분 동안 네 옆에 있을 거야"라고 말하세요. 아이가 말하면 판단하거나 방어하거나 설명하지 말고 묵묵히 들으세요. 아이가 밤에 잠자리에 들 준비를 하거나 차 안에 있을 때, 혹은 청소년기 아이가 외출할 준비를 할 때 이 도구를 사용하면 효과적이라고 많은 부모가 말합니다.

9. 거짓말 또는 진실 조작하기

아이가 거짓말을 하지 않도록 도움을 주기 전에 아이가 거짓말하는 이유를 다룰 필요가 있습니다. 보통 아이가 거짓말하는 이유는 어른과 같습니다. 갇힌 기분이 들고, 처벌이나 거절이 두렵고, 위협을 느끼고, 거짓말하면 모든 게 쉬워질 것이라는 생각 때문에 거짓말을 합니다. 낮은 자존감이 거짓말로 표출될 수도 있습니다. 자기 본연의 모습으로 충분하다는 점을 모르는 사람은 더 좋은 모습을 보여야 한다고 생각합니다. 사람들은 대부분 처벌이나 반대로부터 자신을 보호하기 위해 거짓말을 합니다. 벌주고 판단하고 잔소리하는 부모는 아이가 방어 메커니즘으로 자꾸 거짓말을 하게 만듭니다. 부모는 어떻게 하면 아이가 진실을 말해도 안전하고 위협받지 않는 환경을 만들 수 있을지 고민해야 합니다.

도구

호기심을 유발하는 질문

거짓말을 유도하는 '확인 질문'을 멈추세요. 확인 질문이란 "네 방 치웠니?"와 같이 여러분이 이미 답을 아는 질문을 말합니다. 그 대신 "방을 안 치웠네. 방을 치울 계획을 세울 거니?"라고 말하세요.

모범 보이기

진실을 말하는 모습을 본보기로 보여주세요. 진실을 말하기로 결심하는 것이 여러분에게 어려운 일이었지만 그로 인한 결과가 더 중요하고 자존감과 진실성을 지키기 위해 진실을 말한 일이 있었다면, 그 경험을 아이와 나누세요. 이는 잔소리가 아니라 진실한 공유라는 사실을 명심하세요.

감사하기

"사실대로 말해줘서 고마워. 어려웠다는 거 알아. 네가 결과를 마주 보려고 한 방식을 존중해. 너는 잘 극복할 거고, 그것으로 배울 수 있다는 걸 난 알아." 이렇게 말해주면 아이는 가족에게 사실대로 말해도 안전하다는 것을 배웁니다. 가끔 그걸 잊더라도 친절과 사랑으로 다시 떠올립니다.

실수는 기회

실수는 학습하기 위한 기회임을 아이가 믿게 해서, 자신이 잘못한 일이나 실수를 감추어야 한다고 믿지 않도록 합니다.

10. 동기 부족

네 가지 어긋난 목표행동에 따라 어떤 동기가 부족한지 찾아보고 암호를 풉니다(자세한 내용은 3부 3장을 참고하세요). 아이가 지나친 관심을 끌려 하고, 힘을 오용하고, 보복하려 하고, 포기하고 싶다고 느낄 때 도움을 줄 방법을 모색하세요. 방법이 적절하지 않으면 멈추고, 여러분과 아이 모두를 격려할 수 있는 방법을 찾아보세요.

도구

격려하기

드라이커스는 "문제 행동을 하는 아이는 낙담한 아이"라고 말했습니다. 아이가 격려받는다고 느끼면 낙담은 사라집니다. 교정하기 전에 유대를 맺어 격려하세요. 강점을 키워주세요. 아이가 잘하는 점을 모두 나누면서 아이가 먼저 말할 기회를 주세요. 아이가 자신의 강점으로 격려를 받으면 약점을 관리하는 방법을 배울 수 있습니다.

호기심을 유발하는 질문

'무엇을'과 '어떻게' 질문을 사용하세요. 다음과 같이 질문해보세요.
"이게 너에게 어떻게 도움이 될까?"
"이렇게 하면 지금 혹은 나중에 어떤 혜택이 있을까?"
"이것을 하지 않으면 너에게 어떤 영향이 있을까?"
"이렇게 한다면 다른 사람에게 어떻게 공헌할 수 있을까?"

자연스러운 결과

아이가 결과로부터 배우게 하세요. 아이가 아무것도 하지 않으면 성적이 나빠지고 기회도 놓칠 것입니다. 아이가 무능력한 결과를 경험할 때 공감해주세요. "그럴 거라고 했잖아" 같은 말은 피해야 합니다. '무엇을'과 '어떻게' 질문을 사용해서 원인과 결과를 알게 하고, 이 정보를 바탕으로 성공을 위한 계획을 세우는 데 사용합니다.

믿음 보여주기

아이에게 특정 과제나 일을 수행할 능력이 있다는 사실을 여러분이 알고 있다고 말해주세요. 아이와 함께 필요한 모든 자료와 정보를 결정하고 나서 아이가 확신을 품고 실행하도록 믿어주세요.

11. 아침 준비

아침의 문제 상황은 대부분 부모가 아이 옷 입는 것부터 시작해서 모든 것을 다 챙겨주려 하기 때문에 생겨납니다. 육아 워크숍에서 우리는 부모에게 이렇게 질문합니다. "아이가 몇 살이 되면 혼자 옷을 입을 수 있을까요?" 아이가 네 살이나 다섯 살이 될 때까지 혼자 옷을 입을 수 없다고 믿는 부모가 생각보다 많아서 놀랐습니다. 저희와 다른 부모의 경험에 따르면 아이들은 약 두 살 때부터 혼자 옷을 입을 수 있습니다. 다만 부모가 훈련에 시간을 투자하고, 규칙적인 일상을 일관성 있게 설정하고, 입고 벗기 쉬운 옷을 마련한다면 말입니다.

도구

문제 해결

해결책을 세울 때 아이를 참여하게 하면 아이가 주체적으로 계획을 수행하고 동기도 얻습니다. 가족회의나 비공식적인 자리에 아이와 함께 참여하세요. 문제를 제시하고 제안을 구하세요. "아침에 문제가 자주 생기는 것 같아. 이 문제를 해결하기 위해 넌 어떤 아이디어가 있니?" 문제를 제시할 때 여러분의 태도와 목소리 톤이 매우 중요합니다. 창피를 주면 저항과 반발을 불러일으킵니다. 반면 존중은 협력을 가져옵니다. 모든 제안을 기록하세요. 먼저 아이에게 충분한 시간을 준 후 여러분도 제안합니다. 모두가 동의한 제안을 선택하고, 어떻게 실행할지 토의하세요. 모두가 참여해서 합의를 끌어내겠다는 의지가 핵심입니다. 그렇게 하면 모두가 협력하려는 마음이 생겨납니다.

규칙적인 일상

규칙적인 일상을 정할 때 아이를 참여시키세요. 아침의 문제 상황을 피하는 가장 좋은 방법 중 하나는, 전날 저녁 잠자리에 드는 시간의 규칙을 정하는 것입니다. 아이가 잠자리에 드는 시간의 규칙으로 할 수 있는 것을 직접 쓰게 하거나 여러분이 받아 적어서 목록을 만든 후 물어보세요. "다음 날 아침에 해야 할 것이 모두 준비된다면 어떨까?" 이때 다음 날 아이가 입을 옷을 정하게 하세요. 그러고 나서 아이가 혼자 아침 규칙 차트를 만들도록 도와주세요. 아이가 언제 일어나야 하고, 준비하는 데 시간이 얼마나 걸리는지, 아침 식사 때 어떤 역할을 할 것인지, 혹은 모든 것을 다 하고 시간이 남을 때에만 텔레비전을 켜겠다는 약속 등을 아이가 정하게 하세요.

제한된 선택지 주기

일방적으로 요구하기보다 아이에게 제한된 선택지를 주는 것이 더 효과적입니다. 요구하면 대답하지 않을 것도 선택지를 주면 종종 반응합니다. 특히 "네가 결정해"라고 선택지를 주면 더 그렇습니다. 단, 선택지는 존중이 담겨 있어야 하고 상황의 요구에 맞아야 합니다. 다른 사람을 직접적으로 존중하고, 다른 사람의 편의를 위한 것이어야 합니다. 등교 준비를 할 때 어린아이는 가족이 나가기 5분 전에 신발을 신거나 차 안에서 신발을 신는 선택지 중 고를 수 있습니다. 그보다 큰 아이라면 5분 안에 준비를 마치거나 자전거를 타고 학교에 가야 할 것입니다. 어쨌든 엄마는 5분 안에 나가야 합니다.

자연스러운 결과

자연스러운 결과란 어른이 관여하지 않았을 때 생겨나는 있는 그대로의 결과입니다. 빗속에 서 있으면 젖고, 먹지 않으면 배고프고, 외투를 입지 않으면 춥습니다. 여러분은 자녀가 아침을 안 먹고 잠옷을 입은 채로 학교에 가거나 이유 없이 지각하게 내버려둘 수 있나요? 그렇게 하면 아이가 실수를 통해 배울 것입니다. 이때 중요한 것은 "그럴 거라고 했잖아" 같은 말은 피해야 한다는 것입니다. 그 대신 공감해주세요.

12. 부정적인 태도

부정적인 아이는 종종 가정에서 특별한 위치를 차지하려고 자신의 태도와 행동을 계발합니다. 부모의 통제에 반발하고, 부모나 형제자매의 부정적인 행동을 따라 하고, 아이를 늘 기쁘게 해주려는 부모에게 대듭니다. 아이가 할 일을 부모가 대신 해줄수록 아이는 더 많이 바라고, 아이의 능력과 확신이 줄어듭니다. 아이가 부모에게 감사하기보다는 더 많은 것을 바란다는 사실이 놀라운가요?

도구

아이에게 집중하기

여러분의 자녀가 자존감을 느끼지 못한다고 생각하나요? 하던 일을 다 내려놓고 마치 아이가 세상에서 가장 중요한 것처럼 아이에게 집중해보세요. 특별한 시간을 갖는 것도 잊지 말아야 합니다.

친절하면서 단호한 태도

친절함과 단호함의 중간에 머무르면서 너무 단호(처벌)하거나 너무 친절(허용)하지 않은 태도를 취하는 것이 중요합니다. '그런데'로 시작하는 말보다는 '그리고'로 시작하는 문장을 사용합니다. 예를 들면 "학교에서 종일 시간을 보내고 난 뒤에는 좀 쉬고 싶을 거야. 그리고 네가 숙제를 해야 한다는 걸 우리 둘 다 알고 있어. 그러니 네가 언제 숙제를 할 수 있을지 이야기해보자"와 같이 말하세요. '그런데'는 앞서 한 말을 부정하는 의미입니다. 결과적으로 매우 비효과적이고, 여러분에 대한 신뢰를 깎아내립니다. '그리고'를 사용하면 여러분이 일관성 있게 결정하고, 말한 것을 지키겠다는 의미가 됩니다.

교정하기 전에 유대 맺기

행동을 교정하기 전에 유대를 맺는 것은 아이의 소속감과 자존감을 기르는 데 꼭 필요합니다. 때로는 신체 접촉처럼 말로 하지 않는 방식이 더 좋을 때도 있습니다. 어린아이에게는 아이 눈높이에 맞춰주는 것이 중요합니다. 유대를 맺으면 여러분은 아이의 관심을 얻습니다. 아이를 존중하고 서로에게 유리한 해결책을 찾겠다고 생각하세요. 갈등 상황에서는 여러분 자신의 감정을 관리하고, 육아에 있어 현명한 결정을 따르는 것이 도움이 됩니다.

격려하기

부정적인 말과 비난으로 아이와 상호작용하기보다는 격려하세요.

13. 힘겨루기

힘겨루기를 하려면 두 사람이 필요합니다. 여러분이 화가 나고 도전받는다는 느낌이 들고, 위협을 느끼거나 패배한 느낌이 든다면 힘겨루기에 관여된 것입니다. 힘의 오용이라는 어긋난 목표를 가진 아이는 '내가 하고 싶은 대로 하고 다른 사람도 내가 원하는 대로 해야만 소속되는 거야'라고 믿습니다. '내가 돕고 싶어. 나에게 선택지를 줘'라는 암호화된 메시지가 격려를 위한 실마리입니다. 아이는 자신이 얼마나 힘을 가졌는지를 계속 테스트할 것입니다. 그게 정상입니다. 이런 상황을 아이에게 힘을 건전하게 사용하는 방법을 가르칠 기회로 여기는 것이 좋습니다. 힘겨루기를 피하는 현명한 전략 중 하나는 아이가 긍정적인 힘을 어디에서 얻는지 찾는 것입니다.

도구

도움 청하기

아이가 뭔가를 하게 만들 수 없다는 점을 인정하고, 도움을 청해서 긍정의 힘으로 바꾸어보세요. 가족회의에서 아이와 함께 해결책을 찾을 수도 있습니다.

제한된 선택지 주기

지시하는 대신 선택지를 제공하는 것은 아이의 자율성 욕구를 충족시키므로 힘겨루기를 줄이는 좋은 방법이 됩니다. "잠자리에 들 시간이네. 오늘 밤에는 네가 나에게 책을 읽어줄래, 아니면 내가 읽어주면 좋겠니?"

자신의 행동 통제하기

여러분이 보여주는 예시가 아이들에게는 최고의 선생님입니다. 여러분이 자신의 행동을 통제하지 못하면서 아이가 스스로 통제하길 바라나요? 갈등에서 물러나 잠시 진정하세요. 여러분만의 타임아웃 공간을 사용할 필요가 있을 때 아이에게 알려주세요. 상황에서 벗어날 수 없다면 열까지 세거나 심호흡을 하세요. 여러분이 실수를 했다면 그다음에 아이에게 사과하세요.

친절하면서 단호한 태도

친절함과 단호함은 둘 중 한쪽에 극단적으로 치우치지 않기 위해서라도 항상 함께해야 합니다. 이는 상호 존중을 계발하는 최상의 방법입니다. 예를 들어, "넌 비디오 게임을 계속하고 싶어 하는구나. 지금은 저녁 먹을 시간이야. 식사 시간 동안 비디오 게임을 어떻게 하기로 정했더라?"와 같이 말합니다. 존중은 존중을 불러옵니다. 여러분이 아이에게 존중을 보여줄 때 아이도 여러분의 합리적인 바람을 존중할 가능성이 높습니다.

할 일 정하기

아이가 뭔가를 하게 하려면 힘겨루기를 내려놓고 작은 단계부터 시작하는 것도 한 가지 방법입니다. 사전에 여러분이 무엇을 할 것인지 아이에게 알려주세요. 아이가 뭔가를 하도록 말하는 게 아니라 여러분이 할 일을 확실히 정하세요. 예를 들어 "나는 빨래 바구니에 담긴 빨래만 세탁할 거야"라고 말하고, 여러분이 한 말을 지키세요.

14. 협력을 거절하기

여러분이 모든 것을 다 해준다면 아이에게 어떻게 협력을 가르칠 수 있을까요? 아무리 다른 사람을 도와주고 협력하라고 아이에게 잔소리하거나 애원하는 부모여도, 결국에는 차라리 직접 하는 편이 더 쉬울 거라며 포기할 것입니다. 여러분은 아이에게 무엇을 가르쳤나요? 여러분이 잔소리하거나 애원하면 아이는 그것을 무시하면서 여러분이 포기할 때까지 기다릴 확률이 높습니다. 효과적인 학습에는 경험과 연습이 중요합니다. 여러분이 아이에게 어떤 경험을 주는지 잘 관찰하는 것이 중요합니다. 여러분의 자녀는 협력을 연습하나요, 아니면 조종을 연습하나요?

도구

이기는 협력

좋은 육아법은 계속해서 서로에게 유리한 해결책을 찾아가는 것입니다. 아이가 희생하게 만들어서 이기는 것이 아닙니다. 협력은 힘겨루기를 피하고 아이가 무능감을 느끼지 않게 하는 최고의 방법입니다. 협력은 삶의 기술에 필수적인 문제 해결과 유연성의 모델이 됩니다. 합의를 이끌어내고 약속을 지키는 데 가치를 두는 것이 중요합니다. 여러분이 아이의 관점을 이해하고 존중할 때 아이는 격려를 받습니다. 이렇게 하는 데에는 여러 가지 방법이 있습니다. 아이의 생각과 감정을 이해한다고 표현하고, 아이의 도전적인 행동을 용납하지 않는 대신 공감하고, 여러분이 비슷하게 느꼈거나 행동했을 때의 이야기를 나누고, 여러분의 생각과 감정을 나눕니다. 여러분이 아이의 말을 제대로 듣는다고 느끼면 아이도 여러분의 말을 듣습니다. 함께 해결책에 집중하세요.

제한된 선택지 주기

자율성을 주기 위해 가능한 한 선택지를 제공하는 것이 도움이 됩니다. "네가 설거지하기 싫어한다는 거 알아. 그러니 함께 하자. 네가 수세미로 닦을래, 아니면 물로 헹굴래?"

말없이 행동하기

때로는 말없이 행동하는 것이 가장 효과적입니다. 아이가 여러분의 새로운 계획을 테스트하면 말을 적게 하는 게 좋습니다. 합의한 결과를 말없이 따르세요. 처음에 여러분이 할 것만 분명하게 정하세요. 아이가 제대로 이해했는지 질문으로 확인하세요. "내가 무엇을 할 거라고 이해했니?" 말없이, 친절하면서 단호하게 행동하세요. 예를 들어, 운전하는 동안 아이들끼리 싸우면 차를 길가에 세웁니다. 여러분이 다시 운전할 준비가 되었다는 것을 아이들이 알아차릴 때까지 책을 읽으세요.

규칙적인 일상

아이와 함께 규칙적인 일상을 정하고 지키세요. 그렇게 정한 일상이 생활을 주도하게 하세요!

가족회의

문제 해결에 아이의 힘을 사용하는 경험을 제공하는 것이 중요합니다. 가족회의는 이런 과정에 적합합니다. 아이가 결정하는 데 참여하면 협력하고 합의한 바를 지킬 가능성이 훨씬 커집니다.

15. 나눔과 이기심

나눔은 타고나는 특성이 아니라 학습하는 것입니다. (실제로 아직도 많은 어른들이 나누기를 원치 않습니다.) 때로는 아이가 발달학적으로 적합하지 않은데도 부모는 아이가 나누길 바랍니다. 세 살도 안 된 아이가 많은 도움을 받은 적도 없는데 나눌 수 있기를 기대하지 마세요. 언제 나누고 언제 나누지 않아도 괜찮은지 아이에게 가르쳐주는 것이 중요합니다.

도구

합의하기

모든 것을 나누어야 하는 게 아니라면 아이들은 어떤 것은 기꺼이 나눌 수 있습니다. 어떤 장난감을 친구와 함께 가지고 놀 것인지 상의하고, 다른 아이의 장난감을 가지고 놀고 싶으면 여러분이 먼저 물어보기로 미리 합의합니다. 친구들이 놀러 왔을 때 함께 갖고 놀고 싶지 않은 장난감이 있다면 따로 놔두라고 제안하세요. 아이가 자라면, 친구와 싸우지 않고 장난감을 가지고 놀 계획을 세우기 전까지 진열장에 넣어두라고 하는 것이 좋습니다.

모범 보이기

아이에게 여러분의 물건을 나누어주며 말하세요. "이걸 너와 나누고 싶어." 그러면 아이가 먼저 묻지 않아도 종종 무언가를 나누는 것으로 보답하려 하는 모습을 보일 것이고, 여러분은 기분이 좋아질 것입니다. 그런 일이 생기면 이렇게 말하세요. "나눠줘서 정말 고마워. 너는 나눔을 잘하는 아이구나."

주의 분산시키기

어린아이는 장난감을 다른 아이와 나누어야 하는 이유를 이해하지 못할 수 있습니다. 그 대신 아이가 다른 것에 관심을 갖도록 주의를 분산시켜보세요. 함께 가지고 놀 새로운 장난감을 주거나, 노래를 부르거나, 간지럼을 태울 수도 있습니다.

16. 형제자매 간의 경쟁

아이가 둘 이상인 가족에서 형제자매 사이에는 자연스럽게 경쟁이 일어납니다. 자녀가 서로 다툴 때 한쪽 편을 들거나 잘잘못을 따지려 하지 마세요. 여러분은 모든 것을 보지 못했기 때문에 그른 판단을 내릴 수도 있습니다. 옳고 그름은 항상 누군가의 의견일 뿐입니다. 여러분은 옳다고 여겨도, 적어도 한 아이의 관점에서는 불공정하게 여겨질 것입니다.

도구

아이를 같은 입장에서 보기

다투는 것을 멈추도록 관여해야겠다는 판단이 들어도 판사, 배심원, 집행인이 되지는 마세요. 그 대신 아이를 같은 입장에서 보고 대해주세요. 조사관처럼 한 아이에게 집중하는 대신 이렇게 말하세요.

"얘들아, 누가 이 문제를 주제로 정하고 싶니?"

"얘들아, 잠시 기분 전환하러 갈래, 아니면 지금 해결책을 찾을 수 있겠니?"

"얘들아, 해결책을 찾을 때까지 각자 떨어져 있고 싶니?"

믿음 보여주기

어른이 아이들 다툼에 관여하기를 거부하거나, 다툼에 대해 동등하게 대하면서 아이를 같은 입장에서 보면, 다툼의 가장 큰 동기인 부모의 관심을 받으려는 마음이 사라집니다. 아이들 스스로 문제를 해결할 수 있다는 믿음을 가지세요. 그 결과로 아이들이 인생의 기술을 배울 수 있다고 상상해보세요. 이런 말로 격려할 수는 있습니다. "너희끼리 아이디어를 내서 만족스러운 해결책을 찾으면 나에게 알려줘."

특별한 시간

매일 특정 시간에 아이들 각자와 일대일로 특별한 시간을 보내세요. 한 아이가 다른 아이를 질투하면, 질투의 감정을 느끼는 것은 괜찮다고 말합니다. 여러분이 아이들 각자와 단둘이 보내는 시간을 가지길 원하고, 그 아이와 보낼 특별한 시간을 기대하고 있다고 알려주세요.

가족회의

아이가 다른 사람의 장점을 말로 칭찬하고 문제에 대한 해결책을 브레인스토밍하는 방법을 배울 수 있도록 가족회의를 정기적으로 가지세요. 회의 후에는 협력과 팀워크를 강조하는 재미있는 활동을 계획하세요. 서로 다른 장점을 가진 사람이 회의에 참여할 때 더 재미있어진다는 사실을 아이가 발견할 수 있도록 도와주세요.

사랑의 메시지 분명히 전달하기

아이는 그 자체로도 특별한 사람이므로 사랑받을 수 있다는 점을 분명히 알려주세요. 다른 아이에게 동기를 주려고 아이들끼리 비교하는 실수를 하지 마세요. 그러면 아이는 낙담합니다.

17. 짜증 내기

많은 부모들이 어릴 적 가지고 싶은 것, 원하는 것을 얻지 못했기 때문인지 자녀가 자신보다 많은 것을 누리기를 바랍니다. 그래서 부모가 포기합니다. 어떤 부모는 장난감 가게나 슈퍼마켓에서 아이의 짜증이나 반대를 다루길 싫어합니다. 그래서 부모가 포기합니다. 아이가 원하는 대로 모든 것을 다 주는 게 아이에게 사랑을 알려주는 최고의 방법이라고 생각한다면 큰 착각입니다. 짜증도 의사소통의 한 종류입니다. 문제 행동을 하는 아이는 낙담한 아이입니다. 아이가 짜증 내고, 도전적인 태도를 보이고, 상처 주는 행동을 하면 이 사실을 잊게 됩니다. 따라서 아이가 각 유형의 행동을 할 경우에 대비해 계획을 세워두면 도움이 됩니다.

도구

포옹

긍정의 훈육 기본 원칙은 교정하기 전에 유대를 맺는 것입니다. 포옹은 유대를 맺는 최고의 방법입니다. 아이는 선천적으로 공헌(공헌은 소속감, 자존감, 유능감을 제공합니다)에 대한 욕구를 가지고 있으므로 포옹을 요구하는 것이 중요합니다. "널 안아주고 싶어"라고 말하기보다는 "네가 안아주면 좋겠어"라고 말하세요.

감정 확인하기

아이에게 아니라고 말해도 괜찮고, 아이가 화가 나도 괜찮습니다. 아이의 감정만 확인하세요. "지금 너는 몹시 화가 났구나. 그래도 괜찮아. 네가 원하는 것을 가지고 싶겠지"라고 말하고, 아이가 극복할 때까지 물러나서 지지를 보내세요.

예상 밖의 행동하기

아이의 도전적인 행동에 맞대응하지 말고 이렇게 물어보세요. "내가 널 사랑하는 거 알고 있니?" 때로는 이런 말이 아이의 문제 행동을 멈추기도 합니다. 왜냐하면 아이가 여러분의 질문이나 말에 놀라서 소속감과 자존감을 충분히 느끼기 때문입니다. 사람은 기분이 좋을수록 보다 긍정적으로 행동합니다. 어린아이의 경우 주위를 분산시키는 것도 도움이 됩니다. 싸우거나 짜증 내며 에너지를 소진하기보다는, 재미있는 소리를 내거나 노래를 부르거나 다음과 같이 말해보세요. "저기 뭐가 있는지 가보자."

말없이 행동하기

때로는 말없이 행동하는 것이 가장 효과적입니다. 여러분이 가게에 있다면 밖으로 나와 차에 탑니다. 화가 나는 건 괜찮은 일이고, 둘 다 진정되면 다시 말할 수 있다는 것을 아이가 알게 합니다.

18. 전자 기기 중독

핵심은 균형을 찾는 것입니다. 아이는 자신의 삶에 도움이 되는 최신 기술을 알게 되고 새로운 기술을 배울 것입니다. 그러나 미디어를 지나치게 사용하면 대면 의사소통 기술을 익히기 어렵다는 것 또한 사실입니다. 여러분이 할 수 있는 일은 아이가 스크린타임과 '실제 삶' 사이에서 균형을 찾고, 여러분을 포함해 가족 모두가 매일 미디어를 사용하는 시간을 제한할 방법을 함께 모색하는 것입니다. 가족의 스크린타임을 관리하는 데 도움을 주는 긍정의 훈육 도구를 사용하세요. 여러분이 최신 기술에 지배당하지 않게 주의하세요.

도구

가족회의

스크린타임을 줄일 계획을 세울 때 가족 모두가 참여하게 하세요. 해결책의 일부로 스크린타임을 대체할 활동을 포함해야 합니다. 무엇을 해야 할지 모를 때 뭔가를 떠올리는 것은 더 어렵기 때문입니다.

합의하기

저녁 식사 시간과 같이 하루 중 특정 시간을 스크린 없는 시간으로 정해서 시작하세요. 그리고 주기적으로 스크린 없는 시간을 더 늘려보세요.

전자 기기를 한곳에 모으기

매일 밤 자기 전과 같이 특정 시간에 가족 구성원 모두가 전자 기기를 한곳에 모아두는 바구니나 충전 장소를 만드세요.

친절하면서 단호하게 제한 시간 지키기

스크린타임을 줄이는 습관을 몸에 익히기는 매우 어렵습니다. 실망하고 화가 나고 슬픈 감정을 느낄지도 모르니 마음의 준비를 하세요. 아이의 감정에 공감하되 한번 정한 제한 시간은 끝까지 지키세요.

19. 폭력, 따돌림, 괴롭히기

여러분이 상처받고 '어떻게 그렇게 말할 수 있지?'라는 생각이 든다면 자녀가 보복이라는 어긋난 목표를 가지고 있는 것입니다. 사람이 상처를 받으면 종종 자신이 무엇을 하는지도 인지하지 못한 채 상처를 돌려주기도 합니다. 때로는 상처받는 감정이 어디서 오는지조차 모르기 때문에 보복의 어긋난 목표를 이해하기 어려울 수 있습니다.

도구

암호 풀기

보복의 어긋난 목표를 가진 아이는 '난 소속되지 않았으니 내가 상처받은 만큼 다른 사람에게 상처를 줄 거야'라고 믿습니다. '난 상처받았어. 내 감정을 확인해줘'라는 암호화된 메시지가 격려를 위한 실마리입니다. 보복의 어긋난 목표를 찾아냈다 하더라도 작은 보복으로 맞대응하는 것을 피하기는 어렵습니다.

감정 확인하기

복수심에 불타는 아이의 감정을 확인하는 것은 어려울 수도 있지만, 가장 중요한 첫 단계입니다. 아이의 기초적인 욕구인 소속감을 다루어야 하지만, 문제에 대한 해결책을 찾는 것이 중요합니다. 예를 들어 이렇게 말하세요.

"지금 너는 몹시 상처받았고, 그 상처를 돌려주고 싶은 거구나."

"다른 사람은 별문제 없는데 너만 항상 문제가 생기는 것 같으면 당연히 화가 나지."

"오늘은 너에게 운이 안 좋은 날 같구나. 이야기를 나눠볼까?"

"널 사랑해. 잠시 쉬었다가 나중에 이야기해볼까?"

해결책에 집중하기

여러분은 아이가 먼저 결과를 탐색하도록 도움을 주거나 바로 해결책에 집중하도록 도와줄 수 있습니다. 아이가 자신의 선택에 대한 결과를 탐색하도록 도와주는 방법은 다음과 같습니다. "무슨 일이 있었니? 어떤 느낌이 들었니? 다른 사람은 어떻게 느꼈을까? 이 일로 무엇을 알게 되었니? 이 문제를 지금 해결하려면 어떻게 해야 할까?"

아이에게 "무엇을 도와줄까?"라고 물어보는 것이 중요합니다. 해결책에 집중하도록 도와주는 말은 다음과 같습니다. "해결책을 함께 브레인스토밍할까, 아니면 가족회의 주제로 정해서 온 가족이 도와주면 좋겠니?"

말없이 행동하기

많은 부모가 아이의 행동에 대한 반응으로 말을 합니다. 말없이 행동하는 것은 생각을 멈추고 적극적으로 반응하게 합니다. 여러분은 아이의 세상으로 들어가 행동 뒤에 숨은 믿음을 이해한 후, 행동의 변화를 가져올 새로운 믿음을 촉진할 필요가 있습니다. 비언어적 신호를 보내는 것은 말없이 행동하는 방법 중 하나입니다. 말없이 행동하기와 연관된 또 다른 긍정의 훈육 도구는 한 단어로 말하기입니다. 이 경우 신호로 말을 대신합니다.

지지하기

여러분의 자녀가 따돌림 당한다면 지지해주세요. 따돌림의 신호를 지켜보세요. 아이가 도시락이나 어떤 물건을 너무 많이 잃어버린다면, 어쩌면 아이가 더 심하게 따돌림을 받을까 봐 두려워 여러분에게 말하지 못하는 것일 수도 있습니다. 아이가 학교 가기를 두려워한다면 따돌림 때문일 수 있습니다. 담임선생님에게 주간 학급 회의를 하도록 권하세요. 학급 회의로 따돌림을 완전히 없앨 수는 없지만 따돌림을 크게 줄일 수는 있다고 증명되었습니다. 회의 과정에서 아이가 소속감을 느끼므로, 다른 아이들이 어떻게 느끼는지 듣고 해결책에 집중함으로써 얻는 혜택을 알게 됩니다.

20. 칭얼대기

아이는 원하는 결과를 얻기 위해 행동을 합니다. 아이가 칭얼댄다면 여러분의 반응을 얻으려 하는 것입니다. 이상하게도 아이는 아무런 반응도 보이지 않는 것보다 벌주거나 화내는 쪽을 선호하는 듯 보입니다. 칭얼대기는 주로 지나친 관심 끌기라는 어긋난 목표 때문에 나타납니다. 이 목표를 가진 아이는 '내가 끊임없는 관심이나 특별한 대접을 받아야만 소속되는 거야'라고 믿습니다. 어떤 아이는 칭얼대는 것을 욕구를 충족할 유일한 방법으로 여길 수도 있습니다. 어떤 아이는 칭얼대기 시작하자마자 곧바로 멈추기도 합니다. 아이가 원하는 대로 해주고서 아이의 표정이 밝게 바뀌는 모습을 보는 일은 즐겁습니다. 칭얼거리고 달래는 것은 즐겁지 않습니다.

도구

조용한 신호

아이가 기분이 좋을 때, 아이가 칭얼댈 때 여러분이 어떤 신호를 보낼지 아이와 함께 정하세요. 손가락을 귀에 갖다 대면서 미소 지을 수도 있고, 또 다른 방법으로 가슴을 톡톡 치는 것으로 사랑의 메시지를 전할 수도 있습니다.

할 일 정하기

아이에게 여러분이 하려고 하는 행동을 말하세요. "네가 칭얼대면 나는 방을 나갈 거야. 네가 존중하는 목소리로 말할 준비가 되면 나에게 알려줘. 기쁜 마음으로 네 말을 들을게." 또 다른 방법은 이렇게 설명하는 것입니다. "네 말을 듣지 않겠다는 게 아니야. 네가 평소 목소리를 되찾게 되면 그때 대화하고 싶구나. 나는 칭얼대는 목소리에는 답하지 않을 거야." 아이가 칭얼대기를 멈추면 이렇게 말해보세요. "자, 이제 네 말을 들을 수 있어. 네가 말하려는 것을 정말 듣고 싶어." 또 다른 방법은 아이가 칭얼댈 때 스스로 먼저 알게 하는 것입니다. 아이 옆에 앉아서 아이가 자신의 감정을 알고 멈출 때까지 팔을 어루만져줍니다.

포옹

아이가 칭얼댈 때마다 아이를 무릎에 앉히고 말해주세요. "넌 지금 안아주는 게 필요한 것 같은데." 칭얼대는 이유나 아이가 칭얼대는 대상에 대해서는 말하지 마세요. 아이가 기분이 좋아질 때까지 그냥 안아주기만 하세요.

격려하기

칭얼대는 행동은, 아이가 소속감과 자존감을 충분히 느낄 수 있으면 멈추는 낙담의 신호일 수도 있습니다. 칭얼대는 행동은 잊어버리고, 아이를 격려할 방법을 가능한 한 많이 찾아보세요.

감사의 말

조이의 말

> 아이가 올바른 행동을 하게 하려면 먼저 아이들 기분을 나쁘게 해
> 야 한다는 말도 안 되는 생각은 도대체 어디서 온 것인가요?
> ─제인 넬슨

제인 넬슨의 이 말을 처음 봤을 때 제 머릿속의 전구가 켜지고 가슴
속에서는 불꽃이 타올랐습니다. 교육자로서, 한 인간으로서 저를 일
깨웠고 이런 지혜를 학생, 동료, 부모와 공유해야겠다는 영감을 받았
습니다.

우리를 믿어주고 이 책을 쓰도록 격려한 친구이자 멘토인 제인 넬슨
에게 특별히 감사합니다. 당신이 일생을 바친 작업에 참여하게 되어
영광이고, 선생님이자 동료, 친구로서 당신을 항상 기억할 것입니다.
저에게 불완전한 용기라는 삶의 교훈을 가르쳐주어서 감사합니다.

멋진 친구이자 동반자인 크리스티나. 글을 쓰고, 이야기 나누고, 차
를 마시며 당신과 함께 보낸, 지칠 줄 몰랐던 시간에 감사합니다. 이
책을 완성하기까지 2년이라는 시간 동안 우리는 예상치 못한 변화를
많이 겪었습니다. 당신은 저의 버팀목이었습니다. 당신이 없었으면

이 책을 쓰지 못했을 것입니다. 이 책을 출간할 수 있게 도와줘서 감사합니다.

맥스, 당신의 끝없는 사랑과 지원이 있었기에 이 모든 일이 가능했습니다. 제가 부담을 느끼고 '뚜껑이 열렸을 때' 당신이 보여준 인내심에 진심으로 감사합니다. 우리의 파트너십이 점점 굳건해지도록 애쓰고 가족에게 시간을 더 많이 투자하고, 늘 새로운 관점을 받아들여줘서 감사합니다.

제 꿈이 아무리 허황되어 보여도 꿈을 이루도록 저를 믿고 격려해준 부모님께 감사합니다. 저희 어머니는 진정으로 긍정의 훈육을 실천하는 분입니다. 저에게 어머니는 감탄할 수밖에 없는 롤모델이었고, 앞으로도 그럴 겁니다. 엄마가 저에게 해준 것의 절반만큼이라도 따라갈 수 있기를 바랍니다.

아낌없는 지원과 격려를 해준 모든 친구에게 감사합니다. 런던과 그 주변에 소중한 친구와 친척이 있는 저는 행운아입니다. 이 책을 쓰는 동안 힘들었던 순간을 벗어나도록 안내해준 저의 영적 산파 존 아카이자에게 특별히 감사합니다.

우리 딸 클로에, 태어나기 전부터 지금까지 우리에게 수많은 교훈을 가르쳐준 너는 내가 이 책을 쓰는 이유란다. 집과 직장에서 그리고 모든 상호작용에 이르기까지 매일 이 책과 함께 살기 위해 최선을 다할 것을 약속할게.

크리스티나의 말

회복 탄력성, 그릿, 사랑을 가르쳐주신 부모님께 감사합니다. 끝없는 사랑과 지지를 보여주고 조카를 '부모'로서 대할 수 있게 해준 언니에게 감사합니다. 영감을 주는 젊음과 무한 경쟁의 유머를 선물해준 남동생, 고마워.

긍정의 훈육을 소개해준 조이에게 감사합니다. 힘든 과정 동안 지치지 않는 지원과 영적 관대함에 감사해요.

무엇보다도 이 모든 과정에서 우리를 믿어주고, 엄청난 지혜와 영감으로 안내해준 제인에게 감사합니다.

모두의 말

통찰력 있는 편집자 미셸 에니클레이코, 지칠 줄 모르는 노력과 헌신으로 지원해주어서 감사합니다. 집필 과정 내내 보여준 당신의 정직함, 인내심, 사려 깊음에 진심으로 감사합니다.

효율적으로 일하고, 제대로 될 때까지 작업을 포기하지 않았던 하모니Harmony 출판사의 훌륭한 편집 팀에 감사합니다. 초기에 책 구성에 도움이 되도록 자세하고 사려 깊은 코멘트를 해준 앤디 에이버리에게 감사합니다.

수년 동안 자신의 삶과 경험을 친절하게 공유해준 많은 부모님에게 진심으로 감사의 말씀을 드립니다. '진짜 이야기'를 들려주고, 실수는 학습을 위한 완벽한 기회라는 걸 보여주신 용감한 부모님들, 얼리샤 아사드, 브래드 에인지, 크리스틴 글로서만, 애너벨 지커, 나딘 고딘, 캐린 콰레즈를 비롯해 익명의 사람들에게 감사를 전합니다. 설문에 답해주고 소중한 지식을 저희에게 알려주신 모든 부모님에게 깊이 감사합니다.

옮긴이의 말

저는 두 아이를 키운, 일하는 엄마입니다. 인생에 교과서가 없듯이, 모든 부모는 교과서 없이 아이를 낳습니다. 그래서 부모는 자신이 양육된 방식대로 아이를 키우거나, 혹은 자신이 경험한 방식이 좋지 않다고 생각해서 정반대되는 양육 방식을 선택합니다. 저도 그랬습니다. 저는 제가 양육된 방식대로 아이들을 사랑으로 키웠습니다. '허용적 양육 방식'을 채택한 셈인데, 무조건적으로 허용하는 육아는 아니었고 최소한의 단호함은 보이려 했습니다.

이 책에서는 친절하면서 단호한, 권위 있는 양육 방식의 중요성을 강조합니다. 그런데 둘 사이의 균형을 유지하기가 쉽지는 않습니다. 아이와 유대를 맺으면서 단호하게 말하는 것이 중요한데, 저는 그러지 못했습니다. 때로는 허용하다가 필요할 때만 단호하게 대했습니다. 어떻게 보면 아이에게 혼란만 줬을 수도 있습니다.

이 책을 읽으면서 저는 많은 부분에서 공감하고 반성도 했습니다. 일하는 부모에게 꼭 필요한 책이라고 확신했기에 주저하지 않고 번역

작업을 맡았습니다. 젊은 사람에게만 자기계발서가 필요한 게 아니라 부모에게도 가이드가 필요하기 때문입니다. 여러 곳에 밑줄을 그으며 책을 완독하고 나니, 이렇게 좋은 책을 번역할 기회가 왔다는 것이 감사했습니다.

이 책에서 소개하는 사례는 제가 일과 육아를 병행하면서 직접 겪은 경험 그 자체였습니다. 일과 삶의 통합은 저 역시 평소에 실천하려고 노력해온 메시지입니다. 실수를 통해 학습하고 부모가 아이의 롤모델이 된다는 내용 역시 마찬가지입니다.

저는 때로는 아이의 삶보다 엄마의 삶이 더 중요하다고 생각하며 누구보다 치열하게 일하는, 모진 엄마이기도 합니다. 적어도 아이에게는 사회인으로서 롤모델이 되어줄 수 있을 것입니다. 그러면서도 마음 약한, 사랑이 넘치는 엄마이자 친구입니다.

대부분의 부모는 자녀가 언제 어디서 누구와 무엇을 하고 있는지 전부 파악하는 부모가 좋은 부모라고 생각하지만, 사실 가장 중요한 점은 자녀가 누구인가를 아는 것이라고 이 책의 서문에서 이야기합니다. 자녀가 어떤 사람인지 알면 부모는 믿음을 갖고 안심하면서 아이를 키울 수 있습니다. 아이는 지지받는 환경에서 새로운 것을 시도하고, 때로는 실수도 하면서 자기답게 성장합니다. 결국 부모의 역할은 사랑을 담아 아이를 가르치고 안내하고 격려해서, 자녀가 자신의 길을 선택하도록 도와주는 게 아닐까요?

이 책을 번역하면서 한 가지 큰 깨달음을 얻었습니다. 저 자신이 성장 과정에서 칭찬을 갈구했음에도 충분히 격려받지 못했다는 사실입니다. 저 역시 저희 아이들을 충분히 격려해주지 못했습니다. 아이들은 이제 다 자랐지만 여전히 격려가 필요합니다. 지금부터는 우리 아이들과 대화를 나누면서, 어떻게 격려할 수 있을지 함께 해결책을 찾아나가려 합니다.

참고 자료

1. John Chancellor, "Why Emotional Intelligence(EQ) Is More Important than IQ," Owlcation, September 2, 2017.

2. Ira Wolfe, "65 Percent of Today's Students Will Be Employed in Jobs Than Don't Exist Yet,"Success Performance Solutions, August 26, 2013.

3. Baumrind, 1967; Furnham & Cheng, 2000; Maccoby & Martin, 1983; Masud, Thurasamy, and Ahmad, 2015; Milevsky, Schlecter, & Netter, 2007; Newman et al., 2015.

4. Baumrind, 1966, 1967, 1991, 1996.

5. Bower, 1989, 117.

6. Gershoff and Larzele 2002; Gershoff, 2008.

7. Bruce Lipton, *The Biology of Belief* (Hay House, 2016).

8. https://software.rc.fas.harvard.edu/lds/wp-content/uploads/2010/07/Warneken_2013_Social-Research.pdf

9. Ellen Galinsky, *Ask the Children* (William Morrow, 1999).

10. Melissa Milkie, 2012.

11. Kyle Pruett, *Fatherneed* (Harmony, 2001).

12. Eric Jackson, "The Top 8 Reasons Your Best People Are About to Quit-and How You Can Keep Them," *Forbes*, May 11, 2014.

13. Carol Dweck, *Mindset* (Random House, 2006).

14. Pew Research Center website, http://www.pewresearch.org

15. Anne Boysen, "Millennials Embrace 'Resilience Parenting'", *Shaping Tomorrow*, February 14, 2014.

16. VisionCritical website, visioncritical.com

17. Jane Nelsen, Mary Tamborski, and Brad Ainge, *Positive Discipline Parenting Tools* (Harmony, 2016).

18. Jane Nelsen and Kelly Bartlett, *Help! My Child Is A ddicted to Screens* (Positive Discipline, 2014).

19. Alfie Kohn, *Punished by Rewards* (Mariner Books,1999).

20. Rudolph Dreikurs and Vicki Soltz, *Children: The Challenge* (Dutton, 1987).

21. Stella Chess, *Know Your Child* (Basic Books, 1989).

22. Bruce Lipton, *The Biology of Belief* (Hay House, 2009).

23. David C. Rettew and Laura McKee, "Temperament and Its Role in Developmental Psychopathology," *Harvard Review of Psychiaty* 13, no.1 (2005): 14-27.

24. Lea Winerman, "The Mind's Mirror," Monitor on Psychology, 36, no.9 (Octoboer 2005): 48

25. Daniel Siegel, *Parenting from the Inside Out* (TarcherPerigee, 2013).

26. Jane Nelsen, *Jared's Cool-Out Space* (Positive Discipline, 2013).

27. *Sleepless in America*, video, National Geographic Channel, 2014.

28. NHLBI 2003.

29. Kate Vitasek, "Big Business Can Take a Lesson from Child Psychology," *Forbes*, June 30, 2016.

바쁜 부모를 위한
긍정의 훈육

초판 1쇄 발행 2020년 1월 20일

지은이 | 제인 넬슨, 크리스티나 빌, 조이 마르체스
옮긴이 | 장윤영

발행인 | 김병주
출판부문대표 | 임종훈
주간 | 이하영
편집 | 박민주, 김준섭
디자인 | 디자인붐
마케팅 | 박란희
펴낸 곳 | (주)에듀니티(www.eduniety.net)
도서문의 | 070-4342-6127
일원화 구입처 | 031-407-6368
등록 | 2009년 1월 6일 제300-2011-51호
주소 | 서울특별시 종로구 인사동 5길 29, 태화빌딩 9층

ISBN 979-11-6425-036-3 (13590)
값은 뒤표지에 있습니다.